현대 수학의 기초

집합 이론을 중심으로

| 이 식 지음 |

KM 경문사

머리말

현대 수학에 흥미와 관심을 가진 분들이 집합이론을 충실히 공부해두는 것은 각자가 공부하는 분야에서 많은 발전을 가져올 수 있다. 왜냐하면 집합론은 수학적인 사고의 틀을 만들어 여러 분야에 튼튼한 밑바탕이 될 것이기 때문이다.

이 책을 집필한 목적은 수학이라는 학문분야에 첫 걸음을 내딛는 독자들이 기본을 충실히 하여 훗날 전공영역에 큰 발전을 가져오도록 하기 위함이므로, 본 책에서는 집합론의 기본개념이 되는 내용들을 비교적 상세하게 다뤘다. 이 책에서는 증명의 스케치 부분을 만들어 독자가 스케치를 해보는 습관을 들이도록 해두었으므로 정리의 증명 및 문제를 풀기 전에 먼저 스케치를 해보도록 권한다.

독자들에게 직관적인 사고의 기틀을 만들기 위해 다음과 같은 내용들을 실었다.

제1장 '논리의 기초' 편에서는 앞으로 여러 정리들을 증명해가는 과정의 각 단계마다 정당성을 확보해가는 방법 및 원리를 이해하기 위해 필요한 최소한의 기본논리를 소개한다.

제2장 '집합의 개념' 편에서는 집합, 부분집합 그리고 집합연산을 다루는 기본적인 규칙들을 알아보고 이것들을 토대로 하여 첨자붙은 집합에 일반화시켜 여러가지 성질들을 다루었다.

제3장 '관계와 함수' 편에서는 현대 수학 분야에서 중요한 역할을 하는 관계, 동치관계와 분할 그리고 함수를 소개하고 그것들의 관련성에 관에 상세하게 다루었다.

제4장 '가부번집합과 비가부번집합' 편에서는 데데킨트(Dedekind)의 정의를 이용하여 유한집합과 무한집합의 성질을 다루고 가부번집합과 비가부번집합의 성질 및 예를 통하여 각 개념들을 쉽게 이해하도록 구성하였다.

제5장 '기수' 편에서는 일상생활에서 사용해 온 개수의 의미를 공리론적 접근방법을 통하여 일반적인 집합의 기수와 연산에 관하여 정의하고, 여러 성질들을 규명하여 기수 개념의 이해를 높이도록 구성하였다.

제6장 '순서수' 편에서는 순서에 대한 의미를 공리론적 접근방법을 통하여 정렬집합 및 순서수에 대한 연산을 정의하고 다양한 성질들을 통하여 순서수의 개념을

이해하도록 하였다.

제7장 '선택공리 및 선택공리와 동치인 정리' 편에서는 선택공리와 동치인 정리들을 수록하여 집합론의 논리공백을 채우는데 역할을 하도록 하였다.

다년간 집합론을 강의해오면서 정리한 내용을 엮어서 만들었지만 저자의 부주의로 수정해야 할 부분이 있을 수도 있으므로 독자로부터의 충고를 기다리며, 잘못된 부분은 고쳐 나갈 것이다.

이 책을 간행해주신 경문사 및 특히 교정 및 편집을 성심성의껏 세심하게 도와주신 경문사 한경수 선생님과 편집부 직원분들에게 이 지면을 통하여 감사의 말씀을 드린다.

2019년 11월

저자

차례

01. 논리의 기초

수학은 논리를 뼈대로 하여 만들어졌기에 다른 학문분야에 비해 엄밀한 학문체계로 구성되어 있다고 할 수 있다.

논리의 기초편에서는 앞으로 여러 정리들을 증명해가는 과정의 각 단계마다 정당성을 확보해가는 방법 및 원리를 이해하기 위한 최소한의 논리를 소개한다.

01

1.1 명제와 논리연산

논리란 인간이 의사를 표현하는 언어 가운데 내포되어 있는 법칙을 체계적으로 만들어 그 구조를 명확하게 분석하고 탐구하는 분야라고 할 수 있다. 논리의 구조를 명확하게 분석하기 위해서는 주어진 논증이 유요한(타당한) 논증인지 아닌지를 구별할 수 있어야 한다. 그러기 위해서는 먼저 명제라는 용어부터 알고 넘어가야 한다.

명제(statement)는 참, 거짓 중 어느 한 경우만 성립하는 주장이나 판단을 나타내는 문장을 말한다.

즉 참인지 거짓인지를 명확하게 구분할 수 있는 주장이나 문장을 명제라 한다.

논리에서 명제는 p, q, r, $\cdots$ 같은 소문자를 사용하여 표기한다.

예제 1 다음 문장 중 명제를 찾아보아라.

(1) 1945년 8월 15일은 비가 왔다.

(2) 2는 홀수이다.

(3) 언제 올 예정이니?

(4) 서울은 대한민국의 수도이다.

(5) 당신은 참 아름답구나!

풀이 위의 문장 중 (1), (2), (4)는 명제이지만 (3), (4)는 명제가 아니다. 왜냐하면 의문문, 감탄문, 주관적인 판단이 요구되는 문장이나 주장은 참, 거짓을 묻는다는 것 자체가 무의미하다. ■

위의 예제에서와 같이 주어진 명제를 분해할 수 없는 하나의 문장으로 이루어진 명제를 **단순명제**(simple statement)라 하고 두 개 이상의 단순명제들이 논리적인 연결자(예를 들면, '그리고(and)', '아니다(not)', '또는(or)' 등)로 결합된 명제를 **합성명제**(compound statement)라고 한다. 합성명제에 대하여 연결되기 전의 원래 명제들을 **성분**(component)이라고 한다. 합성명제의 성분은 단순명제이거나 그 자신이 합성명제일 수도 있다. 예컨데 '2는 홀수이고 서울은 대한민국의 수도이다.' 명제는 두 개의 단순명제가 '그리고(and)'로 결합되어 있으므로 합성명제이다. 이 합성명제는 2개의 성분, '2는 홀수이다'와 '서울은 대한민국이다'으로 연결되어 있다고 할 수 있다.

명제 p, q, r, $\cdots$을 주로 다섯 가지 형태의 논리적인 연결자를 사용하여 합성명제를 구성하여 사용한다.

(1) '아니다(not)', 기호 '$\sim$'

(2) '이고(and)', 기호 '$\wedge$'

(3) '또는(or)', 기호 '$\vee$'

(4) '$\cdots$이면 $\cdots$(if $\cdots$ then)', 기호 '$\cdots \rightarrow \cdots$'

(5) '$\cdots$이면 그리고 그때에만 $\cdots$($\cdots$ if and only if $\cdots$)', 기호 '$\cdots \leftrightarrow \cdots$'

이 논리적인 연결자를 차례차례 살펴보자.

주어진 명제의 참(true, T 또는 1 표기), 거짓(false, F 또는 0 표기)을 아래(표 1)과 같이 **진리표**(truth table)라고 하는 표를 이용하여 표기하면 편리하다.

정의 1.1.1

임의의 명제 p에 대하여 'p가 아니다.'라는 명제를 p의 **부정**(negation)이라 하고, $\sim p$로 표기하며 $\sim p$의 진리표는 다음과 같다.

표 1

p	$\sim p$
T	F
F	T

〈표 1〉의 첫 번째 열에서는 p가 명제이므로 참(T) 아니면 거짓(F) 두 가지의 가능성을 적었고, 두 번째 열은 그 각각의 가능성에 대해 부정한 것을 적어두었다. 즉 p가 참(T)이면 $\sim p$는 거짓(F)이고 p가 거짓(F)이면 $\sim p$는 참(T)으로 적으면 된다.

예제 2 주어진 명제 p에 대한 부정의 부정은 원래 명제 p와 같음을 보여라.

풀이 $\sim(\sim p)$의 진리값이 주어진 명제 p의 진리값과 같음을 보이면 된다.

p	$\sim p$	$\sim(\sim p)$
T	F	T
F	T	F

■

정의 1.1.2

임의의 두 개의 명제 p, q 사이에 논리적 연결자 '그리고(and)'로 합성한 명제를 두 명제 p, q의 **논리곱**(conjunction)이라 하고, $p \wedge q$로 나타낸다. 이 합성명제의 진리표는 다음과 같이 정의한다.

표 2

p	q	$p \wedge q$
T	T	T
T	F	F
F	T	F
F	F	F

두 개의 명제 p, q에 대하여 1열과 2열에서 나올 수 있는 가능성(논리적 가능성)은 4가지 형태, 즉 p가 참이고 q가 참인 경우, p가 참이고 q가 거짓인 경우, p가 거짓이고 q가 참인 경우 그리고 p가 거짓이고 q가 거짓인 경우를 생각해볼 수 있다.

이 4가지 논리적 가능성의 각각은 <표 2>의 각 행에 실려 있으며, 3열에는 논리곱 $p \wedge q$에 대한 정의를 나타내고 있다.

예제 3 "국화꽃이 핀다."를 p, "바람이 분다."를 q라 하면 $p \wedge q$는 "국화꽃이 피고 바람이 분다."를 나타내는 명제이다. p가 참, 즉 '국화꽃이 핀다.'가 참이고, q도 참, 즉 '바람이 분다.'도 참이면 논리곱 $p \wedge q$도 참, 즉 '국화꽃이 피고 바람이 분다.'도 참이다. 그러나 두 명제 p와 q 중 어느 한쪽이라도 거짓이면 논리곱 $p \wedge q$은 거짓이 된다.

예제 4 다음 합성명제의 진리표를 만들어 보아라.

$\sim p \wedge (p \wedge q)$

풀이

p	q	$\sim p$	$p \wedge q$	$\sim p \wedge (p \wedge q)$
T	T	F	T	F
T	F	F	F	F
F	T	T	F	F
F	F	T	F	F

■

정의 1.1.3

임의의 두 개의 명제 p, q 사이에 논리적 연결자 '또는(or)'으로 합성한 명제를 두 명제 p, q의 **논리합**(disjunction)이라 하고, $p \vee q$로 나타낸다. 합성명제인 논리합 $p \vee q$의 진리표는 다음과 같이 정의한다.

표 3

p	q	$p \vee q$
T	T	T
T	F	T
F	T	T
F	F	F

정의 1.1.2에서 정의한 것처럼 p, q에 대하여 1열과 2열에서의 논리적 가능성은 4가지 형태로 나타내고, 이 4가지 논리적 가능성의 각각은 〈표 3〉의 각 행에 실려 있으며 3열에는 논리합 $p \vee q$에 대한 정의를 나타내고 있다.

앞으로 '또는(or)'은 둘 중에 하나뿐만 아니라 둘 다까지도 포함하는 것으로 생각하자.

예제 2에서 본 것처럼 두 명제의 각 논리적 가능성마다 같은 진리값을 갖는 경우가 있다. 이런 경우 논리적으로 같은 것으로 보고 다음과 같은 정의를 내린다.

정의 1.1.4

임의의 두 명제 p, q의 모든 논리적 가능성에 대한 각각의 경우의 진리값이 모두 같으면 p와 q는 **논리적 동치**(logically equivalence) 또는 간단히 **동치**(equivalence)라 한다. 논리적 동치는 $p \equiv q$로 표기한다.

예제 5 $(\sim p \vee \sim q) \equiv \sim (p \wedge q)$

풀이

p	q	$\sim p$	$\sim q$	$\sim p \vee \sim q$	$\sim (p \wedge q)$
T	T	F	F	F	F
T	F	F	T	T	T
F	T	T	F	T	T
F	F	T	T	T	T
				$\equiv$	

■

정의 1.1.5

임의의 두 개의 명제 p, q 사이에 **조건부**(conditional)인 논리적 연결자 '$\cdots$이면 $\sim$이다.(if $\cdots$, then $\sim$.)'로 합성한 명제를 p, q의 **조건문**(conditional statement)이라 하고 논리적 연결자 $\rightarrow$ 기호를 사용하여 $p \rightarrow q$("p이면 q이다."로 읽는다.)로 표기한다.

조건문 $p \rightarrow q$는 아래표 〈표 4〉에서와 같이 정의한다.

표 4

p	q	$\sim q$	$p \to q$	$\sim(p \wedge \sim q)$
T	T	F	T	T
T	F	T	F	F
F	T	F	T	T
F	F	T	T	T

$\equiv$

이 조건문 정의에서 주목해야 할 것은 p가 거짓이면 q가 참이든 거짓이든 상관없이 조건문 $p \to q$는 참이 된다.

정의 1.1.5에서의 조건문 $p \to q$의 뜻은 일상생활 속에서 사용하는 "p이면 q이다."와는 많은 차이가 있다. 생활 속에서의 언어 속에는 p가 참이기만 하면 q는 저절로 참인 것으로 받아들이며 p가 거짓인 경우는 생각하지 않는다.

조건문에서 수학적 개념은 가정과 결론은 독립적으로 취급한다. 즉 가정과 결론 사이에 아무런 관계가 없다.

마지막으로 쌍조건부 논리적 연결자에 관하여 알아본다.

정의 1.1.6

임의의 두 개의 명제 p, q 사이에 **쌍조건부**(biconditional)인 논리적 연결자 '$\cdots$이면 그때에만 $\sim$이다.($\cdots$ if and only if $\sim$.)'로 합성한 명제를 p, q의 **쌍조건문**(biconditional statement)이라 하고 논리적 연결자 $\leftrightarrow$ 기호를 사용하여 $p \leftrightarrow q$로 표기한다.

쌍조건문 $p \leftrightarrow q$는 다음과 같이 읽기로 한다.

(1) p이면 q이고 q이면 p이다.

(2) p가 되기 위한 필요하고 충분조건은 q이다.

(3) p일 때 또 그때에만 q이다.

쌍조건문 $p \leftrightarrow q$는 <표 5>에서와 같이 $(p \to q) \wedge (q \to p)$와 동치로 정의한다.

표 5

p	q	$p \to q$	$q \to p$	$p \leftrightarrow q$	$(p \to q) \wedge (q \to p)$
T	T	T	T	T	T
T	F	F	T	F	F
F	T	T	F	F	F
F	F	T	T	T	T
				$\equiv$	

$p \leftrightarrow q$는 p와 q의 진리값이 같을 때만 참이다. 따라서 p와 q의 진리값이 서로 다른 경우는 거짓이 된다.

시대적인 조류에 맞춰 컴퓨터 프로그램 언어인 Visual C^{++}에서 사용되는 bitwise 연산자에 관하여 간단하게 알아본다. bitwise 연산자는 그것의 피연산자를 수치값이 아닌 일련의 개별적인 비트로 다룬다. 이 연산자는 단지 정수 변수 또는 상수만을 피연산자로 사용한다. 그러므로 short, int, long, 그리고 char 데이터 형식만이 사용될 수 있다. 이러한 연산자는 하드웨어 장치에 대한 프로그래밍을 할 때 유용하다. 그러한 경우 하드웨어 장치의 상태가 종종 일련의 개별적인 플래그(즉 바이트의 각 비트는 그 장치의 다른 측면의 상태를 나타낸다.)로 표현된다. 또는 on/off 상태를 나타내는 플래그의 set을 하나의 변수 안에 포함시키고자 할 때 이 연산자가 유용하다. 우리가 입·출력을 자세하게 다룰 때에 이러한 연산자를 보게 될 것이다. 그 경우, 하나의 비트는 데이터가 처리되는 다양한 옵션을 제어하는 데 사용된다.

6가지의 bitwise 연산자가 있다. 그중에서 2가지만 소개한다.

<table>
<tr><th colspan="3">6가지의 bitwise 연산자</th></tr>
<tr><td>& bitwise AND</td><td>| bitwise OR</td><td>∧ bitwise exclusive OR</td></tr>
<tr><td>~ bitwise NOT</td><td>>> shift right</td><td><< shift left</td></tr>
</table>

(1) bitwise AND

bitwise AND(즉 &)는 작업의 대상이 되는 비트를 그것의 피연산자와 결합시키는 이진 연산자이다. 만약 그 두 개의 비트가 모두 1이라면 결과는 1이 된다. 만약 그 두 개가 모두 0이거나 어느 하나가 0이라면 결과는 0이 된다.

특별한 이진 연산자의 결과는 종종 진리표라는 것을 사용하여 나타낸다. 이 표는 피연산자의 다양한 조합에 대해서 그 결과가 어떤 것인지를 나타낸다. &에 대한 진리표는 다음과 같다.

bitwise AND	0	1
0	0	0
1	0	1

각 행과 열의 조합에서 그 두 개의 피연산자를 결합시키는 &의 결과는 행과 열이 많은 곳에 위치한다. 이것이 어떻게 작동하는지 샘플을 통하여 살펴본다.

```
char Letter1 = 'A', Letter2 = 'Z', result = 0;
result = Letter1 & Letter2;
```

어떤 작업이 발생하는지를 살펴보려면 비트 패턴에 대해서 알아야 한다. 'A'와 'Z' 문자는 16진수값으로, 각각 0×41과 0×5A에 해당된다(ASCII 코드에 대해서는 부록을 보라). bitwise AND가 이러한 두 가지 값에 대해서 작동하는 방식이 아래에 나타나 있다.

Letter1 : 0×41	0	1	0	0	0	0	0	1
$0\times41=41_{(16)}=4\times16+1$	↑	↑	↑	↑	↑	↑	↑	↑
	&	&	&	&	&	&	&	&
	↓	↓	↓	↓	↓	↓	↓	↓
Letter2 : 0×5A	0	1	0	1	1	0	1	0
$0\times5A=5A_{(16)}=5\times16+1$	↑	↑	↑	↑	↑	↑	↑	↑
	=	=	=	=	=	=	=	=
	↓	↓	↓	↓	↓	↓	↓	↓
lesult	0	1	0	0	0	0	0	0

(2) bitwise OR

bitwise OR (|)는 때로 inclusive OR라고 불리는데, 작업의 대상이 되는 비트를 결합시킨다. 이때 두 개의 피연산자 비트 중 하나가 1이라면 결과는 1이 되고, 두 개 모두 0이라면 결과는 0이 된다. bitwise OR에 대한 진리표는 다음과 같다.

bitwise OR	0	1
0	0	0
1	1	1

연습문제 1.1

1. 두 명제 p와 q가 각각 'p:날씨가 춥다', 'q:비가 온다'일 때 다음 각 명제에 대한 문장을 만들어라.

(1) $\sim p$　　(2) $\sim(\sim p)$

(3) $p \wedge q$　　(4) $p \vee q$

(5) $p \rightarrow q$　　(6) $\sim p \vee q$

(7) $p \rightarrow \sim q$　　(8) $q \leftrightarrow p$

(9) $\sim p \wedge \sim q$　　(10) $p \leftrightarrow q$

(11) $(p \wedge \sim q) \rightarrow p$　　(12) $\sim q \rightarrow \sim p$

2. 바로 위 연습문제 1의 (1)~(12)의 명제들에 대한 진리표를 만들어라.

3. 논리합 $p \vee q$을 부정($\sim$)를 써서 논리적 동치인 명제를 만들어라.

4. 두 명제 p, q에 대하여 "p 또는 q이고 p인 동시에 q가 아닌 것"을 $p \veebar q$로 표기할 때 다음을 구하여라.

(1) $p \veebar q$에 대한 진리표를 만들어라.

(2) $p \veebar q$와 $(p \vee q) \wedge \sim(p \wedge q)$는 논리적 동치임을 보여라.

1.2 항진, 항위, 함의, 동치와 기본 논리 법칙

명제 $p \rightarrow p \wedge p$에 대한 진리표를 아래 표에서 보는 바와 같이 논리적인 가능성에 대한 진리값이 모두 참이 되는 명제를 볼 수 있다.

p	$p \wedge p$	$p \rightarrow p \wedge p$
T	T	T
F	F	T

이런 형태에 대해 알아본다.

정의 1.2.1

합성명제를 구성하고 있는 단순명제의 진리값에 관계없이 합성명제의 모든 논리적 가능성에 대한 진리값이 항상 참인 명제를 **항진명제**(tautology)라 하고 t로 표기한다.

특히 두 명제 p와 q가 있을 때 조건문 $p \rightarrow q$가 항진명제일 때 **함의**(implication)라 하고 $p \Rightarrow q$("p는 q를 함의한다."고 읽는다.)로 표기한다.

집합론을 포함한 수학의 모든 분야에서 정리에 대한 증명과정을 보면 앞으로 언급될 기본 논리 법칙들을 많이 사용한다. 이 모든 논리 법칙들은 항진명제에 근거를 두고 있다.

여기서 '**정리**(theorem)'들은 참인 명제를 의미하는 것이고 정리의 '**증명**(proof)'은 정리의 정당성을 밝히는 과정이라고 할 수 있다.

예제 1 다음 조건문들이 함의임을 보여라.

(1) $p \rightarrow p$

(2) $p \wedge q \rightarrow q \wedge p$

(3) $p \wedge q \rightarrow p(\text{or } q)$

풀이 (1), (2)는 독자에게 남기고 (3)을 보여보자.

p	q	$p \wedge q$	$p \wedge q \rightarrow p$
T	T	T	T
T	F	F	T
F	T	F	T
F	F	F	T

$p \wedge q$는 p를 함의한다.

즉 $p \wedge q \Rightarrow p$이다. ■

함의와 동치에 관련된 몇 가지 중요한 정리에 대해 알아본다.

정리 1.2.2

임의의 명제 p, q, r에 대하여 다음이 성립한다.

(1) 함의법칙(law of addition)

$$p \Rightarrow p \vee q$$

(2) 단순화법칙(law of simplification)

$$p \wedge q \Rightarrow p, \quad p \wedge q \Rightarrow q$$

(3) 논리합 삼단논법(disjunctive syllogism)

$$(p \vee q) \wedge \sim p \Rightarrow q$$

(4) 긍정식 삼단논법

$$(p \rightarrow q) \wedge p \Rightarrow q$$

(5) 부정식 삼단논법

$$(p \rightarrow q) \wedge \sim q \Rightarrow \sim p$$

(6) 추이법칙(transtive law)

$$(p \rightarrow q) \wedge (q \rightarrow r) \Rightarrow (p \rightarrow r)$$

증명의 스케치

주어진 명제들의 조건문에 대한 논리적 가능성의 진리값이 모두 참이 됨을 보이면 된다.

증명 (2), (4), (6)은 독자에게 남기고 (1), (3), (5)에 대해 증명한다.

(1)

p	q	$p \vee q$	$p \rightarrow p \vee q$
T	T	T	T
T	F	T	T
F	T	T	T
F	F	F	T

p는 $p \vee q$를 함의한다. 즉 $p \Rightarrow p \vee q$.

(3)

p	q	$\sim p$	$p \vee q$	$(p \vee q) \wedge \sim p$	$((p \vee q) \wedge \sim p) \rightarrow q$
T	T	F	T	F	T
T	F	F	T	F	T
F	T	T	T	T	T
F	F	T	F	F	T

$(p \vee q) \wedge \sim p$는 q를 함의한다. 즉 $(p \vee q) \wedge \sim p \Rightarrow q$.

(5)

p	q	$\sim p$	$\sim q$	$p \rightarrow q$	$(p \rightarrow q) \wedge \sim q$	$((p \rightarrow q) \wedge \sim q) \rightarrow \sim p$
T	T	F	F	T	F	T
T	F	F	T	F	F	T
F	T	T	F	T	F	T
F	F	T	T	T	T	T

따라서 $(p \rightarrow q) \wedge \sim q$는 $\sim q$를 함의한다.

즉 $(p \rightarrow q) \wedge \sim q \Rightarrow \sim p$. ■

특히 쌍조건문 $p \leftrightarrow q$이 항진명제이면 p와 q는 **동치**(equivalence)라 하고 $p \Leftrightarrow q$ ("p와 q는 동치이다."로 읽는다)로 표기한다.

두 명제 p와 q가 같은 진리값을 가진다면 $p \Leftrightarrow q$이 되고, $p \Leftrightarrow q$이면 p와 q는 같은 진리값을 갖는다.

따라서 정의 1.1.4와 정의 1.2.1에서 사용하는 $p \equiv q$와 $p \Leftrightarrow q$는 같은 의미를 갖는다. 따라서 앞으로 $\Leftrightarrow$과 $\equiv$는 혼용하여 사용하기로 한다.

정리 1.2.3

임의의 명제 p, q, r에 대하여 다음이 성립한다.

(1) 이중부정법칙(law of double negation)

$$\sim(\sim p) \equiv p$$

(2) 멱등법칙(law of idempotency)

$$p \wedge p \equiv p, \quad p \vee p \equiv p$$

(3) 교환법칙(commutative laws)

$$p \wedge q \equiv q \wedge p, \quad p \vee q \equiv q \vee p$$

(4) 흡수법칙(absorption laws)

$$p \wedge (p \vee q) \equiv p, \quad p \vee (p \wedge q) \equiv p$$

(5) 결합법칙(associative laws)

$$(p \wedge q) \wedge r \equiv p \wedge (q \wedge r), \quad (p \vee q) \vee r \equiv p \vee (q \vee r)$$

(6) 분배법칙(distributive laws)

$$p \wedge (q \vee r) \equiv (p \wedge q) \vee (p \wedge r), \quad p \vee (q \wedge r) \equiv (p \vee q) \wedge (p \vee r)$$

(7) 대우법칙(contrapositive law)

$$(p \to q) \equiv (\sim q \to \ \sim p)$$

(8) 귀류법(배리법, reduction absurdum)

$$(p \to q) \equiv (p \wedge \ \sim q) \to (q \wedge \ \sim q)$$

증명의 스케치

쌍조건문 $p \leftrightarrow q$의 논리적 가능성에 대한 진리값이 모두 참이 됨을 보이면 된다.

증명 (1)~(6) 독자에게 남기고 (7), (8)에 대해 증명한다.

(7)

p	q	$\sim p$	$\sim q$	$p \to q$	$\sim q \to \ \sim p$	$(p \to q) \leftrightarrow (\sim q \to \ \sim p)$
T	T	F	F	T	T	T
T	F	F	T	F	F	T
F	T	T	F	T	T	T
F	F	T	F	T	T	T

$p \to q$과 $\sim q \to \ \sim p$는 논리적 동치이다.

즉 $p \to q \equiv \ \sim q \to \ \sim p$.

(8)

p	q	$\sim q$	$p \wedge \ \sim q$	$q \wedge \ \sim q$	$p \to q$
T	T	F	F	F	T
T	F	F	T	F	F
F	T	T	F	F	T
F	F	T	F	F	T

$(p \wedge \ \sim q) \to (q \wedge \ \sim q)$	$(p \to q) \leftrightarrow ((p \wedge \ \sim q) \to (q \wedge \ \sim q))$
T	T
F	T
T	T
T	T

$(p \to q)$과 $(p \wedge \sim q) \to (q \wedge \sim q)$는 논리적 동치이다.
즉 $p \to q \equiv ((p \wedge \sim q) \to (q \wedge \sim q))$. ■

논리에서 많이 활용되는 드 모르간 법칙에 대해서 알아본다.

정리 1.2.4 드 모르간 법칙(De Morgan's law)
임의의 명제 p, q에 대해서 다음이 성립한다.

(1) $\sim (p \wedge q) \equiv \sim p \vee \sim q$　　　(2) $\sim (p \vee q) \equiv \sim p \wedge \sim q$

증명의 스케치

$\sim (p \vee q) \equiv \sim p \wedge \sim q$임을 보이기 위해서 $\sim (p \vee q)$과 $(\sim p \wedge \sim q)$가 논리적 동치임을 보이면 된다. 즉 쌍조건문 $\sim (p \vee q) \leftrightarrow (\sim p \wedge \sim q)$가 항진명제가 됨을 보이면 된다.

증명 (1)은 독자에게 남기고 (2)에 대해 증명한다.

p	q	$\sim p$	$\sim q$	$\sim (p \vee q)$	$\sim p \wedge \sim q$	$\sim (p \vee q) \leftrightarrow (\sim p \wedge \sim q)$
T	T	F	F	F	F	T
T	F	F	T	F	F	T
F	T	T	F	F	F	T
F	F	T	T	T	T	T

$\sim (p \vee q)$과 $(\sim p \wedge \sim q)$는 논리적 동치이다.
즉 $\sim (p \vee q) \equiv \sim p \wedge \sim q$ ■

명제 p, q, r에 대해서

$$\sim (p \wedge q \wedge r) \equiv \sim p \vee \sim q \vee \sim r, \quad \sim (p \vee q \vee r) \equiv \sim p \wedge \sim q \wedge \sim r$$

이 성립한다. 좀 더 확장하여 명제의 개수가 $n \geq 4$에 대해서도 드 모르간 법칙은 성립된다.

정리 1.2.5

임의의 명제 $p,\ q,\ r,\ s$에 대하여 다음이 성립한다.

(1) $$(p \rightarrow q) \wedge (r \rightarrow s) \Rightarrow (p \vee r \rightarrow q \vee s)$$

$$(p \rightarrow q) \wedge (r \rightarrow s) \Rightarrow (p \wedge r \rightarrow q \wedge s)$$

(2) $$(p \rightarrow q) \wedge (r \rightarrow s) \Rightarrow (\sim q \vee \sim s \rightarrow \sim p \vee \sim r)$$

$$(p \rightarrow q) \wedge (r \rightarrow s) \Rightarrow (\sim q \wedge \sim s \rightarrow \sim p \wedge \sim r)$$

증명의 스케치

(1) $(p \rightarrow q) \wedge (r \rightarrow s)$가 $(p \vee r \rightarrow q \vee s)$를 함의함을 보이면 된다. 즉 조건문 $(p \rightarrow q) \wedge (r \rightarrow s) \rightarrow (p \vee r) \rightarrow (q \vee s)$이 항진명제가 됨을 보이면 된다.

(2) 같은 방법으로 증명하면 된다.

증명 명제가 $p,\ q,\ r,\ s$ 4개 주어져 있으므로 논리적 가능성은 $2^4 = 16$가지의 진리값을 찾아야 한다. 독자에게 남긴다. ■

명제 $p \wedge \sim p$에 대한 진리표를 아래 표에서 보는 바와 같이 논리적인 가능성에 대한 진리값이 모두 거짓이 되는 명제를 볼 수 있다.

p	$\sim p$	$p \wedge \sim p$
T	F	F
F	T	F

이런 형태, 즉 논리적 가능성이 모두 거짓인 명제에 대해 알아본다.

합성명제를 구성하고 있는 단순명제의 진리값에 관계없이 합성명제의 모든 논리적 가능성에 대한 진리값이 항상 거짓인 명제를 **항위명제**(contradiction)라 하고 c로 표기한다.

항진명제 t의 부정, 즉 $\sim t$는 항위명제이고, 항위명제 c의 부정, 즉 $\sim c$는 항진명제가 됨은 확실하다.

정리 1.2.6

t는 항진명제, c는 항위명제 그리고 p는 임의의 명제일 때 다음이 성립한다.

(1) $p \wedge t \equiv p,\ p \vee t \equiv t$

(2) $p \vee c \equiv p,\ p \wedge c \equiv c$

(3) $c \Rightarrow p,\ p \Rightarrow t$

증명의 스케치

(1), (2)는 좌변의 명제와 우변의 명제가 논리적 동치임을 보이면 된다. 즉 쌍조건문들 $p \wedge t \leftrightarrow p$, $p \vee t \leftrightarrow t$, $(p \vee c) \leftrightarrow p$ 그리고 $(p \wedge c) \leftrightarrow c$가 항진명제가 됨을 보이면 된다.
(3)은 조건문들 $c \rightarrow p$, $p \rightarrow t$가 항진명제가 됨을 보이면 된다.

증명 (1) $p \wedge t \equiv p$은 독자에게 남기고 $p \vee t \equiv t$를 증명한다.

p	t	$p \vee t$	$(p \vee t) \leftrightarrow t$
T	T	T	T
F	T	T	T

$(p \vee t)$와 t는 논리적으로 동치이다. 즉 $p \vee t \equiv t$.

(2) $p \vee c \equiv p$는 독자에게 남기고 $p \wedge c \equiv c$를 증명한다.

p	c	$p \wedge c$	$(p \wedge c) \leftrightarrow c$
T	F	F	T
F	F	F	T

$(p \wedge c)$와 c는 논리적 동치이다. 즉 $(p \wedge c) \equiv c$.

(3) $c \Rightarrow p$는 독자에게 남기고 $p \Rightarrow t$를 증명한다.

p	t	$p \to t$
T	T	T
F	T	T

p는 t를 함의한다. 즉 $p \Rightarrow t$. ■

증명법에서 많이 활용되는 정리 중의 하나인 귀류법(배리법)에 대해서 알아본다.

정리 1.2.7 귀류법(배리법)

임의의 명제 p, q에 대해서 $(p \to q) \equiv (p \wedge \sim q) \to c$가 성립한다.

증명의 스케치

$p \to q$과 $(p \wedge \sim q \to c)$가 논리적 동치임을 보이면 된다.
즉 쌍조건문 $(p \to q) \leftrightarrow (p \wedge \sim q) \to c$가 항진명제가 됨을 보이면 된다.

증명

p	q	$\sim q$	c	$p \wedge \sim q$	$p \to q$
T	T	F	F	F	T
T	F	T	F	T	F
F	T	F	F	F	T
F	F	T	F	F	T

$(p \wedge \sim q) \to c$	$(p \to q) \leftrightarrow (p \wedge \sim q) \to c$
T	T
F	T
T	T
T	T

$(p \to q)$과 $(p \wedge \sim q) \to c$는 논리적으로 동치이다.

즉 $(p \to q) \leftrightarrow (p \wedge \sim q \to c)$. ■

연습문제 1.2

※ 1~8번 모두 진리표를 이용하여 보여라.

1. 항진명제의 부정은 항위명제이고 항위명제의 부정은 항진명제가 됨을 보여라.

2. 예제 1의 (1), (2)를 증명하여라.

3. 정리 1.2.2의 (1), (3), (5)를 증명하여라.

4. 정리 1.2.3의 (1)~(6)을 증명하여라.

5. 정리 1.2.4의 (1)을 증명하여라.

6. 정리 1.2.5의 (1), (2)를 증명하여라.

7. $p \leftrightarrow q \equiv (p \wedge q) \vee (\sim p \wedge \sim q)$임을 증명하여라.

8. $p \wedge (p \rightarrow q) \wedge (p \rightarrow \sim q) \equiv c$임을 증명하여라.

1.3 연역적 추론 증명법 및 여러 증명법

1.2절에서는 예제와 여러 정리들을 증명할 때 논리적 가능성에 대한 진리값을 표로 만들어 정당성을 밝혔다. **정당성**(justification)이란 이미 참인 것을 알고 있는 명제나 정의, 정리들을 말한다. 이 증명법은 주어지는 명제의 개수가 많아지면 진리표를 이용하여 정당성을 밝히는 과정은 번거롭고 힘이 든다.

이 절에서는 함의나 동치인 명제를 증명하는 새로운 방법에 대해 알아본다. 주어진 몇 개의 명제로부터 다른 새로운 명제를 이끌어내는 것을 **추론**(inference)이라 하고 일반적이고 논리적인 사실이나 원리(공리, 정의, 정리 등)를 이용하여 특별한 사실이나 정리를 이끌어 내는 방법을 **연역적 추론법**(deductive reasoning method) 또는 **연역적 증명법**(deductive proof method)이라고 한다.

즉 연역적 증명법에서는 이미 알려진 공리, 정의, 정리, 추론규칙 등을 활용하여 정당성을 밝힌다.

예제 1 정리 1.2.2 (5) 부정식 삼단논법 $(p \to q) \land \sim q \Rightarrow \sim p$을 연역적 증명법으로 증명하여라.(반드시 각 단계마다 정당성을 확보하면서 증명을 시도하라.)

풀이 $(p \to q) \land \sim q$

$\equiv \sim q \land (p \to q)$ (논리곱의 교환법칙(정리 1.2.3 (3)))

$\equiv \sim q \land \sim (p \land \sim q)$ (정의 1.1.5)

$\equiv \sim (q \lor (p \land \sim q))$ (드 모르간 법칙(정리 1.2.4))

$\equiv \sim ((q \lor p) \land (q \lor \sim q))$ (분배법칙(정리 1.2.3 (6))

$\equiv \sim ((q \lor p) \land t)$ $(q \lor \sim q \equiv t)$

$\equiv \sim (q \lor p)$ (정리 1.2.6 (1))

$\equiv \sim q \land \sim p$ (드 모르간 법칙(정리 1.2.4))

$\Rightarrow \sim p$ (단순화법칙(정리 1.2.2 (2))) ■

예제 1과 같이 증명하는 방법을 연역적 증명법이라고 한다.

독자는 예제 1을 증명할 때 진리표를 이용한 방법과 연역적 증명법을 비교해 보길 바란다.

예제 2 $(p \rightarrow q) \equiv (p \rightarrow p \wedge q)$을 연역적 증명법으로 증명하여라.

풀이 $p \rightarrow p \wedge q$

$\equiv \sim (p \wedge \sim (p \wedge q))$ (정의 1.1.5)

$\equiv \sim (p \wedge (\sim p \vee \sim q))$ (드 모르간 법칙(정리 1.2.4))

$\equiv \sim ((p \wedge \sim p) \vee (p \wedge \sim q))$ (분배법칙(정리 1.2.3 (6)))

$\equiv \sim (c \vee (p \wedge \sim q))$ ($p \wedge \sim p \equiv c$)

$\equiv \sim (p \wedge \sim q)$ (정리 1.2.6 (2))

$\equiv p \rightarrow q$ (정의 1.1.5) ■

예제 3 $p \rightarrow q \equiv \sim p \vee q$을 연역적 증명법으로 보여라.

풀이 $p \rightarrow q \equiv \sim (p \wedge \sim q)$ (정의 1.1.5)

$\equiv \sim p \vee \sim (\sim q)$ (드 모르간 법칙(정리 1.2.4))

$\equiv \sim p \vee q$ (이중부정법칙(정리 1.2.3 (1)) ■

예제 4 $(p \rightarrow r) \vee (q \rightarrow r) \equiv (p \wedge q \rightarrow r)$을 보여라.

풀이 **Method I** (예제 3을 이용한 방법)

$(p \rightarrow r) \vee (q \rightarrow r)$

$\equiv (\sim p \vee r) \vee (\sim q \vee r)$ (예제 3)

$\equiv (\sim p \vee \sim q) \vee (r \vee r)$ (정리 1.2.3 (3), (5))

$\equiv \sim (p \wedge q) \vee (r \vee r)$ (드 모르간 법칙(정리 1.2.4))

$\equiv \sim (p \wedge q) \vee r$ (정리 1.2.3 (2))

$\equiv (p \wedge q \rightarrow r)$ (예제 3)

Method II (정의를 이용한 방법)

$(p \rightarrow r) \vee (q \rightarrow r)$

$\equiv \sim (p \wedge \sim r) \vee \sim (q \wedge \sim r)$ (정의 1.1.5)

$\equiv \sim ((p \wedge \sim r) \wedge (q \wedge \sim r))$ (드 모르간 법칙(정리 1.2.4))

$\equiv \sim ((p \wedge q) \wedge (\sim r \wedge \sim r))$ (정리 1.2.3 (3), (5))

$\equiv \sim ((p \wedge q) \wedge \sim r)$ (정리 1.2.3 (2))

$\equiv (p \wedge q) \rightarrow r$ (정의 1.1.5)

Method III (진리표를 이용한 방법)

독자에게 남긴다. ■

예제 4에서 보는 바와 같이 여러 가지 방법으로 증명을 할 수 있다. 진리표를 이용한 증명은 논리적 가능성 $2^3 = 8$가지를 해야 하므로 번거롭지만 연역적 증명법 Method I, Method II 방법은 4~5 단계를 거쳐 증명을 마무리할 수 있어 좀 더 간단하게 증명이 마무리됨을 알 수 있었다.

예제 5 조건문 $p \rightarrow q$에 대하여 $q \rightarrow p$를 $p \rightarrow q$의 **역**(converse), $\sim p \rightarrow \sim q$를 $p \rightarrow q$의 **이**(reverse), $\sim q \rightarrow \sim p$를 $p \rightarrow q$의 **대우**(contraposition)라 한다.

조건문 $p \rightarrow q$가 참일 때 역, 이, 대우 중 참인 것을 찾아보고 거짓인 경우에 대해서는 반례를 만들어 보아라.

풀이 대우는 참이 되는 것은 정리 1.2.3 (7)에서 보였다.

역은 거짓이다. 반례는 실수 $\mathbb{R}$ 상에서 $x = 1 \rightarrow x^2 = 1$은 참이지만 $x^2 = 1 \rightarrow x = 1$은 거짓이다.

이는 거짓이다. 반례는 실수 $\mathbb{R}$ 상에서 $x \geq 0 \to x^2 \geq 0$은 참이지만 $x < 0 \to x^2 < 0$은 거짓이다. ■

조건문 $p \to q$이 참임을 증명하는 방법에 대하여 알아본다.

(1) p가 거짓이면 조건문 $p \to q$은 항상 참이므로 $p \to q$가 참인 것을 증명할 때 p가 거짓이 됨을 보이면 된다.

(2) q가 참이면 $p \to q$가 참이므로 $p \to q$가 참인 것을 보이기 위해서는 q가 참임을 보이면 된다.

(3) p가 참이라면 $p \to q$가 참이 되기 위해서는 q도 참이어야 한다. 이것을 증명하기 위해서는 먼저 p가 참이라고 가정하고 이미 알고 있는 정의, 정리, 추론규칙들을 사용하여 q가 참이 됨을 보이면 된다.

(4) 간접증명법

① 대우증명법: $p \to q$의 대우인 $\sim q \to \ \sim p$가 $p \to q$와 동치임을 이용하여 $\sim q \to \ \sim p$가 참임을 보임으로써 $p \to q$임을 보이는 방법이다.

② 귀류법(배리법): 정리 1.2.7과 같이 결론을 부정하여 모순을 찾아내어 증명하는 방법이다.

연습문제 1.3

※ 다음을 각 단계마다 정당성을 밝히면서 연역적 증명법으로 증명하여라.

1. $p \to q \equiv \sim q \to \sim p$

2. $(p \vee q) \wedge \sim p \Rightarrow q$

3. 정리 1.2.3 (8), 정리 1.2.5 (1), (2)

4. 정리 1.2.7 귀류법을 연역적 증명법으로 증명해 보아라.

5. $(p \to r) \wedge (q \to r) \equiv ((p \vee q) \to r)$

6. $(p \to q) \wedge (p \to \sim q) \equiv \sim p$

7. 임의의 실수 a, b에 대하여 조건문 $a = b \to a^2 = b^2$의 역, 이, 대우를 만들어 보아라.

1.4 논증의 정당성 검증 방법

새로운 명제를 유도해 내는 방법 중에서 직접증명하는 방법으로 주어진 명제(전제 또는 가정)가 참인 것을 근거로 다른 명제(결론)가 참이 되는 것을 유도해 내는 과정을 **논증**(arguments)(또는 **추론**)이라 한다. 이 절에서는 주어진 논증이 타당한 논증(또는 유효한 논증)인지 아닌지를 검증하는 방법에 대해서 알아본다.

주어진 논증이 타당한 논증인지 아닌지를 밝히는 방법은 가정(전제)들의 논리곱을 한 것이 결론을 함의하면 그 논증은 **타당한 논증**(또는 **유효한 논증**)이라고 하고 그렇지 않은 경우는 **허위 논증**이라 한다.

즉 명제 p_1, p_2, $\cdots$, p_n, q로 주어진 논증에서 p_1, p_2, $\cdots$ p_n을 **가정**(hypotheses) 마지막 명제 q를 **결론**(conclusion)이라 하는데, 조건문 $p_1 \wedge p_2 \wedge \ \cdots \wedge p_n \rightarrow q$가 항진명제가 되면 p_1, p_2, $\cdots$, p_n, q 논증은 타당한 논증(유효한 논증)이라 하고 그렇지 않으면 허위 논증이라 한다.

논증을 $\begin{array}{l} p_1 \\ p_2 \\ \vdots \\ p_n \\ \hline \therefore\ q \end{array}$ 또는 $\begin{array}{l} p_1 \\ p_2 \\ \vdots \\ p_n / \therefore\ q \end{array}$ 로 표기한다.

논증이 타당하다 할지라도 내려진 결론의 진실성 여부에 대해서는 알 수 없다. 따라서 일반적으로 논증이 타당하고 결론이 참이면 논리적으로 옳다고 한다. 예를 들면, 아래와 같이 가정 부분에 해당하는 명제가 A_1, A_2가 주어져 있고 결론 부분에 A_3가 주어진 논증이 있을 때 과연 타당한 논증인지 아닌지를 알아보자.

A_1 : 오늘 비가 오면 나는 학과 M.T를 가지 않는다.

A_2 : 그러나 나는 오늘 학과 M.T를 갔다.

A_3 : 그러므로 오늘은 비가 오지 않는다.

위의 논증에서 편리하게 몇 개의 명제로 분리하여 생각하자.

즉 p : 오늘 비가 온다. q : 나는 학과 M.T를 간다.

그러면

$$A_1 : p \to \sim q$$

$$A_2 : q$$

$$A_3 : \sim p$$

로 바꾸어서 타당한 논증인지 아닌지를 밝힐 수 있다.

논증을 $\dfrac{\begin{array}{l} A_1 : p \to \sim q \\ A_2 : q \end{array}}{\therefore \sim p}$ 또는 $\begin{array}{l} A_1 : p_1 \to \sim q \\ A_2 : q \, / \, \therefore \sim p \end{array}$ 형태로 표기한다.

$A_1 \wedge A_2$가 A_3를 함의한다. 왜냐하면 정리 1.2.2 (5) 부정식 삼단논법에 의하여 $(p \to \sim q) \wedge q \to \sim p$가 항진명제이므로 주어진 논증은 타당한 논증이라고 할 수 있다.

예제 1 아래 논증이 유효한 논증임을 밝혀라.

2가 홀수이거나 베토벤은 사람이 아니라면 지구는 회전하지 않을 것이다.

만약 지구가 회전하지 않는다면 사탕은 달지 않을 것이다.

그러나 사탕은 달다.

그러므로 베토벤은 사람이다.

풀이 위 논증을 기호화하여 생각하자.

p : 2가 짝수이다.

q : 베토벤은 사람이다.

r : 지구는 회전한다.

s : 사탕은 달다.

로 놓으면

$$A_1 : \sim p \vee \sim q \rightarrow \sim r$$
$$A_2 : \sim r \rightarrow \sim s$$
$$A_3 : s$$
$$\therefore q$$

논증이 타당한 논증임을 보이면 된다.

Method Ⅰ

$((\sim p \vee \sim q) \rightarrow \sim r) \wedge (\sim r \rightarrow \sim s) \wedge s \rightarrow q$가 항진명제가 됨을 진리표를 가지고 정당성을 밝히려면 $2^4 = 16$ 행을 가진 진리표를 작성하여야 하므로 많이 번거롭다.

따라서 아래 방법과 같이 우측에 정당성을 밝혀가면서 연역적 증명법으로 증명하면 좀 더 편리하게 증명을 할 수 있다.

Method Ⅱ

① $\sim p \vee \sim q \rightarrow \sim r$ (가정)

② $\sim r \rightarrow \sim s$ (가정)

③ $s / \therefore q$ (가정)/(결론)

④ $\sim p \vee \sim q \rightarrow \sim s$ (①, ②, 정리 1.2.2 (6))

⑤ $\sim (\sim p \vee \sim q)$ (④, ③, 정리 1.2.2 (5))

⑥ $p \wedge q$ (⑤, 드 모르간 법칙(정리 1.2.4))

⑦ q (⑥, 정리 1.2.2 (2)) ■

논증에 대한 타당성 여부를 밝히는 또 다른 방법으로 간접증명법의 하나인 귀류법을 들 수 있다. 즉 논증의 결론 부분을 하나의 새로운 가정으로 내세워 놓고 모순을 찾아가는 방법을 사용할 수 있다.

예제 2 다음 논증의 타당성 여부(유효, 허위)를 밝혀라.

학기가 끝나면 집합론 시험을 치른다.

학기가 끝나지 않는다.

그러므로 집합론 시험을 치르지 않는다.

풀이 위 논증을 간단하게 기호화 하자.

p : 학기가 끝난다. $A_1 : p \to q$

q : 집합론 시험을 치른다. $A_2 : \sim p$

$\therefore \sim q$

그런데 $((p \to q) \wedge \sim p) \to \sim q$가 항진명제가 아니므로 주어진 논증은 허위 논증이다. ■

예제 3 다음 논증이 유효한 논증임을 보여라.

A_1: $p \vee q$

A_2: $\sim q \vee r \,/\, \therefore p \vee r$

풀이 **Method I 직접증명**

① $p \vee q$	(가정)
② $\sim q \vee r \,/\, \therefore p \vee r$	(가정/결론)
③ $q \to r$	(②, 1.3절 예제 3)
④ $\sim(\sim p) \vee q$	(①, 정리 1.2.3 (1))
⑤ $\sim p \to q$	(④, 1.3절 예제 3)
⑥ $\sim p \to r$	(⑤, ③, 정리 1.2.2 (6))
⑦ $p \vee r$	(⑥, 1.3절 예제 3)

Method II 간접증명(귀류법(배리법))

① $p \vee q$	(가정)
② $\sim q \vee r \,/\, \therefore p \vee r$	(가정/결론)
③ $\sim p \wedge \sim r$	(결론 부정)
④ $\sim p$	(③, 정리 1.2.2 (2))
⑤ $\sim r$	(③, 정리 1.2.2 (2))
⑥ q	(①, ④, 정리 1.2.2 (3))

⑦ $\sim q$ (②, ⑤, 정리 1.2.2 (3))

⑧ $q \wedge \sim q \equiv c$ (⑥, ⑦, 모순) ■

앞으로 증명과정에서 직접증명을 할 것인지 아니면 간접증명을 할 것인지의 판단은 독자가 좀 더 간편하게 할 수 있는 방법을 사용하면 될 것이다.

예제 4 다음 논증에 대해서 직접증명과 간접증명 두 가지 방법으로 타당성을 밝혀 보아라.

$$\begin{array}{l} q \vee r \to q \wedge p \\ \sim q \\ \hline \therefore\ \sim r \end{array}$$

풀이 **직접증명**

① $q \vee r \to q \wedge p$ (가정)

② $\sim q / \therefore\ \sim r$ (가정/결론)

③ $\sim q \vee \sim p$ (②, 정리 1.2.2 (1))

④ $\sim (q \wedge p)$ (③, 정리 1.2.4)

⑤ $\sim (q \vee r)$ (①, ④, 정리 1.2.2 (5))

⑥ $\sim q \wedge \sim r$ (⑤, 정리 1.2.4)

⑦ $\sim r$ (⑥, 정리 1.2.2 (2))

간접증명

① $q \vee r \to q \wedge p$ (가정)

② $\sim q / \therefore\ \sim r$ (가정/결론)

③ r (결론 부정)

④ $q \vee r$ (③, 정리 1.2.2 (1))

⑤ $q \wedge p$ (①, ④, 정리 1.2.2 (4))

⑥ q (⑤, 정리 1.2.2 (2))

⑦ $q \wedge \sim q \equiv c$ (⑥, ②, 모순) ■

연습문제 1.4

※ 다음 논증에 대해서 직접증명과 간접증명 두 가지 방법으로 타당성을 밝혀라.

1.

$$\begin{array}{l} p \rightarrow r \\ \sim p \rightarrow q \\ q \rightarrow s \\ \hline \therefore \ \sim r \rightarrow s \end{array}$$

2.

$$\begin{array}{l} p \rightarrow q \\ q \rightarrow r \wedge s \\ \sim r \vee (\sim t \vee u) \\ p \wedge t \\ \hline \therefore \ u \end{array}$$

3.

$$\begin{array}{l} p \vee q \rightarrow r \\ s \rightarrow p \wedge u \\ q \vee s \\ \hline \therefore \ r \end{array}$$

4.

$$\begin{array}{l} q \vee (r \rightarrow t) \\ q \rightarrow s \\ \sim s \rightarrow (t \rightarrow p) \\ \sim s \\ \hline \therefore \ r \rightarrow p \end{array}$$

5. 다음 논증이 허위 논증임을 밝혀라.

가을이 오면 단풍이 든다
단풍이 든다. 그러므로 가을이 온다.

1.5 명제함수와 한정기호

문장 $p(x)$가 "3보다 크거나 같다."라고 할 때 참, 거짓을 구분할 수 없기 때문에 이 문장은 명제라 할 수 없다. 하지만 사고의 대상 $X = \{1, 2, 3, 4, 5, 6, 7, 8\}$가 주어지면 문장 $p(x)$는 X의 원소에 따라 참, 거짓을 구별할 수 있게 된다. 즉 사고의 대상 X가 주어지면 참, 거짓 중 어느 한 경우에 성립하므로 $p(x)$는 하나의 명제로 볼 수 있다.

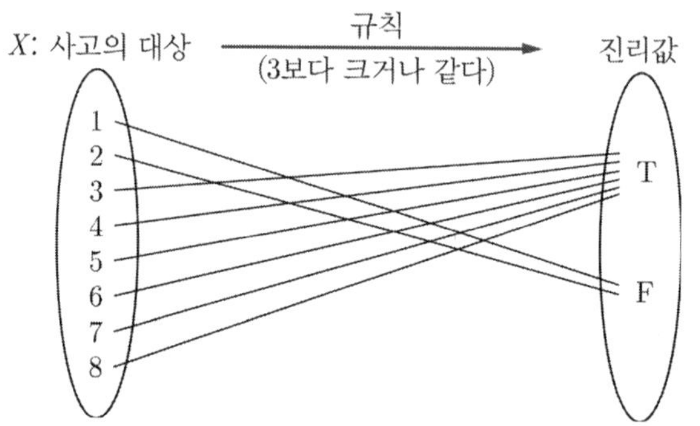

변수 x를 포함하는 사고의 대상 X에 x의 원소를 대입할 때마다 참, 거짓이 정해지는 명제 $p(x)$를 X 상의 **명제함수**(propositional function)라 하고 명제함수 $p(x)$가 참일 때의 $x \in X$의 집합을 $p(x)$의 **진리집합**(truth set)이라 하고 이것을 $\{x \mid p(x)\}$로 나타낸다.

주어진 명제의 타당성을 검증하는데 사고의 범위를 정해야 할 때가 있는데, 그 사고의 범위를 그 명제의 **대상영역**(domain of discourse) 또는 **모집단**(universe of discourse)이라 한다.

$p(x)$를 대상영역 X 상의 명제함수라 할 때, '대상영역의 모든 x에 대하여'를 **전칭기호**(universal quantifier)라 하고 $^{\forall}x$로 표기한다. 즉 'X의 모든 원소 x에 대하여 $p(x)$가 참인 명제이다'를 전칭기호를 사용하여 기호화하면

$$^\forall x \in X,\ p(x) \text{ 또는 } ^\forall x,\ p(x)$$

로 표기할 수 있다.

전칭기호 $^\forall$는 '모든 …에 대하여(for all, for any, for arbitrary 또는 for every)'를 뜻한다.

예제 1 대상영역을 $X = \{1,\ 2,\ 3,\ 4,\ 5\}$라고 할 때 "임의의 x에 대하여 $x \geq 0$이다."를 전칭기호를 사용하여 표현해보아라.

풀이 $^\forall x \in X,\ x \geq 0$ ■

$p(x)$가 대상영역 X의 명제함수일 때 '대상영역의 원소 중 적어도 하나의 x가 존재한다.'는 것을 **존재기호** 또는 **특징기호**(existential quantifier)라 하고, $\exists$로 표기한다. 즉 '어떤 $x_0 \in X$에 대하여 $p(x_0)$는 참인 명제이다.'를 기호화하면

$$\exists x_0 \in X,\ p(x_0) \text{ 또는 } \exists x_0 \in X \text{ s.t. } p(x_0).$$

기호 $\exists$는 '존재한다', '어떤 …에 대하여', 또는 '적어도 하나에 대하여'(there exists, for some 또는 for at least one)를 뜻한다. 전칭기호 $^\forall$와 존재기호 $\exists$를 통틀어 **한정기호**(determination symbol) 또는 **양화기호**(quantification symbol)라고 한다.

논리와 수학에서 명제 '모든 x에 대하여 $p(x)$는 참이다.'의 부정 $\sim(^\forall x,\ p(x))$은 '$p(x)$가 성립하지 않는 x가 적어도 하나 존재한다.', 즉 $\exists x \in X \text{ s.t. } \sim p(x)$로 쓸 수 있다.

예제 2 다음 명제의 부정을 구하여라.

(1) 모든 뱀은 파충류이다.

(2) 표범 중에는 흑표범도 있다.

풀이 (1) 어떤 뱀은 파충류가 아니다. 또는 파충류가 아닌 뱀이 존재한다.

(2) 모든 표범은 흑표범이 아니다. ■

예제 3 명제 '모든 자연수 n에 대하여 $n+2>5$이다.'의 부정은 '$n+2 \ngtr 5$인 n이 존재한다.'이다. 기호로 표기하면 다음과 같다.

$$\sim ({}^{\forall} n \in N,\ n+2>5) \equiv \exists\, n \in N \text{ s.t. } n+2 \leq 5 \qquad \blacksquare$$

한정기호의 부정규칙(rule of quantifier negation)
(1) $\sim ({}^{\forall} x,\ p(x)) \equiv \exists\, x,\ \sim p(x)$
(2) $\sim (\exists\, x,\ p(x)) \equiv {}^{\forall} x,\ \sim p(x)$

전칭기호와 존재기호의 의미를 요약해보면

명제함수	참이 되는 경우	거짓이 되는 경우
${}^{\forall} x,\ p(x)$	대상영역 X 안에 있는 모든 원소에 대해 $p(x)$가 참일 때	대상영역 X 안에 $p(x)$가 거짓이 되는 어떤 x가 존재할 때
$\exists\, x,\ p(x)$	대상영역 X 안에 $p(x)$가 참이 되는 어떤 x가 존재할 때	대상영역 X 안에 있는 모든 원소 x에 대하여 $p(x)$가 거짓일 때

변수가 두 개인 명제함수 $p(x,\ y)$에 대하여 전칭기호 및 존재기호의 참, 거짓이 되는 경우에 대하여 알아보자.

명제함수	참이 되는 경우	거짓이 되는 경우
${}^{\forall} x,\ {}^{\forall} y,\ p(x,\ y)$ ${}^{\forall} y,\ {}^{\forall} x,\ p(x,\ y)$	대상영역 안에 있는 모든 x, y에 대해 $p(x,\ y)$가 참일 때	대상영역 안에 $p(x,\ y)$가 거짓이 되는 어떤 쌍 $(x,\ y)$가 존재할 때
${}^{\forall} x\,(\exists\, y,\ p(x,\ y))$	대상영역 안의 모든 x에 대하여 $p(x,\ y)$가 참인 어떤 y가 존재할 때	대상영역 안에 있는 모든 y에 대해 $p(x,\ y)$가 거짓인 어떤 x가 존재할 때
$\exists\, x\,({}^{\forall} y,\ p(x,\ y))$	대상영역 안에 있는 모든 y에 대해 $p(x,\ y)$가 참인 어떤 x가 존재할 때	대상영역 안에 있는 모든 x에 대해 $p(x,\ y)$가 거짓인 어떤 y가 존재할 때
$\exists\, x\,(\exists\, y,\ p(x,\ y))$ $\exists\, y\,(\exists\, x,\ p(x,\ y))$	대상영역 안에서 $p(x,\ y)$가 참인 어떤 쌍 $(x,\ y)$가 존재할 때	대상영역 안에 있는 모든 쌍 $(x,\ y)$에 대해 $p(x,\ y)$가 거짓일 때

예제 4 대상영역이 실수 전체집합이고 명제함수 $p(x, y)$가 '$x+y=y+x$'일 때, $^{\forall}x\,^{\forall}y,\ p(x, y)$의 진리값은 무엇인가?

풀이 대상영역 안에 있는 모든 실수 x, y에 대하여 $p(x, y)$가 참이다. ■

연습문제 1.5

※ 다음 문장에서 대상영역을 찾아보고 한정기호를 사용하여 표현해보아라.

1. $x^2 = p$를 만족하는 정수 x가 존재한다.

2. 모든 실수 x, y에 대해서 $x^2 + y^2 \geq x^2$이 성립한다.

3. 대상영역 $X = \{1, 2, 3, 4, 5\}$일 때 명제함수 $p(x)$가 $x^2 > 10$일 때 $\exists x$, $p(x)$인 진리집합을 구하여라.

4. "임의의 실수 x에 대해 $2^x = y$를 만족하는 실수 y가 존재한다."의 부정을 구하여라.

5. 한정기호의 부정규칙 (1)을 이용하여 $\sim \exists x$, $p(x) \equiv {}^\forall x$, $\sim p(x)$임을 유도해보아라. 같은 방법으로 한정기호의 부정규칙 (2)를 이용하여 $\sim {}^\forall x$, $p(x) \equiv \exists x$, $\sim p(x)$임을 유도해 보아라.

02. 집합의 개념

수학은 '집합과 그 구조'를 연구하는 학문이다. 집합론은 19세기 말경의 독일의 수학자 게오르크 칸토어(G. Cantor)에 의하여 창시된 수학의 한 분야로서 그 역사는 짧지만 오늘날의 수학의 거의 모든 분야에 있어서 다루는 대상은 집합이다.

이 장에서는 집합, 부분집합, 그리고 집합연산과 연산을 다루는 기본적인 규칙들을 알아보고, 이것을 토대로 하여 첨자붙은 집합에 일반화시켜 여러 가지 성질을 알아본다.

02

2.1 집합, 부분집합 그리고 집합의 상등

집합의 개념이 수학에서 처음으로 쓰이게 된 것은 약 1세기 전인 1883년경 독일이 낳은 세기의 수학자 겸 사상가인 게오르크 칸토어(Georg Cantor, 1845~1918)에서부터 비롯되었다. 칸토어는 1895년 처음으로 한 논문(초한집합론 설립에의 기여)에서 집합(set)의 개념을 "우리의 직관이나 사고의 대상으로서 확정되고 서로 명확히 구별되는 것(이를 집합의 원소(element)라 한다.)을 하나의 전체로 모은 것이다."라고 정의하였다. 집합의 예를 들면

(a) 문자 a, b, c, d의 모임
(b) 대한민국에 있는 대학교 안에 소속되어 있는 모든 대학생들의 모임
(c) 모든 자연수의 모임
(d) 0과 1 사이에 있는 모든 실수의 모임
(e) 한 경제사회의 각종 상품(즉 재화, 용역 및 생산요소)의 수량적 조합 전체의 모임, 즉 상품공간(commodity space)
(f) 한 기업이 선택 가능한 생산 계획(즉 각종 요소의 투입량과 각종 생산물의 산출량의 조합) 전체의 모임, 즉 생산가능집합(production possibility set)

유한개의 원소를 갖는 집합, 즉 원소의 개수를 자연수로 나타낼 수 있는 집합을 **유한집합**(finite set), 유한집합이 아닌 집합을 **무한집합**(infinite set)이라 한다. 특히 유한집합에서 단 한 개의 원소로 이루어진 집합을 **단집합**(singleton set), 원소가 하나도 존재하지 않는 집합을 **공집합**(empty set, null set)이라 하고 $\{\ \}$ 또는 ϕ로 표기한다.

집합은 보통 영문 대문자로 표기하고, 원소는 영문 소문자로 표기한다. a가 집합 A의 원소인 것을 간단히 $a \in A$ 또는 $A \ni a$로 표기하고 "a는 A의 원소이다." 또는 "a는 A에 속한다."라고 읽는다. 반면에 b가 A의 원소가 아닌 것은 $b \notin A$ 또는 $A \not\ni b$로 표기하고 "b는 A의 원소가 아니다."라고 읽는다.

집합의 표현 방법으로 보통 두 가지 경우를 사용한다. 모든 원소를 일일이 나열하여 표기하는 **원소나열법**(tabular notation)과 원소가 만족하여야 하는 성질을 기술하여 표기하는 **조건제시법**(builder notation)이 있다. "명제 $p(x)$가 참인 A 안의 모든 원소 x의 집합"을 조건제시법으로 표기하면 $\{x \in A \mid p(x)\}$이다. 예를 들면,

$$A = \{1,\ 3,\ 5,\ 7,\ 9\} \quad \cdots\cdots \text{ 원소나열법}$$
$$A = \{x \mid x\text{는 홀수},\ 1 \le x \le 10\} \quad \cdots\cdots \text{ 조건제시법}$$

앞으로 자주 나오는 집합에 대해 다음과 같이 표기하기로 약속하자.

$$\mathbb{N} = \{x \mid x\text{는 자연수}\} = \{1,\ 2,\ 3,\ \cdots\}$$
$$\mathbb{N}_0 = \{2n \mid n \in \mathbb{N}\} = \{2,\ 4,\ 6,\ 8,\ \cdots\}$$
$$\mathbb{N}_1 = \{2n-1 \mid n \in \mathbb{N}\} = \{1,\ 3,\ 5,\ 7,\ \cdots\}$$
$$\mathbb{Z} = \{x \mid x\text{는 정수}\} = \{\cdots,\ -2,\ -1,\ 0,\ 1,\ 2,\ \cdots\}$$
$$\mathbb{Q} = \{x \mid x\text{는 유리수}\}$$
$$\mathbb{R} = \{x \mid x\text{는 실수}\}$$

정의 2.1.1

두 집합 A와 B에 대하여 A와 B가 같은 원소를 가질 때 **A와 B는 같다** 또는 **상등**(equal 또는 identical)라고 하고 $A = B$로 나타낸다. 즉 $A = B$는 임의의 x에 대하여 $x \in A \Leftrightarrow x \in B$를 의미한다. 즉 $A = B \equiv (\forall x,\ x \in A \Leftrightarrow x \in B)$.

두 집합 A, B에서 A의 원소와 B의 원소가 같지 않을 때는 $A \neq B$로 표기한다. 즉 $\exists x$ s.t. $x \in A$, $x \notin B$ 또는 $\exists x$ s.t. $x \notin A$, $x \in B$를 의미한다.

정의 2.1.2

두 집합 A, B에 대하여 A의 모든 원소들이 B의 원소가 될 때 A는 B의 **부분집합**(subset)이라 하고, $A \subseteq B$ 또는 $B \supseteq A$로 표기한다. A가 B의 부분집합이면 B는 A의 **초집합**(superset)이라 한다. 즉 $(A \subseteq B) \equiv (\forall x,\ x \in A \Rightarrow x \in B)$를 의미한다. 한편 A가 B의 부분집합이 아닐 때는 $A \not\subseteq B$, $B \not\supseteq A$로 표기한다.

특히 $A \subseteq B$이고 $A \neq B$일 때 A를 B의 **진부분집합**(propersubset)이라 하고 $A \subset B$ 또는 $A \subsetneq B$로 표기한다. 즉 $(A \subset B) \equiv (\exists y \in B \text{ s.t. } y \notin A)$를 의미한다.

정리 2.1.3

공집합 ϕ는 모든 집합의 부분집합이다.

증명의 스케치

A가 임의의 집합일 때 모든 x에 대하여 $x \in \phi \rightarrow x \in A$가 참임을 보이면 된다.

증명 임의의 집합을 A라 놓자. 공집합 ϕ는 원소를 가지고 있지 않으므로 명제함수 $x \in \phi$는 거짓이다. 반면에 $x \in A$라는 명제는 참 아니면 거짓이다. 조건문의 정의에 의하여 $x \in \phi \rightarrow x \in A$는 항상 참이 된다. 모든 x에 대해 $x \in \phi$는 $x \in A$를 함의한다.

즉 $^{\forall}x,\ x \in \phi \Rightarrow x \in A.$

따라서 정의 2.1.2에 의하여 $\phi \subseteq A$이다. ■

정리 2.1.4

임의의 집합 A, B, C에 대하여 다음이 성립한다.

(1) 모든 집합 A는 자신의 부분집합이다. 즉 $A \subseteq A$이다.

(2) $A \subseteq B,\ B \subseteq A \Leftrightarrow A = B$

(3) $A \subseteq B,\ B \subseteq C \Rightarrow A \subseteq C$

(4) ① $A \subset B,\ B \subseteq C \Rightarrow A \subset C$

② $A \subseteq B,\ B \subset C \Rightarrow A \subset C$

증명의 스케치

(3) 정의 2.1.2에 의하여 모든 x에 대하여 $x \in A$는 $x \in C$를 함의함을 보이면 된다. 즉 $^\forall x,\ x \in A \Rightarrow x \in C$임을 밝히면 된다.

(4) ①번 증명은 먼저 $A \subseteq C$임을 보이고 $A \neq C$임을 보이면 된다. ②는 마찬가지 방법으로 밝히면 된다.

증명 (1) 독자에게 남긴다.

(2) $A = B$

$\equiv {}^\forall x,\ (x \in A \Leftrightarrow x \in B)$ (정의 2.1.1)

$\equiv {}^\forall x,\ [(x \in A \Rightarrow x \in B) \wedge (x \in B \Rightarrow x \in A)]$ (정의 1.1.6)

$\equiv [{}^\forall x,\ (x \in A \Rightarrow x \in B)] \wedge [{}^\forall x,\ (x \in B \Rightarrow x \in A)]$

$\equiv (A \subseteq B) \wedge (B \subseteq A)$ (정의 2.1.2)

(3) $A \subseteq B$, $B \subseteq C$라고 가정하자. 즉 정의 2.1.2에 의하여 $^\forall x,\ (x \in A \Rightarrow x \in B)$이고 $^\forall x,\ (x \in B \Rightarrow x \in C)$이다. 정리 1.2.2 (6) 추이법칙에 의하여 $^\forall x,\ (x \in A \Rightarrow x \in C)$이 된다. 즉 정의 2.1.2에 의하여 $A \subseteq C$이다.

(4) ① (i) $x \in A$이면 가정에서 $A \subset B$, $B \subseteq C$이므로 $x \in B \subseteq C$, 즉 정의 2.1.2에 의하여 $A \subseteq C$.

(ii) $A \subset B$이므로 $\exists y \in B$ s.t. $y \notin A$이다.

또한 $B \subseteq C$이므로 $y \in C$이다. 즉 $\exists y \in C$ s.t. $y \notin A$. 그러므로 $A \neq C$이다.

(i), (ii)에 의하여 $A \subseteq C$, $A \neq C$, 즉 $A \subset C$이 된다.

②는 ①번과 같은 방법으로 보이면 된다. 독자에게 남긴다. ■

예제 1 집합 A에 대하여 $A \subseteq \phi \Rightarrow A = \phi$임을 보여라.

풀이 정리 2.1.3에 의하여 $\phi \subseteq A$이다. 가정에서 $A \subseteq \phi$이므로, 즉 $A \subseteq \phi$, $\phi \subseteq A$이므로 정리 2.1.4 (2)에 의하여 $A = \phi$이다. ■

집합 A의 모든 부분집합으로 이루어진 집합족이 존재한다. 이런 집합을 A의 **멱집합**(power set)이라 하고 $\mathscr{P}(A)$ 또는 2^A로 표기한다.

예제 2 $\mathscr{P}(\phi) = \{\phi\}$, $\mathscr{P}(\{1, 2\}) = \{\phi, \{1\}, \{2\}, \{1, 2\}\}$ ■

예제 3 $B \subseteq A$에 대하여
$\mathscr{P}(A : B) = \{C \in \mathscr{P}(A) \mid B \subseteq C\}$라 할 때
$A = \{1, 2, 3, 4, 5\}$, $B = \{1, 2\}$에 대한 $\mathscr{P}(A : B)$를 원소나열법으로 나열해보아라.

풀이 $\mathscr{P}(A : B) = \{\{1, 2\}, \{1, 2, 3\}, \{1, 2, 4\}, \{1, 2, 5\},$
$\{1, 2, 3, 4\}, \{1, 2, 3, 5\}, \{1, 2, 4, 5\}, A\}$ ■

연습문제 2.1

1. 다음 집합에서 같은 것을 찾아라.

$$\{a,\ b\},\ \{a,\ c\},\ \{b,\ a\},\ \{a,\ b,\ a\},\ \{c,\ a,\ c\}$$

2. $A=\{x \in \mathbb{N} \mid x<5\}$를 원소나열법으로 나타내어라.

3. $A=\{-\sqrt{2},\ \sqrt{2}\}$을 조건제시법으로 나타내어라.

4. 집합 $A=\{a,\ b,\ c\}$의 부분집합들을 모두 찾아보아라. 즉 $\mathscr{P}(A)$를 구하여라.

5. 정리 2.1.4 (1)을 증명하여라.

6. 정리 2.1.4 (4) ②를 증명하여라.

2.2 집합의 연산과 성질

수에서 임의의 두 수를 더하고 빼고 곱할 수 있는 것처럼 집합 사이에서도 이와 비슷한 연산(합집합, 교집합, 여집합)에 대해서 알아보고 그 연산들의 여러 성질들을 찾아보자.

정의 2.2.1

임의의 두 집합 A, B에 대하여 적어도 두 집합 A, B 중의 어느 한 집합에라도 속하는 원소들의 집합을 A와 B의 **합집합**(union)이라 하고 $A \cup B$로 표기한다.

즉 합집합을 조건제시법으로 표현하면 $A \cup B = \{x \mid x \in A \text{ 또는 } x \in B\}$이다. 합집합의 기호 $\cup$를 논리적인 연결자 $\vee$를 사용하여 다시 표현해보면 $A \cup B = \{x \mid x \in A \vee x \in B\}$이다.

즉 $x \in A \cup B \equiv (x \in A \vee x \in B)$이다.

예제 1 $\mathbb{N} \cup \mathbb{Q} = \mathbb{Q}$

정의 2.2.2

임의의 두 집합 A, B에 대하여 A와 B 모두에 속하는 원소들의 집합을 A와 B의 **교집합**(intersection)이라 하고 $A \cap B$로 표기한다. 즉 교집합을 조건제시법으로 표현하면 $A \cap B = \{x \mid x \in A \text{ 그리고 } x \in B\} = \{x \in A \mid x \in B\}$이다.

교집합의 기호 $\cap$를 논리적인 연결자 $\wedge$를 사용하여 다시 표현해보면 $A \cap B = \{x \mid x \in A \wedge x \in B\}$이다.

즉 $x \in A \cap B \equiv (x \in A \wedge x \in B)$이다.

특히 $A \cap B = \phi$일 때 집합 A와 B는 **서로소**(disjoint)라고 한다.

예제 2 $\mathbb{N}_0$와 $\mathbb{N}_1$은 서로소이다.

정의 2.2.3

임의의 두 집합 A, B에 대하여 A에는 속하지만 B에는 속하지 않는 원소들의 집합을 A에 대한 B의 **차집합** 또는 **여집합**(relative complement)이라 하고 $A-B$로 표기한다. 차집합을 조건제시법으로 표현하면

$$A-B=\{x \mid x \in A \wedge x \notin B\}$$

이다. 차집합 기호 $-$를 논리적인 연결자를 사용하여 표현해보면
즉 $x \in A-B \equiv x \in A \wedge x \notin B \equiv x \in A \wedge \sim(x \in B)$이다.

특히 전체집합 U의 부분집합이라고 할 때 전체집합 U에 대한 A의 차집합 $U-A$를 A의 **여집합**(complement)라고 하고 A^c로 표기한다. 여집합을 조건제시법으로 표현하면

$$A^c=\{x \mid x \in U \wedge x \notin A\}$$

이다. 즉 $x \in A^c \equiv x \in U-A \equiv x \in U \wedge x \notin A$(또는 $x \in A^c \equiv \sim(x \in A)$)이다.

예제 3 전체집합 $U=\mathbb{N}$일 때 $\mathbb{N}_1$의 여집합을 구하여라.

풀이 $\mathbb{N}_1^c=\mathbb{N}-\mathbb{N}_1=\mathbb{N}_0$ ■

독자는 앞으로 증명할 때 논리 법칙과 연산의 정의를 활용하여 추론과정에 대한 정당성을 확보하면서 각 단계를 넘어가는 습관을 들여보길 권장한다.

정리 2.2.4

임의의 집합 A, B, C에 대하여 다음 성질을 만족한다.

(1) 항등법칙(identity law)

① $A \cup \phi=A$ ② $A \cap U=A$

(2) 멱등법칙(idempotent law)

① $A \cup A=A$ ② $A \cap A=A$

(3) ① $(A^c)^c = A$ ② $\phi^c = U$ ③ $U^c = \phi$

(4) ① $A \cap A^c = \phi$ ② $A \cup A^c = U$

(5) 교환법칙(commutative law)

① $A \cup B = B \cup A$ ② $A \cap B = B \cap A$

(6) 결합법칙(associative law)

① $A \cup (B \cup C) = (A \cup B) \cup C$

② $A \cap (B \cap C) = (A \cap B) \cap C$

(7) 분배법칙(distributive law)

① $A \cap (B \cup C) = (A \cap B) \cup (A \cap C)$

② $A \cup (B \cap C) = (A \cup B) \cap (A \cup C)$

증명 (1) ① $x \in A \cup \phi \equiv x \in A \vee x \in \phi$ (정의 2.2.1)

$\equiv x \in A \vee c$ (ϕ의 정의)

$\equiv x \in A$ (정리 1.2.6 (2))

따라서 $A \cup \phi = A$. ■

② 독자에게 남긴다.

(2) ① 독자에게 남긴다.

② $x \in A \cap A \equiv x \in A \wedge x \in A$ (정의 2.2.2)

$\equiv x \in A$ (정리 1.2.3 (2))

그러므로 $A \cap A = A$. ■

(3) ① $x \in (A^c)^c \equiv \sim (x \in A^c)$ (정의 2.2.3)

$\equiv \sim (\sim (x \in A))$ (정의 2.2.3)

$\equiv x \in A$ (정리 1.2.3 (1))

그러므로 $(A^c)^c = A$. ■

②, ③은 독자에게 남긴다.

(4) ①은 독자에게 남긴다.

② $x \in A \cup A^c \equiv x \in A \vee x \in A^c$ (정의 2.2.1)

$\equiv x \in A \vee \sim (x \in A)$ (정의 2.2.3)

$\equiv t$ $\quad (p \vee \sim p \equiv t)$

$\equiv x \in U$ $\quad$ (U은 전체집합)

따라서 $A \cup A^c = U$. ■

(5) ① $x \in A \cup B \equiv x \in A \vee x \in B$ (정의 2.2.1)

$\equiv x \in B \vee x \in A$ (정리 1.2.3 (3))

$\equiv x \in B \cup A$ (정의 2.2.1)

따라서 $A \cup B = B \cup A$. ■

② 독자에게 남긴다.

(6) ① 독자에게 남긴다.

② $x \in A \cap (B \cap C) \equiv x \in A \wedge (x \in B \cap C)$ (정의 2.2.2)

$\equiv x \in A \wedge (x \in B \wedge x \in C)$ (정의 2.2.2)

$\equiv (x \in A \wedge x \in B) \wedge x \in C$ (정의 1.2.3 (5))

$\equiv (x \in A \cap B) \wedge x \in C$ (정의 2.2.2)

$\equiv x \in (A \cap B) \cap C$ (정의 2.2.2)

따라서 $A \cap (B \cap C) = (A \cap B) \cap C$. ■

(7) ① 독자에게 남긴다.

② $x \in A \cup (B \cap C)$

$\equiv x \in A \vee (x \in B \cap C)$ (정의 2.2.1)

$\equiv x \in A \vee (x \in B \wedge x \in C)$ (정의 2.2.2)

$\equiv (x \in A \vee x \in B) \wedge (x \in A \vee x \in C)$ (정리 1.2.3 (6))

$\equiv (x \in A \cup B) \wedge (x \in A \cup C)$ (정의 2.2.1)

$\equiv x \in (A \cup B) \cap (A \cup C)$ (정의 2.2.2)

따라서 $A \cup (B \cap C) = (A \cup B) \cap (A \cup C)$. ■

예제 4 임의의 집합 A, B에 대하여
$B \subseteq A \Leftrightarrow (A - B) \cup B = A$임을 각 단계마다 정당성을 오른쪽에 적어가면서 증명하여라.

증명의 스케치

(⇒)에서 $B \subseteq A$임을 가정하고 $(A-B)\bigcup B \subseteq A$일 때와 $(A-B)\bigcup B \supseteq A$일 때를 나누어 보이면 된다.
(⇐)에서는 $(A-B)\bigcup B = A$라고 가정하여 $B \subseteq A$임을 보이면 된다.

풀이 (⇒) (i) $B \subseteq A$라고 가정하고 먼저 $(A-B)\bigcup B \subseteq A$임을 보이자.

$x \in (A-B)\bigcup B$
$\Rightarrow (x \in A-B) \vee x \in B$ (정의 2.2.1)
$\Rightarrow (x \in A \wedge x \not\in B) \vee x \in B$ (정의 2.2.3)
$\Rightarrow (x \in A \vee x \in B) \wedge (x \not\in B \vee x \in B)$ (정리 1.2.3 (6))
$\Rightarrow (x \in A \vee x \in B) \wedge t$ ($\sim p \vee p \equiv t$)
$\Rightarrow x \in A \vee x \in B$ (정리 1.2.6 (1))
$\Rightarrow x \in A \vee x \in A$ (가정 $B \subseteq A$)
$\Rightarrow x \in A$ (정리 1.2.3 (2))

(ii) $(A-B)\bigcup B \supseteq A$임을 보이자.

$x \in A$
$\Rightarrow x \in A \wedge t$ (정리 1.2.6 (1))
$\Rightarrow x \in A \wedge (x \in B \vee x \not\in B)$ ($p \vee \sim p \equiv t$)
$\Rightarrow (x \in A \wedge x \in B) \vee (x \in A \wedge x \not\in B)$ (정리 1.2.3 (6))
$\Rightarrow x \in B \vee (x \in A \wedge x \not\in B)$ (정리 1.2.2 (2))
$\Rightarrow x \in B \vee (x \in A - B)$ (정의 2.2.3)
$\Rightarrow x \in B \bigcup (A-B)$ (정의 2.2.1)
$\Rightarrow x \in (A-B)\bigcup B$ (정리 2.2.4 (5))

그러므로 (i), (ii)에 의하여 $B \subseteq A$이면 $(A-B)\bigcup B = A$이다.

(⇐) $(A-B)\bigcup B = A$라고 가정하자.

$x \in B \Rightarrow x \in A-B \vee x \in B$ (정리 1.2.2 (1))
$\Rightarrow x \in (A-B)\bigcup B$ (정의 2.2.1)

$\Rightarrow x \in A$ (가정)

따라서 $B \subseteq A$이다. ■

정리 2.2.5

(1) ① $A \subseteq B \Leftrightarrow A \cup B = B$ ② $A \subseteq B \Leftrightarrow A \cap B = A$

(2) $A,\ B \subseteq C \Leftrightarrow (A \cup B) \subseteq C$

(3) $A \subseteq B,\ A \subseteq C \Leftrightarrow A \subseteq (B \cap C)$

(4) $A \subseteq B$이면 임의의 집합 C에 대하여

① $A \cup C \subseteq B \cup C$ ② $A \cap C \subseteq B \cap C$

(5) $A \subseteq C,\ B \subseteq D \Rightarrow A \cup B \subseteq C \cup D$

(6) $A - B = A \cap B^c = A - (B \cap A)$

(7) $A \subseteq B \Leftrightarrow B^c \subseteq A^c$

(8) $A \cap B = \phi \Leftrightarrow B \subseteq A^c$

(9) ① $(A - C) \cup (B - C) = (A \cup B) - C$

② $(A - C) \cap (B - C) = (A \cap B) - C$

(10) $(A - B) \cup (B - A) = (A \cup B) - (A \cap B)$

증명 (1) ① 독자에게 남긴다.

② $(\Rightarrow)$ (i) $A \subseteq B$라고 가정하고 $A \cap B \subseteq A$임을 보이자.

$x \in A \cap B \Rightarrow x \in A \wedge x \in B$ (정의 2.2.2)

$\Rightarrow x \in A$ (정리 1.2.2 (2))

따라서 $x \in A \cap B \Rightarrow x \in A$이다. 즉 $A \cap B \subseteq A$.

(ii) $A \subseteq B$라고 가정하고 $A \subseteq A \cap B$임을 보이자.

$x \in A \Rightarrow x \in A \wedge x \in A$ (정리 1.2.3 (2))

$\Rightarrow x \in A \wedge x \in B$ (가정)

$\Rightarrow x \in A \cap B$ (정의 2.2.2)

따라서 $x \in A \Rightarrow x \in A \cap B$이다. 정의 2.1.2에 의하여 $A \subseteq A \cap B$이다.

그러므로 (i), (ii)에 의하여 $A \subseteq B$이면 $A \cap B = A$ 이다.

($\Leftarrow$) $A \cap B = A$라고 가정하자.

$x \in A \Rightarrow x \in A \cap B$ (가정)

$\Rightarrow x \in A \wedge x \in B$ (정의 2.2.2)

$\Rightarrow x \in B$ (정리 1.2.2 (2))

따라서 $x \in A \Rightarrow x \in B$이다. 즉 $A \subseteq B$. ■

(2) 독자에게 남긴다.

(3) ($\Rightarrow$) $x \in A \Rightarrow x \in A \wedge x \in A$ (정리 1.2.3 (2))

$\Rightarrow x \in B \wedge x \in A$ (가정, $A \subseteq B$)

$\Rightarrow x \in B \wedge x \in C$ (가정, $A \subseteq C$)

$\Rightarrow x \in B \cap C$ (정의 2.2.2)

그러므로 $A \subseteq B \cap C$이다.

($\Leftarrow$) (i) $x \in A \Rightarrow x \in B \cap C$ (가정, $A \subseteq B \cap C$)

$\Rightarrow x \in B \wedge x \in C$ (정의 2.2.2)

$\Rightarrow x \in B$ (정리 1.2.2 (2))

즉 $A \subseteq B$.

(ii) $x \in A \Rightarrow x \in B \cap C$ (가정, $A \subseteq B \cap C$)

$\Rightarrow x \in B \wedge x \in C$ (정의 2.2.2)

$\Rightarrow x \in C$ (정리 1.2.2 (2))

즉 $A \subseteq C$.

따라서 (i), (ii)에 의하여 $A \subseteq (B \cap C)$이면 $A \subseteq B$, $A \subseteq C$ 이 된다. ■

(4) ① $x \in A \cup C \Rightarrow x \in A \vee x \in C$ (정의 2.2.1)

$\Rightarrow x \in B \vee x \in C$ (가정)

$\Rightarrow x \in B \cup C$ (정의 2.2.1)

따라서 $A \cup C \subseteq B \cup C$이다. ■

② 독자에게 남긴다.

(5) $x \in A \cup B \Rightarrow x \in A \vee x \in B$ (정의 2.2.1)

$\Rightarrow x \in C \vee x \in B$ (가정)

$\Rightarrow x \in C \vee x \in D$ (가정)

$\Rightarrow x \in C \cup D$ (정의 2.2.1)

정의 2.1.2에 의하여 $A \cup B \subseteq C \cup D$이다. ■

(6) 독자에게 남긴다.

(7) $A \subseteq B \Leftrightarrow x \in A \Rightarrow x \in B$ (정의 2.1.2)

$\Leftrightarrow x \notin B \Rightarrow x \notin A$ (정리 1.2.3 (7))

$\Leftrightarrow x \in B^c \Rightarrow x \in A^c$ (정의 2.2.3)

$\Leftrightarrow B^c \subseteq A^c$ (정의 2.1.2)

그러므로 $A \subseteq B \Leftrightarrow B^c \subseteq A^c$이다. ■

(8) $(\Rightarrow)$ $x \in B \Rightarrow t \wedge x \in B$ (정리 1.2.6 (1))

$\Rightarrow (x \in A \vee \sim x \in A) \wedge x \in B$ $(p \vee \sim p \equiv t)$

$\Rightarrow (x \in A \wedge x \in B) \vee (\sim x \in A \wedge x \in B)$

(정리 1.2.3 (6))

$\Rightarrow (x \in A \cap B) \vee (\sim x \in A \wedge x \in B)$ (정의 2.2.2)

$\Rightarrow x \in \phi \vee (\sim x \in A \wedge x \in B)$ (가정)

$\Rightarrow c \vee (\sim x \in A \wedge x \in B)$ (ϕ의 정의)

$\Rightarrow \sim x \in A \wedge x \in B$ (정리 1.2.6 (2))

$\Rightarrow \sim x \in A$ (정리 1.2.2 (2))

$\Rightarrow x \in A^c$ (정의 2.2.3)

그러므로 $B \subseteq A^c$이다.

$(\Leftarrow)$ $x \in A \cap B \Rightarrow x \in A \wedge x \in B$ (정의 2.2.2)

$\Rightarrow x \in A \wedge x \in A^c$ (가정)

$\Rightarrow x \in A \wedge \sim x \in A$ (정의 2.2.3)

$\Rightarrow c$ $(p \wedge \sim p \equiv c)$

$\Rightarrow x \in \phi$ (ϕ의 정의)

따라서 $A \cap B \subseteq \phi$이다. ■

또한 정리 2.1.3에 의하여 $\phi \subseteq A \cap B$이다. 그러므로 $A \cap B = \phi$이다.

(9) ① 독자에게 남긴다.

② $x \in (A - C) \cap (B - C)$

$\Leftrightarrow x \in A - C \wedge x \in B - C$ (정의 2.2.2)

$\Leftrightarrow (x \in A \wedge x \notin C) \wedge (x \in B \wedge x \notin C)$ (정의 2.2.3)

$\Leftrightarrow (x \in A \wedge x \in B) \wedge (x \notin C \wedge x \in C)$ (정리 1.2.3 (3), (5))

$\Leftrightarrow (x \in A \wedge x \in B) \wedge x \notin C$ (정리 1.2.2 (2))

$\Leftrightarrow (x \in A \cap B) \wedge x \notin C$ (정의 2.2.2)

$\Leftrightarrow x \in (A \cap B) - C$ (정의 2.2.3)

따라서 $(A - C) \cap (B - C) = A \cap B - C$이다. ■

(10) 독자에게 남긴다.

정리 2.2.6 **드 모르간 법칙**(De Morgan's law)

(1) $(A \cup B)^c = A^c \cap B^c$

(2) $(A \cap B)^c = A^c \cup B^c$

증명의 스케치

정의 2.2.3 $x \in (A \cap B)^c \equiv \sim (x \in A \cap B)$임을 논리규칙과 정의를 이용하여 보이면 된다.

증명 (1) 독자에게 남긴다.

(2) $x \in (A \cap B)^c \equiv \sim (x \in A \cap B)$ (정의 2.2.3)

$\equiv \sim (x \in A \wedge x \in B)$ (정의 2.2.2)

$\equiv \sim x \in A \vee \sim x \in B$ (정리 1.2.4)

$\equiv x \in A^c \vee x \in B^c$ (정의 2.2.3)

$\equiv x \in A^c \cup B^c$ (정의 2.2.1) ■

예제 5 집합 A, B, C에 대하여
$A \cap (B - C) = (A \cap B) - (A \cap C)$임을 증명하여라.

증명의 스케치

두 가지 방법(첫 번째는 논리규칙과 정의를 이용한 방법, 두 번째는 앞의 정리들을 이용한 방법)으로 보이면 된다.

증명 **(Method I)** 정리들을 이용하여 증명하면

$(A \cap B) - (A \cap C)$

$= (A \cap B) \cap (A \cap C)^c$ (정리 2.2.5 (6))

$= (A \cap B) \cap (A^c \cup C^c)$ (정리 2.2.6 (2))

$= (A \cap B \cap A^c) \cup (A \cap B \cap C^c)$ (정리 2.2.4 (7))

$= (A \cap A^c \cap B) \cup (A \cap B \cap C^c)$ (정리 2.2.4 (5))

$= (\phi \cap B) \cup (A \cap B \cap C^c)$ (정리 2.2.4 (4))

$= \phi \cup (A \cap B \cap C^c)$ $(\phi \cap B = \phi)$

$= \phi \cup [A \cap (B \cap C^c)]$ (정리 2.2.4 (6))

$= A \cap (B \cap C^c)$ (정리 2.2.4 (1))

$= A \cap (B - C)$ (정리 2.2.5 (6))

따라서 $A \cap (B - C) = (A \cap B) - (A \cap C)$이다.

(Method II) 논리규칙을 이용한 방법은 독자에게 남긴다. ■

예제 6 정리 2.2.6 드 모르간 법칙이 세 집합 A, B, C에 대하여 성립함을 보여라.

(1) $(A \cup B \cup C)^c = A^c \cap B^c \cap C^c$

(2) $(A \cap B \cap C)^c = A^c \cup B^c \cup C^c$

풀이 (1) $(A \cup B \cup C)^c = ((A \cup B) \cup C)^c$ (정리 2.2.4 (6))

$= [(A \cup B)^c \cap C^c]$ (정리 2.2.6 (1))

$= (A^c \cap B^c) \cap C^c$ (정리 2.2.6 (1))

$= A^c \cap B^c \cap C^c$ (정리 2.2.4 (6))

따라서 $(A \cup B \cup C)^c = A^c \cap B^c \cap C^c$

(2) 독자에게 남긴다. ■

n개의 집합 $(n \geq 4)$ 집합 A_1, A_2, $\cdots$, A_n에 대하여

$$(1)\ (A_1 \cap A_2 \cap \cdots \cap A_n)^c = A_1^c \cup A_2^c \cup \cdots \cup A_n^c$$

$$(2)\ (A_1 \cup A_2 \cup \cdots \cup A_n)^c = A_1^c \cap A_2^c \cap \cdots \cap A_n^c$$

일반화시킬 수 있다.

증명은 수학적 귀납법으로 쉽게 보일 수 있다.

(1) 독자에게 남긴다.

(2) (i) $n = 1$일 때 좌변 $= A_1^c$, 우변 $= A_1^c$이다. 따라서 성립한다.

(ii) $n = k$일 때 성립한다고 가정하자.

즉 $(A_1 \cup A_2 \cup \cdots \cup A_k)^c = A_1^c \cup A_2^c \cup \cdots \cup A_k^c$

$n = k+1$일 때 성립함을 보이면 된다.

$(A_1 \cup A_2 \cup \cdots \cup A_k \cup A_{k+1})^c$

$= ((A_1 \cup \cdots \cup A_k) \cup A_{k+1})^c$ (정리 2.2.4 (6))

$= (A_1 \cup A_2 \cup \cdots \cup A_k)^c \cap A_{k+1}^c$ (정리 2.2.6)

$= (A_1^c \cap A_2^c \cap \cdots \cap A_k^c) \cap A_{k+1}^c$ (귀납적 가정)

$= A_1^c \cap A_2^c \cap \cdots \cap A_k^c \cap A_{k+1}^c$ (정리 2.2.4 (6))

따라서 수학적 귀납법에 의하여 모든 자연수 n에 대하여 성립한다. ■

연습문제 2.2

1. 정리 2.2.4 (1) ②, (2) ①, (3) ②, ③, (4) ①, (5) ②, (6) ①, (7) ①을 증명하여라.

2. $(A \cap B) \cup C = A \cap (B \cup C) \Leftrightarrow C \subseteq A$임을 증명하여라.

3. $A \cup B = A \cap B \Leftrightarrow A = B$임을 증명하여라.

4. 정리 2.2.5 (1) ①, (2), (4) ②, (6), (9) ①, (10)을 증명하여라.

5. 정리 2.2.6 (1)을 증명하여라.

6. 예제 5에서 논리규칙을 이용하여 증명하여라.

7. 예제 6 (2)를 보여라.

8. 정리 2.2.6을 n개 집합에 일반화시킨 다음을 증명하여라.
$(A_1 \cap A_2 \cdots \cap A_n)^c = (A_1^c \cup A_2^c \cup \cdots \cup A_n^c)$

9. $A \subseteq C,\ B \subseteq C,\ A \cup B = C,\ A \cap B = \phi$이면 $A = C - B$임을 증명하여라.

10. 임의의 집합 A, B에 대하여 $(A \cup B) - (A \cap B) = (A - B) \cup (B - A)$임을 증명하여라.

2.3 데카르트 곱

지금까지 주어진 두 개의 집합에서 새로운 집합을 만들어내는 것을 지금까지 했는데, 이제는 이와는 다른 형태의 집합에 대하여 알아보자. 이 절에서 소개되는 데카르트 곱은 수학의 많은 개념을 집합에 관련시켜 표기할 수 있게 하는 대단히 중요한 개념이다.

두 개의 원소의 짝 $(a,\ b)$를 새로운 원소로 하는 것으로, 이러한 두 원소 $(a,\ b)$와 $(a',\ b')$ 사이에

$$a=a',\ b=b' \Leftrightarrow (a,\ b)=(a',\ b')$$

로 상등관계를 정한다. $(a,\ b)$를 **순서쌍**(ordered pair)이라 한다. $(a,\ b)$와 $(b,\ a)$는 일반적으로 같지 않으며, 처음에 a를, 다음에 b 순서로 늘어놓는 순서쌍 $(a,\ b)$에서의 a를 첫째 좌표, b를 둘째 좌표라 한다.

정의 2.3.1

두 집합 $A,\ B$ 각각의 임의의 원소로 만드는 순서쌍 $(a,\ b)$의 전체집합 $\{(a,\ b) \mid a\in A,\ b\in B\}$를 A와 B의 **데카르트 곱**(Cartesian product)이라 하고 $A\times B$로 표기한다. 즉 $(a,\ b)\in A\times B \equiv a\in A \wedge b\in B$이다. 특히 $A=B$일 때에는 $A\times A$를 A^2으로 표기하기도 한다.

예제 1 $A=\{a,\ b\},\ B=\{1,\ 2\}$일 때 $A\times B$과 $B\times A$를 구하여라.

풀이 정의 2.3.1에 의하여

$$A\times B=\{(a,\ 1),\ (a,\ 2),\ (b,\ 1),\ (b,\ 2)\}$$
$$B\times A=\{(1,\ a),\ (1,\ b),\ (2,\ a),\ (2,\ b)\}$$

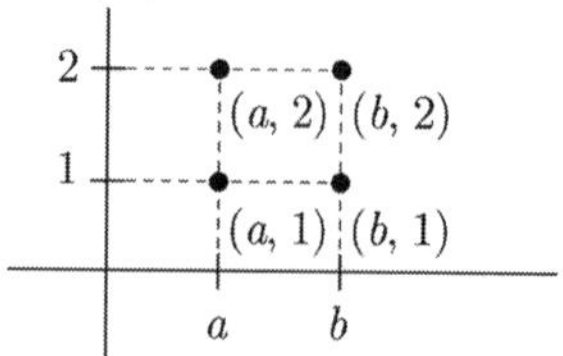

$A \times B$

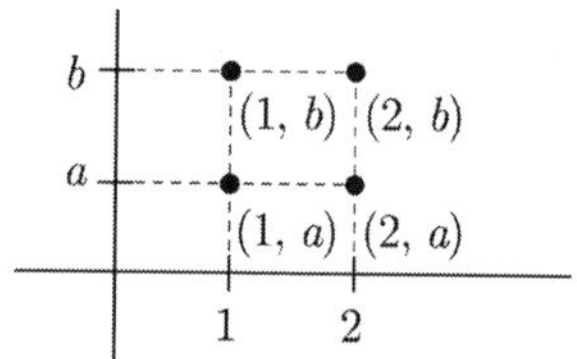

$B \times A$ ■

위 예제에서 보는 바와 같이 임의의 집합 A, B에 대하여 일반적으로 $A \times B \neq B \times A$이다.

두 개의 원소의 순서쌍을 세 개 이상의 순서쌍으로 확장한 경우에도 마찬가지로 정의할 수 있다. 즉 $(A_1 \times A_2) \times A_3$과 $A_1 \times (A_2 \times A_3)$에 대하여
$((a_1, a_2), a_3) \in (A_1 \times A_2) \times A_3$과 $(a_1, (a_2, a_3)) \in A_1 \times (A_2 \times A_3)$에서
$((a_1, a_2), a_3) = (a_1, (a_2, a_3))$하면
$(A_1 \times A_2) \times A_3 = A_1 \times (A_2 \times A_3) = A_1 \times A_2 \times A_3$로 표기할 수 있다. 이런 방법으로 $A_1 \times A_2 \times \cdots \times A_n$으로 표현할 수 있다.

$$(a_1, a_2, \cdots, a_n) = (a_1', a_2', \cdots, a_n') \Leftrightarrow a_i = a_i' \ (i = 1, 2, \cdots, n)$$

으로 정하면 n개의 원소의 n개의 순서조 $(a_1, a_2, \cdots, a_n)$ 자신이 하나의 원소가 되는 것이다. n개의 집합 $A_1, A_2, \cdots, A_n$ 가운데에서 각각 임의로 원소 $a_1, a_2, \cdots, a_n$을 취하여 만든 n개의 순서조의 집합

$$A_1 \times A_2 \times \cdots \times A_n = \{(a_1, a_2, \cdots, a_n) \mid a_1 \in A, \cdots, a_n \in A_n\}$$

를 $A_1, A_2, \cdots, A_n$의 **데카르트 곱**(Cartesian Product)이라 하며 a_i를 ***i* 번째 좌표**(i-th coordinate)라 한다.

예제 2 실수의 집합 $\mathbb{R}$에 대하여

$\underbrace{\mathbb{R} \times \mathbb{R} \times \cdots \times \mathbb{R}}_{n\text{개}} = \mathbb{R}^n$으로서 n차원 실수 공간이 된다.

정리 2.3.2

집합 A, B에 대하여 $A \times B = \phi \Leftrightarrow A = \phi$ 또는 $B = \phi$이다.

증명의 스케치

대우를 취하여 보이면 된다.
즉 $A \neq \phi$, $B \neq \phi \Leftrightarrow A \times B \neq \phi$임을 보이면 된다.

증명 대우를 취하여 증명하자.

($\Leftarrow$) 만약 $A \times B \neq \phi$라면 적어도 한 원소가 존재하므로 $(a, b) \in A \times B$이다. 그러면 정의 2.3.1에 의하여 $a \in A$, $b \in B$ 이므로 $A \neq \phi$이고 $B \neq \phi$이다.

($\Rightarrow$) $A \neq \phi$ 그리고 $B \neq \phi$라면 각각 적어도 한 원소를 가지므로 $a \in A$, $b \in B$이며, 정의 2.3.1에 의하여 $(a, b) \in A \times B \neq \phi$이다. ■

정리 2.3.3

집합 A, B, C, D에 대하여 $A \times B \neq \phi$일 때에 $A \times B \subseteq C \times D \Leftrightarrow A \subseteq C$, $B \subseteq D$이다.

증명의 스케치

정의 2.3.1을 활용하여 보이면 된다.

증명 ($\Leftarrow$) $A \subseteq C$, $B \subseteq D$라 가정하고, $A \times B \neq \phi$이므로 $^{\forall}(a, b) \in A \times B$를 택하자. 즉 정의 2.3.1에 의하여 $a \in A$, $b \in B$이다.

그런데 $A \subseteq C$, $B \subseteq D$이므로 $a \in C$, $b \in D$이다.

따라서 $(a,\ b) \in C \times D$.

즉 $A \times B \subseteq C \times D$.

$(\Rightarrow)$ $A \times B \subseteq C \times D$ 라 가정하고, $a \in A,\ b \in B$에서 임의로 취하면 정의 2.3.1에 의하여 $(a,\ b) \in A \times B \subseteq C \times D$이다. 즉 $a \in C,\ b \in D$.

따라서 $A \subseteq C,\ B \subseteq D$이다. ■

데카르트 곱과 합집합, 교집합 그리고 차집합과의 관련성을 다음 정리를 통하여 알 수 있다.

정리 2.3.4

임의의 집합 $A,\ B,\ C$에 대하여 다음이 성립한다.

(1) $A \times (B \cup C) = (A \times B) \cup (A \times C)$

(2) $A \times (B \cap C) = (A \times B) \cap (A \times C)$

(3) $A \times (B - C) = (A \times B) - (A \times C)$

증명의 스케치

데카르트 곱의 정의 및 논리규칙을 적용하여 보이면 된다.

증명 (1) 임의의 $(a,\ x) \in A \times (B \cup C)$를 택하자.

$(a,\ x) \in A \times (B \cup C)$

$\equiv a \in A \wedge x \in (B \cup C)$ (정의 2.3.1)

$\equiv a \in A \wedge (x \in B \vee x \in C)$ (정의 2.2.1)

$\equiv (a \in A \wedge x \in B) \vee (a \in A \wedge x \in C)$ (정리 1.2.3 (6))

$\equiv ((a,\ x) \in A \times B) \vee ((a,\ x) \in A \times C)$ (정의 2.3.1)

$\equiv (a,\ x) \in (A \times B) \cup (A \times C)$ (정의 2.2.1)

따라서 $A \times (B \cup C) = (A \times B) \cup (A \times C)$이다. ■

(2) (1)번과 같은 방법으로 보이면 된다.

독자에게 남긴다.

(3) 임의의 $(a,\ x) \in A \times (B - C)$를 택하자.

$(a,\ x) \in A \times (B - C)$

$\equiv a \in A \wedge x \in (B - C)$ (정의 2.3.1)

$\equiv a \in A \wedge (x \in B \wedge x \notin C)$ (정의 2.2.3)

$\equiv a \in A \wedge a \in A \wedge x \in B \wedge x \notin C$ (정리 1.2.3 (2), (5))

$\equiv (a \in A \wedge x \in B) \wedge (a \in A \wedge x \notin C)$ (정리 1.2.3 (3), (5))

$\equiv (a,\ x) \in A \times B \wedge (a,\ x) \notin A \times C$ (정의 2.3.1)

$\equiv (a,\ x) \in (A \times B) - (A \times C)$ (정의 2.2.3)

따라서 $A \times (B - C) = (A \times B) - (A \times C)$이다. ■

연습문제 2.3

1. 집합 $A = \{1, 2, 3\}$, $B = \{2, 3\}$일 때 $X \times Y$를 평면에 그려보아라.

2. $A = \{(x, y) \mid x^2 + y^2 = 1\}$는 평면 상의 단위원이고 $B = [0, 1]$가 단위구간일 때 $A \times B$를 그림을 그려 설명하여라.

3. 정리 2.3.4 (2)를 증명하여라.

4. 두 집합 A, B에 대하여 $A \times B = B \times A$가 성립하기 위한 조건은 무엇인가?

5. 임의의 집합 A, B, C에 대하여 $A \subseteq B$이면 $A \times C \subseteq B \times C$임을 증명하여라.

6. 집합 A와 B가 각각 m개, n개의 원소를 가질 때 $A \times B$의 원소의 개수를 구하여라.

7. 임의의 집합 A, B, C, D에 대하여

$$(A \times C) \cap (B \times D) = (A \cap B) \times (C \cap D)$$

임을 증명하여라.

8. 순서쌍 (a, b)를 집합 $\{\{a\}, \{a, b\}\}$로 정의할 때

$$a = c \wedge b = d \Leftrightarrow (a, b) = (c, d)$$

임을 증명하여라.

2.4 첨자붙은 집합족의 연산 및 성질

S를 주어진 집합이라 하자. 우리는 S의 부분집합족을 생각할 때, 이 족의 원소인 집합들을 구별하기 위하여 집합족의 원소들을 표기하는 방법을 도입하는 것이 편리할 것이다. 이런 목적으로 편의상 새로운 한 집합 Λ(그리스 문자 대문자, lambda)를 도입하자.

Λ의 원소를 α, β, γ, $\cdots$라 하면, S의 부분집합족의 각 원소는 Λ의 원소 α, β, γ, $\cdots$를 이용하여 A_α, A_β, A_γ, $\cdots$로 표기할 수 있다. 이때 Λ를 도입하여 집합족의 각 원소에 Λ의 원소 α, β, γ, $\cdots$를 붙였는데 이것을 **첨자**(index, subscript)라 하며, Λ를 **첨자집합**(또는 **첨수집합**, index set)이라 하고 A_α, A_β, A_γ, $\cdots$를 **첨자붙은 집합**(indexed set)이라 한다. 집합족을 Λ의 원소로 바꾸는 과정을 **첨자붙임**(indexing)이라 하고, $\{A_\alpha | \alpha \in \Lambda\}$ 또는 $\{A_\alpha\}_{\alpha \in \Lambda}$로 표기한다. 여기서 Λ는 유한집합 및 무한집합일 수 있다.

$S = \{a, b\}$일 때 부분집합족의 원소를 표기하는 방법을 알아보면,
$\Lambda = \{1, 2, 3, 4\}$, $\mathscr{P}(S) = \{\{a, b\}, \phi, \{a\}, \{b\}\}$일 때
$A_1 = \{a, b\}$, $A_2 = \phi$, $A_3 = \{a\}$, $A_4 = \{b\}$라 하면,
$\mathscr{P}(S) = \{A_1, A_2, A_3, A_4\}$로 표기할 수 있다.

예제 1 첨자집합 $\mathbb{N}$을 택하여 각 첨자 $n \in \mathbb{N}$에 대하여 $A_n = \{n, 2n\}$을 대응시킨 첨자집합족 $\{A_n | n \in \mathbb{N}\} = \{A_1, A_2, \cdots, A_n, \cdots\}$이 만들어진다.

정의 2.2.1과 정의 2.2.2에서 언급한 합집합과 교집합에 대하여 첨자집합을 이용하여 일반화시켜 보자.

정의 2.4.1

임의의 첨자집합 Λ에 대하여 $\bigcup_{\lambda \in \Lambda} A_\lambda = \{x \mid \exists \lambda \in \Lambda \text{ s.t. } x \in A_\lambda\}$을 **첨자집합의 합집합**(union)이라 한다. 즉 $x \in \bigcup_{\lambda \in \Lambda} A_\lambda \Leftrightarrow \exists \lambda \in \Lambda \text{ s.t. } x \in A_\lambda$가 된다.

예제 2 첨자집합이 $\mathbb{N}$일 때 $A_n = (0, \frac{1}{n})$이면 $\bigcup_{n \in \mathbb{N}} A_n = (0, 1)$이 된다. 귀류법을 이용하여 증명해보아라.

풀이 독자에게 남긴다. ■

예제 3 원소의 개수가 n개인 집합족 $S = \{\{1\}, \{2, 3\}, \{3, 4, 5\}, \cdots, \{n, n+1, \cdots, 2n-1\}\}$일 때 S의 합집합을 구하시오.

풀이 첨자집합을 $\Lambda = \{1, 2, \cdots, n\}$라 놓고 $A_i = \{i, i+1, \cdots, 2i-1\}$가 S의 각 원소에 대응되는 첨수집합족의 원소일 때

$$\bigcup_{i=1}^{n} A_i = \bigcup_{i=1}^{n} \{i, i+1, i+2, \cdots, 2i-1\} = \{1, 2, \cdots, 2n-1\}.$$

즉 $\bigcup_{i=1}^{n} A_i = \{1, 2, 3, \cdots, 2n-1\}$이다. ■

정의 2.4.2

임의의 첨자집합 Λ에 대하여 $\bigcap_{\lambda \in \Lambda} A_\lambda = \{x \mid \forall \lambda \in \Lambda,\ x \in A_\lambda\}$을 **첨자집합의 교집합**(intersection)이라 한다.

즉 $x \in \bigcap_{\lambda \in \Lambda} A_\lambda \Leftrightarrow \forall \lambda \in \Lambda,\ x \in A_\lambda$가 된다.

예제 4 첨자집합이 $\mathbb{N}$일 때 $A_n = \left(0, \frac{1}{n}\right)$이면 $\bigcap_{n \in \mathbb{N}} A_n = \phi$이 됨을 보여라.

풀이 귀류법을 이용하여 증명하자.

$\bigcap_{n\in\mathbb{N}} A_n \neq \phi$라고 가정하자. 즉 $a\in \bigcap_{n\in\mathbb{N}}\left(0,\ \frac{1}{n}\right)$라 하자. 그러면 모든 $n\in\mathbb{N}$에 대하여 $0<a<\frac{1}{n}$이다. 그런데 $a>0$이므로 아르키메데스 성질에 의하여 $\exists\, n\in\mathbb{N}$ s.t. $\frac{1}{n}<a$ 이것은 $a<\frac{1}{n}$에 모순이다. 왜냐하면 $0<a<1$이므로 $\frac{1}{a}<\left[\frac{1}{a}\right]+1$(여기서 $[x]$는 x를 넘지 않는 최대 정수)이다. 역수를 취하면 $\frac{1}{\frac{1}{a}}>\frac{1}{\left[\frac{1}{a}\right]+1}$, 즉 $a>\frac{1}{\left[\frac{1}{a}\right]+1}$이다. 그런데 분모 $\left[\frac{1}{a}\right]+1\in\mathbb{N}$이므로 $a\notin(0,\ \frac{1}{\left[\frac{1}{a}\right]+1})$이 된다. 그러므로 $0<a<\frac{1}{n}$에 모순이 된다.

따라서 $\bigcap_{n\in\mathbb{N}} A_n = \bigcap_{n\in\mathbb{N}}\left(0,\ \frac{1}{n}\right)=\phi$이 된다. ■

정리 2.4.3

집합족 $\{A_\lambda \mid \lambda\in\Lambda\}$에 대하여 $\Lambda=\phi$이면 다음이 성립한다.

(1) $\bigcup_{\lambda\in\phi} A_\lambda = \phi$　　　(2) $\bigcap_{\lambda\in\phi} A_\lambda = U$

증명의 스케치

(1) 모든 $x\in U$에 대하여 $x\notin \bigcup_{\lambda\in\phi} A_\lambda$이 참임을 보이면 된다.

(2) 모든 $x\in U$에 대하여 $x\in \bigcap_{\lambda\in\phi} A_\lambda$이 참임을 보이면 된다.

증명 (1) $x\notin \bigcup_{\lambda\in\phi} A_\lambda$

$\equiv \sim(x\in \bigcup_{\lambda\in\phi} A_\lambda)$ (정의 2.2.3)

$\equiv \sim(\exists\,\lambda\in\phi$ s.t. $x\in A_\lambda)$ (정의 2.4.1)

$\equiv {}^\forall\lambda\in\phi,\ x\notin A_\lambda$ (한정기호 부정규칙)

$\equiv \lambda \in \phi \rightarrow x \notin A_\lambda$ (일반적으로 $^\forall A \in S,\ x \in A$를 $x \in S \rightarrow x \in A$로 바꾸어 증명하면 됨)

그런데 조건문 $\lambda \in \phi \rightarrow x \notin A_\lambda$에서 가정부분 $\lambda \in \phi$이 거짓이므로 모든 $x \in U$에 대하여 조건문 $\lambda \in \phi \rightarrow x \notin A_\lambda$는 항상 참이 된다.

(2) 독자에게 남긴다. ■

이제 2.2절 2.3절에서 유한집합에서의 연산(합집합, 교집합, 데카르트 곱 등)에 관한 많은 정리들을 첨자붙은 집합족으로 확장해보자.

먼저 정리 2.2.6 드 모르간 법칙을 첨자붙은 집합족으로 확장하여 보자.

정리 2.4.4 일반 드 모르간 법칙(generalized De Morgan's law)

임의의 집합족 $\{A_\lambda \mid \lambda \in \Lambda\}$에 대하여 다음이 성립한다.

(1) $(\bigcup_{\lambda \in \Lambda} A_\lambda)^c = \bigcap_{\lambda \in \Lambda} A_\lambda^c$

(2) $(\bigcap_{\lambda \in \Lambda} A_\lambda)^c = \bigcup_{\lambda \in \Lambda} A_\lambda^c$

증명의 스케치

(1) $x \in (\bigcup_{\lambda \in \Lambda} A_\lambda)^c \equiv x \in \bigcap_{\lambda \in \Lambda} A_\lambda^c$, (2) $x \in (\bigcap_{\lambda \in \Lambda} A_\lambda)^c \equiv x \in \bigcup_{\lambda \in \Lambda} A_\lambda^c$임을 보이면 된다.

증명 (1) 독자에게 남긴다.

(2) $x \in (\bigcap_{\lambda \in \Lambda} A_\lambda)^c \equiv \sim (x \in \bigcap_{\lambda \in \Lambda} A_\lambda)$ (정의 2.2.3)

$\equiv \sim (^\forall \lambda \in \Lambda,\ x \in A_\lambda)$ (정의 2.4.2)

$\equiv \exists \lambda \in \Lambda \text{ s.t. } x \notin A_\lambda$ (한정기호 부정규칙)

$\equiv \exists \lambda \in \Lambda \text{ s.t. } x \in A_\lambda^c$ (정의 2.2.3)

$\equiv x \in \bigcup_{\lambda \in \Lambda} A_\lambda^c$ (정의 2.4.1)

따라서 $(\bigcap_{\lambda \in \Lambda} A_\lambda)^c = \bigcup_{\lambda \in \Lambda} A_\lambda^c$이 된다. ■

정리 2.2.4 (7)에서 언급한 합집합, 교집합에서의 분배법칙을 첨자집합의 합집합, 교집합으로 일반화해보자.

정리 2.4.5

집합 A와 첨자붙은 집합족 $\{X_\alpha \mid \alpha \in M\}$에 대하여 다음이 성립한다.

(1) $A \cap (\bigcup_{\alpha \in M} X_\alpha) = \bigcup_{\alpha \in M} (A \cap X_\alpha)$

(2) $A \cup (\bigcap_{\alpha \in M} X_\alpha) = \bigcap_{\alpha \in M} (A \cup X_\alpha)$

증명의 스케치

앞에 정의를 이용하여 보이면 된다. 즉

(1) $x \in A \cap (\bigcup_{\alpha \in M} X_\alpha) \equiv x \in \bigcup_{\alpha \in M} (A \cap X_\alpha)$,

(2) $x \in A \cup (\bigcap_{\alpha \in M} X_\alpha) \equiv x \in \bigcap_{\alpha \in M} (A \cup X_\alpha)$

가 됨을 보이면 된다.

증명 (1) 독자에게 남긴다.

(2) $x \in A \cup (\bigcap_{\alpha \in M} X_\alpha) \equiv x \in A \vee x \in \bigcap_{\alpha \in M} X_\alpha$ (정의 2.2.1)

$\equiv x \in A \vee ({}^\forall \alpha \in M,\ x \in X_\alpha)$ (정의 2.4.2)

$\equiv {}^\forall \alpha \in M,\ (x \in A \vee x \in X_\alpha)$ (분배법칙)

$\equiv {}^\forall \alpha \in M,\ x \in A \cup X_\alpha$ (정의 2.2.1)

$\equiv x \in \bigcap_{\alpha \in M} (A \cup X_\alpha)$ (정의 2.4.2)

따라서 $A \cup (\bigcap_{\alpha \in M} X_\alpha) = \bigcap_{\alpha \in M} (A \cup X_\alpha)$ ■

정리 2.4.5를 좀 더 일반화할 수 있다.

정리 2.4.6

첨자집합족 $\{A_\alpha \mid \alpha \in M\}$, $\{B_\beta \mid \beta \in L\}$에 대하여 다음이 성립한다.

(1) $(\bigcup_{\alpha\in M} A_\alpha)\cap(\bigcup_{\beta\in L} B_\beta) = \bigcup_{\beta\in L}(\bigcup_{\alpha\in M}(A_\alpha\cap B_\beta)) = \bigcup_{(\alpha,\beta)\in M\times L} A_\alpha\cap B_\beta$

(2) $(\bigcap_{\alpha\in M} A_\alpha)\cup(\bigcap_{\beta\in L} B_\beta) = \bigcap_{\beta\in L}(\bigcap_{\alpha\in M}(A_\alpha\cup B_\beta)) = \bigcap_{(\alpha,\beta)\in M\times L} A_\alpha\cup B_\beta$

증명 먼저 $(\bigcup_{\alpha\in M} A_\alpha)\cap(\bigcup_{\beta\in L} B_\beta) = \bigcup_{\beta\in L}(\bigcup_{\alpha\in M}(A_\alpha\cap B_\beta))$임을 보이자.

(1) $(\bigcup_{\alpha\in M} A_\alpha)\cap(\bigcup_{\beta\in L} B_\beta)$

$= \bigcup_{\beta\in L}[(\bigcup_{\alpha\in M} A_\alpha)\cap B_\beta]$ (정리 2.4.5 (1))

$= \bigcup_{\beta\in L}[B_\beta\cap(\bigcup_{\alpha\in M} A_\alpha)]$ (교환법칙)

$= \bigcup_{\beta\in L}[\bigcup_{\alpha\in M}(B_\beta\cap A_\alpha)]$ (정리 2.4.5 (1))

$= \bigcup_{\beta\in L}[\bigcup_{\alpha\in M}(A_\alpha\cap B_\beta)]$ (교환법칙)

마지막으로 $\bigcup_{\beta\in L}(\bigcup_{\alpha\in M}(A_\alpha\cap B_\beta)) = \bigcup_{(\alpha,\beta)\in M\times L} A_\alpha\cap B_\beta$임을 보이자.

$t\in(\bigcup_{\alpha\in M} A_\alpha)\cap(\bigcup_{\beta\in L} B_\beta)$

$\equiv t\in \bigcup_{\alpha\in M} A_\alpha \wedge t\in \bigcup_{\beta\in L} B_\beta$ (정의 2.2.2)

$\equiv \exists\,\alpha\in M$ s.t. $t\in A_\alpha)\wedge(\exists\,\beta\in L$ s.t. $t\in B_\beta)$ (정의 2.4.1)

$\equiv \exists\,(\alpha,\beta)\in M\times L$ s.t. $t\in A_\alpha\cap B_\beta$ (정의 2.3.1)

$\equiv t\in \bigcup_{(\alpha,\beta)\in M\times L} A_\alpha\cap B_\beta$ (정의 2.4.1)

(2) 독자에게 남긴다. ■

정리 2.3.4에서 보였던 정리들을 첨자붙은 집합족으로 확장해보자.

정리 2.4.7

집합 A와 첨자집합족 $\{B_\gamma \mid \gamma \in \Lambda\}$에 대하여 다음이 성립한다.

(1) $A \times (\bigcup_{\lambda \in \Lambda} B_\lambda) = \bigcup_{\lambda \in \Lambda} (A \times B_\lambda)$

(2) $A \times (\bigcap_{\lambda \in \Lambda} B_\lambda) = \bigcap_{\lambda \in \Lambda} (A \times B_\lambda)$

증명의 스케치

데카르트 곱의 정의에 의하여 순서쌍 형태로 원소를 택하여

(1) $(x, y) \in A \times (\bigcup_{\lambda \in \Lambda} B_\lambda) \equiv (x, y) \in \bigcup_{\lambda \in \Lambda} A \times B_\lambda$

(2) $(x, y) \in A \times (\bigcap_{\lambda \in \Lambda} B_\lambda) \equiv (x, y) \in \bigcap_{\lambda \in \Lambda} A \times B_\lambda$

임을 첨자붙은 합집합, 교집합 정의를 활용하여 보이면 된다.

증명 (1) $(x, y) \in (A \times (\bigcup_{\lambda \in \Lambda} B_\lambda))$

$\equiv x \in A \wedge y \in \bigcup_{\lambda \in \Lambda} B_\lambda$ (정의 2.3.1)

$\equiv x \in A \wedge (\exists \lambda \in \Lambda \text{ s.t. } y \in B_\lambda)$ (정의 2.4.1)

$\equiv \exists \lambda \in \Lambda, \text{ s.t. } (x, y) \in A \times B_\lambda$ (결합법칙, 정의 2.3.1)

$\equiv (x, y) \in \bigcup_{\lambda \in \Lambda} A \times B_\lambda$ (정의 2.4.1)

(2) 독자에게 남긴다. ■

정리 2.4.7을 좀 더 일반화시켜보자.

정리 2.4.8

첨자집합족 $\{A_\alpha \mid \alpha \in M\}$과 $\{B_\beta \mid \beta \in L\}$에 대하여 다음이 성립한다.

(1) $(\bigcup_{\alpha \in M} A_\alpha) \times (\bigcup_{\beta \in L} B_\beta) = \bigcup_{(\alpha, \beta) \in M \times L} (A_\alpha \times B_\beta)$

(2) $(\bigcap_{\alpha \in M} A_\alpha) \times (\bigcap_{\beta \in L} B_\beta) = \bigcap_{(\alpha, \beta) \in M \times L} (A_\alpha \times B_\beta)$

증명의 스케치

데카르트 곱의 정의와 첨자붙은 집합족의 연산 정의에 의하여 보이면 된다.

증명 (1) $(x,\ y) \in [(\bigcup_{\alpha \in M} A_\alpha) \times (\bigcup_{\beta \in L} B_\beta)]$

$\equiv x \in (\bigcup_{\alpha \in M} A_\alpha) \wedge y \in (\bigcup_{\beta \in L} B_\beta)$ (정의 2.3.1)

$\equiv (\exists\, \alpha \in M \text{ s.t. } x \in A_\alpha) \wedge (\exists\, \beta \in L \text{ s.t. } y \in B_\beta)$

(정의 2.4.1)

$\equiv \exists\, (\alpha,\ \beta) \in M \times L \text{ s.t. } (x,\ y) \in A_\alpha \times B_\beta$

(교환, 결합, 정의 2.3.1)

$\equiv (x,\ y) \in \bigcup_{(\alpha,\ \beta) \in M \times L} (A_\alpha \times B_\beta)$ (정의 2.4.1)

따라서 $(\bigcup_{\alpha \in M} A_\alpha) \times (\bigcup_{\beta \in L} B_\beta) = \bigcup_{(\alpha,\ \beta) \in M \times L} (A_\alpha \times B_\beta)$이다.

(2) 독자에게 남긴다. ■

연습문제 2.4

1. 첨자집합 $\Lambda = \{1, 2, 3, 4\}$일 때 $A_1 = \{a, b, c\}$, $A_2 = \{b, c, d\}$, $A_3 = \{a, b, c, d\}$, $A_4 = \{a, b\}$에 대하여 다음을 구하여라.

(1) $\bigcup_{i \in \Lambda} A_i$　　　(2) $\bigcap_{i \in \Lambda} A_i$

2. 정리 2.4.3 (2)를 증명하여라.

3. 정리 2.4.4 (1)을 증명하여라.

4. 정리 2.4.5 (1)을 증명하여라.

5. 정리 2.4.6 (2)를 증명하여라.

6. 정리 2.4.7 (2)를 증명하여라.

7. 정리 2.4.8 (2)를 증명하여라.

8. 첨자붙은 집합족 $\{A_1, A_2, \cdots, A_n\}$과 임의의 집합 A에 대하여 다음의 성립함을 증명하여라.

(1) $\bigcup_{i=1}^{n} (A - A_i) = A - (\bigcap_{i=1}^{n} A_i)$　　　(2) $\bigcap_{i=1}^{n} (A - A_i) = A - (\bigcup_{i=1}^{n} A_i)$

03. 관계와 함수

관계는 순서쌍들의 집합으로 정의하는데, 집합에서 분할과 동치관계 사이에는 깊은 관련성이 있다. 특히, 동치관계는 현대 수학의 많은 부분에서 큰 역할을 한다. 또한 현대 수학을 좀 더 알기를 원하는 독자들을 위해 관계의 특별한 경우인 함수들의 중요한 성질들을 심도 있게 다루고자 한다.

03

3.1 관계

우리는 일상의 언어 생활에서는 말할 것도 없고 여러 가지 학문 분야에 있어서도 관계(relation)라는 용어를 빈번히 접하게 된다. 실제로 우리 인간의 사고는 관계적 사고(relational thinking)라고 할 수 있으며, 모든 과학의 명제들은 바로 사물과 사물 또는 현상과 현상 사이의 '관계'를 규명하려는 지식 체계가 아닌가 생각된다.

앞에서 임의의 두 대상 a, b에 대하여 순서쌍(ordered pair) $(a,\ b)$이라는 새로운 대상을 만들어 데카르트 곱을 정의하였다. '관계'의 수학적 정의는 집합들의 데카르트 곱의 원소들인 순서쌍 $(a,\ b)$에 의하여 만들어진다.

정의 3.1.1

두 집합 A, B에 대하여 데카르트 곱 $A\times B$의 부분집합 $\mathscr{R}$을 A에서 B로의 **관계**(relation $\mathscr{R}$ from A to B)라 하고 $(a,\ b)\in\mathscr{R}$를 ${}_a\mathscr{R}_b$로 표기한다. 기호 ${}_a\mathscr{R}_b$는 "a는 b와 $\mathscr{R}$-관계가 있다." 또는 "a는 관계 $\mathscr{R}$에 따라 b와 관계가 있다." 라고 읽는다.

A와 B가 같으면 A에서 A로의 관계 $\mathscr{R}$ 대신에 'A에서의 관계 $\mathscr{R}$'이라고 한다.

예제 1 $A=\{1,\ 2,\ 3\}$, $B=\{1,\ 2,\ 3\}$일 때 A와 B 사이에 $A\times B$의 부분집합이 주어졌을 때 다음 중 관계인 것을 구하라.

(1) $\mathscr{R}_1=\{(1,\ 1),\ (2,\ 3)\}$

(2) $\mathscr{R}_2=\{(1,\ 2),\ (2,\ 3),\ (3,\ 4),\ (3,\ 1)\}$

풀이 $\mathscr{R}_1\subseteq A\times B$이므로 관계이지만 $\mathscr{R}_2\not\subseteq A\times B$이므로 관계가 아니다. ■

정의 3.1.2

두 집합 A와 B에 대하여 A에서 B로의 관계 $\mathscr{R}$가 주어졌을 때, 관계 $\mathscr{R}$의 **역관계** (inverse relation) $\mathscr{R}^{-1}$는 B에서 A로의 관계를 의미한다. 즉 $\mathscr{R}^{-1}=\{(b, a) \mid (a, b) \in \mathscr{R}\}$이다.

예제 2 예제 1에서의 관계 $\mathscr{R}_1$의 역관계 $\mathscr{R}_1^{-1}=\{(1, 1), (3, 2)\}$이다.

예제 3 자연수 $\mathbb{N}$에서의 $\mathbb{N}$으로의 관계 $\mathscr{R}=\{(x, y) \mid y$는 x로 나누어 떨어진다.$\}$일 때 $\mathscr{R}^{-1}$를 구하여라.

풀이 $\mathscr{R}^{-1}=\{(y, x) \in \mathbb{N} \times \mathbb{N} \mid y$는 x의 배수이다.$\}$이다. ■

정리 3.1.3

집합 A에서 B로의 관계 $\mathscr{R}$에 대해서 다음이 성립한다.

$$(\mathscr{R}^{-1})^{-1}=\mathscr{R}$$

증명의 스케치

정의 3.1.2를 이용하여 $(a, b) \in (\mathscr{R}^{-1})^{-1} \Leftrightarrow (a, b) \in \mathscr{R}$임을 보이면 된다.

증명

$$(a, b) \in (\mathscr{R}^{-1})^{-1} \Leftrightarrow (b, a) \in \mathscr{R}^{-1} \quad \text{(정의 3.1.2)}$$

$$\Leftrightarrow (a, b) \in \mathscr{R} \quad \text{(정의 3.1.2)}$$

따라서 $(\mathscr{R}^{-1})^{-1}=\mathscr{R}$이다. ■

A에서 B로의 관계 $\mathscr{R}$일 때, 어떤 $b \in B$에 대하여 ${}_a\mathscr{R}_b$인 조건을 만족하는 모든 $a \in A$의 집합을 관계 $\mathscr{R}$의 **정의역**(domain)이라 하고 $Dom(\mathscr{R})$로 표기한다. 어떤 $a \in A$에 대하여 ${}_a\mathscr{R}_b$인 조건을 만족하는 모든 $b \in B$의 집합을 관계 $\mathscr{R}$의

상(image)이라 하며, $Im(\mathscr{R})$로 표기한다.

$$Dom(\mathscr{R}) = \{a \in A \mid (a,\ b) \in \mathscr{R},\ b \in B\},$$
$$Im(\mathscr{R}) = \{b \in B \mid (a,\ b) \in \mathscr{R},\ a \in A\}$$

즉

$$a \in Dom(\mathscr{R}) \Leftrightarrow \exists\, b \in B \text{ s.t. } (a,\ b) \in \mathscr{R},$$
$$b \in Im(\mathscr{R}) \Leftrightarrow \exists\, a \in A \text{ s.t. } (a,\ b) \in \mathscr{R}$$

로 표현할 수 있다.

정리 3.1.4

집합 A에서 집합 B로의 관계 $\mathscr{R}$에 대하여 다음이 성립한다.

(1) $Dom(\mathscr{R}^{-1}) = Im(\mathscr{R})$　　　(2) $Im(\mathscr{R}^{-1}) = Dom(\mathscr{R})$

증명의 스케치

관계 $\mathscr{R}$의 정의역과 상, 정의 3.1.2를 이용하여 보이면 된다.

증명 (1) 독자에게 남긴다.

(2) $a \in Im(\mathscr{R}^{-1})$

$\Leftrightarrow \exists\, b \in B \text{ s.t. } (b,\ a) \in \mathscr{R}^{-1}$　(관계 $\mathscr{R}$의 상 정의)

$\Leftrightarrow \exists\, b \in B \text{ s.t. } (a,\ b) \in \mathscr{R}$　(정의 3.1.2)

$\Leftrightarrow a \in Dom(\mathscr{R})$　(관계 $\mathscr{R}$의 정의역 정의)

따라서 $Im(\mathscr{R}^{-1}) = Dom(\mathscr{R})$. ■

예제 4 예제 2에서의 관계 $\mathscr{R}_1^{-1}$의 정의역과 상을 구하여라.

풀이 $Dom(\mathscr{R}_1^{-1}) = \{1,\ 3\}$, $Im(\mathscr{R}_1^{-1}) = \{1,\ 2\}$이다. ■

정의 3.1.5

집합 $A(\neq \phi)$에서의 관계 $\mathscr{R}$일 때

(1) $\mathscr{R}$이 다음 조건을 만족할 때 **반사율**(reflexive law)이 성립한다고 한다.

$$^{\forall}x \in A,\ {}_{x}\mathscr{R}_{x}\ (\text{또는 } ^{\forall}x \in X,\ (x, x) \in \mathscr{R})$$

(2) $\mathscr{R}$이 다음 조건을 만족할 때 **대칭률**(symmetric law)이 성립한다고 한다.

$${}_{x}\mathscr{R}_{y} \Rightarrow {}_{y}\mathscr{R}_{x}\ (\text{또는 } (x, y) \in \mathscr{R} \Rightarrow (y, x) \in \mathscr{R})$$

(3) $\mathscr{R}$이 다음 조건을 만족할 때 **추이율**(transitive law)이 성립한다고 한다.

$${}_{x}\mathscr{R}_{y},\ {}_{y}\mathscr{R}_{z} \Rightarrow {}_{x}\mathscr{R}_{z}\ (\text{또는 } (x, y) \in \mathscr{R},\ (y, z) \in \mathscr{R} \Rightarrow (x, z) \in \mathscr{R})$$

특히 관계 $\mathscr{R}$가 반사율, 대칭률, 추이율을 모두 만족할 때 $\mathscr{R}$은 **동치관계**(equivalence relation)이라고 한다.

예제 5 $X = \{1, 2, 3\}$에서의 관계 $\mathscr{R} = \{(1, 1), (2, 2), (3, 3), (2, 3), (3, 2)\}$에 대하여 $\mathscr{R}(\subseteq X \times X)$이므로 관계이고 또한 관계 $\mathscr{R}$이 반사율, 대칭률, 추이율을 모두 만족하므로 $\mathscr{R}$은 동치관계이다.

예제 6 집합 $X(\neq \phi)$에서의 관계 $\Delta_X = \{(x, x) \mid x \in X\}$는 동치관계가 됨을 보여라.(여기서 Δ_X를 **항등관계**(identity relation)라 한다.)

풀이 (i) Δ_X의 정의에 의하여 $^{\forall}a \in X,\ (a, a) \in \Delta_X$이므로 Δ_X는 반사율이 성립한다.

(ii) $(a, b) \in \Delta_X \Rightarrow a = b$ (Δ_X의 정의)

$\Rightarrow (b, a) = (b, b) \in \Delta_X$ (Δ_X의 정의)

즉 Δ_X는 대칭률이 성립한다.

(iii) $(a, b) \in \Delta_X \wedge (b, c) \in \Delta_X \Rightarrow a = b \wedge b = c$ (Δ_X의 정의)

$\Rightarrow a = c$ ($=$의 추이율)

$$\Rightarrow (a,\ c) = (c,\ c) \in \Delta_X$$

(Δ_X의 정의)

즉 Δ_X는 추이율이 성립한다.

따라서 (i), (ii), (iii)에 의하여 Δ_X는 동치관계이다. ■

또한 집합 $X(\neq \phi)$에서 $X \times X$ 자신도 동치관계가 된다.(독자에게 남긴다.)

예제 7 2×2 행렬들의 집합 $M = \left\{ \begin{pmatrix} a & b \\ c & d \end{pmatrix} \;\middle|\; a,\ b,\ c,\ d \in \mathbb{R} \right\}$에 대하여 M에서의 행렬의 상등관계($=$)는 동치관계임을 보여라.

풀이 (i) 반사율

$^\forall A = \begin{pmatrix} a & b \\ c & d \end{pmatrix} \in M$, $\begin{pmatrix} a & b \\ c & d \end{pmatrix} = \begin{pmatrix} a & b \\ c & d \end{pmatrix}$이므로 만족한다.

(ii) 대칭률

$\begin{pmatrix} a_1 & b_1 \\ c_1 & d_1 \end{pmatrix} = \begin{pmatrix} a_2 & b_2 \\ c_2 & d_2 \end{pmatrix}$라면 행렬의 상등 성질에 의하여 $a_1 = a_2$, $b_1 = b_2$, $c_1 = c_2$, $d_1 = d_2$이다. 즉 $\begin{pmatrix} a_2 & b_2 \\ c_2 & d_2 \end{pmatrix} = \begin{pmatrix} a_1 & b_1 \\ c_1 & d_1 \end{pmatrix}$이 되므로, 대칭률을 만족한다.

(iii) 추이율

$\begin{pmatrix} a_1 & b_1 \\ c_1 & d_1 \end{pmatrix} = \begin{pmatrix} a_2 & b_2 \\ c_2 & d_2 \end{pmatrix}$, $\begin{pmatrix} a_2 & b_2 \\ c_2 & d_2 \end{pmatrix} = \begin{pmatrix} a_3 & b_3 \\ c_3 & d_3 \end{pmatrix}$라면 행렬의 상등 성질에 의하여 $a_1 = a_2 = a_3$, $b_1 = b_2 = b_3$, $c_1 = c_2 = c_3$, $d_1 = d_2 = d_3$이다.

즉 $\begin{pmatrix} a_1 & b_1 \\ c_1 & d_1 \end{pmatrix} = \begin{pmatrix} a_3 & b_3 \\ c_3 & d_3 \end{pmatrix}$가 되므로 추이율을 만족한다.

따라서 M에서의 행렬의 상등관계 '$=$'는 동치관계이다. ■

동치관계는 현대 수학에서 매우 중요하게 취급된다. 예컨대 대수학에서 인자군(factor group), 위상수학에서 상공간(quotient spaces), 그리고 정수론에서의 법(modular)에 관련된 문제 등 다양한 부분에서 취급되고 있다.

연습문제 3.1

1. $A = \{1,\ 2,\ 3\}$일 때 A에서의 관계 $\mathscr{R} = \{(1,\ 2),\ (3,\ 2),\ (1,\ 3)\}$일 때 $Dom(\mathscr{R})$, $Im(\mathscr{R})$을 각각 구하여라.

2. 정리 3.1.4 (1)을 증명하여라.

3. $A = \{a,\ b,\ c,\ d\}$일 때 A에서의 관계 $\mathscr{R} = \{(a,\ a),\ (a,\ d),\ (b,\ b),\ (b,\ d),\ (d,\ a),\ (d,\ b),\ (d,\ d)\}$이 동치관계인지 아닌지를 밝히고 아니면 왜 아닌지를 설명하여라.

4. 실수의 집합 $\mathbb{R}$에서의 등식(=)관계는 동치관계임을 보여라.

5. 집합 $X(\neq \phi)$에서 $X \times X$ 자신은 동치관계임을 보여라.

6. 임의의 고정된 자연수 m에 대하여 정수의 집합 $\mathbb{Z}$ 위의 **합동관계**(congruence relation) 법(modulo) m을 적당한 $k \in \mathbb{Z}$가 존재하여 $x - y = km$이면 '$x \equiv y (\mathrm{mod}\, m)$'으로 정의하면 그 합동관계가 동치관계임을 보여라.

7. $X = \mathbb{Z} \times (\mathbb{Z} - \{0\})$에서의 관계 $\sim$을 $(a,\ b) \sim (c,\ d) \Leftrightarrow ad = bc$로 정의하면 관계 $\sim$은 동치관계가 됨을 보여라.

3.2 동치관계와 분할

3.1절에서는 동치관계에 대하여 살펴보았는데 이 절에서는 동치관계와 분할 사이의 관련된 여러 성질들에 대하여 알아보고자 한다.

정의 3.2.1

집합 $X(\neq \phi)$에서 X의 부분집합족 $\mathscr{P} = \{A_\alpha \mid \alpha \in M\}$이 다음 두 조건을 만족할 때 부분집합족 $\mathscr{P}$를 X의 **분할**(partition)이라 한다.

(i) $^\forall A_\alpha,\ A_\beta \in \mathscr{P},\ A_\alpha \neq A_\beta \Rightarrow A_\alpha \cap A_\beta = \phi$ (or $A_\alpha \cap A_\beta \neq \phi \Rightarrow A_\alpha = A_\beta$)

(ii) $\bigcup_{\alpha \in M} A_\alpha = X$

직관적으로 X의 분할은 공집합이 아닌 서로소인 부분집합 조각으로 자른 것으로 주어진 집합 X를 다 채운 것으로 생각할 수 있다.

예제 1 집합 $X = \{1, 2, 3, \cdots, 9, 10\}$와 부분집합

$$A_1 = \{1, 2, 3\},\ A_2 = \{4, 8, 9\},\ A_3 = \{5, 6, 7, 10\}$$

에 대하여, 집합족 $\{A_1, A_2, A_3\}$는 X의 분할이다.
왜냐하면 임의의 서로 다른 두 집합에 서로 소이고,

$$X = A_1 \cup A_2 \cup A_3$$

가 성립하기 때문이다.

예제 2 m이 임의의 고정된 자연수일 때 각 정수 j, $0 \leq j \leq m$에 대하여 $\mathbb{Z}_j = \{x \in \mathbb{Z} \mid x - j = km,\ k \in \mathbb{Z}\}$라 놓으면 집합족 $\{\mathbb{Z}_0, \mathbb{Z}_1, \mathbb{Z}_2, \cdots, \mathbb{Z}_{m-1}\}$은 $\mathbb{Z}$의 하나의 분할이다.

특히 $m=2$이면

$$\mathbb{Z}_0=\{x\in\mathbb{Z}\mid x\text{는 짝수}\},\ \mathbb{Z}_1=\{x\in\mathbb{Z}\mid x\text{는 홀수}\}$$

는 $\mathbb{Z}$의 분할이 된다.

분할과 동치관계는 매우 밀접한 관계가 있다.

정의 3.2.2

$\mathscr{R}$가 집합 X에서 정해진 동치관계일 때 임의의 $a\in X$에 대하여 X의 부분집합 $\mathscr{R}_a=\{b\in X\mid {}_a\mathscr{R}_b\}=\{b\in X\mid (a,\ b)\in\mathscr{R}\}$를 a의 **동치류**(equivalence class of a)라 한다. X에서 이런 모든 동치류의 집합 $\{\mathscr{R}_a\mid a\in X\}$를 $\mathscr{R}$에 의한 X의 **상집합**(quotient set)이라 하고 $X/\mathscr{R}$로 표기한다. $X/\mathscr{R}$를 "X법 $\mathscr{R}$(엑스법 알)"이라고 읽는다. 즉 $X/\mathscr{R}=\{\mathscr{R}_a\mid a\in X\}$이다.

예제 3 집합 $X=\{1,\ 2,\ 3,\ 4\}$에서 관계 $\mathscr{R}=\{(1,\ 1),\ (2,\ 2),\ (3,\ 3),\ (4,\ 4),\ (1,\ 4),\ (4,\ 1),\ (2,\ 4),\ (4,\ 2),\ (1,\ 2),\ (2,\ 1)\}$일 때 동치류들을 구해보면 $\mathscr{R}_1=\mathscr{R}_2=\mathscr{R}_4=\{1,\ 2,\ 4\}$, $\mathscr{R}_3=\{3\}$이고
따라서 상집합 $X/\mathscr{R}=\{\{1,\ 2,\ 4\},\ \{3\}\}$이 된다.

정리 3.2.3

$\mathscr{R}$가 집합 $X(\neq\phi)$에 주어진 동치관계이면 다음 관계가 성립한다.

(1) 각 $\mathscr{R}_a$는 X의 공집합이 아닌 부분집합이다.

(2) $\mathscr{R}_a\cap\mathscr{R}_b\neq\phi \Leftrightarrow {}_a\mathscr{R}_b$(또는 ${}_a\mathscr{R}_b \Leftrightarrow \mathscr{R}_a\cap\mathscr{R}_b\neq\phi$)

(3) ${}_a\mathscr{R}_b \Leftrightarrow \mathscr{R}_a=\mathscr{R}_b$

증명의 스케치

정의 3.1.5와 정의 3.2.2를 활용하여 보이면 된다.

증명 (1) $\mathscr{R}$은 동치관계이므로 정의 3.1.5에 의하여 $^\forall a \in X$에 대하여 $(a, a) \in \mathscr{R}$, 즉 ${}_a\mathscr{R}_a$이다. 따라서 정의 3.2.2에 의하여 $a \in \mathscr{R}_a$가 된다. 따라서 $\mathscr{R}_a (\subseteq X) \neq \phi$이다.

(2) $\mathscr{R}$은 동치관계이고 $X \neq \phi$이므로

$$\begin{aligned} \mathscr{R}_a \cap \mathscr{R}_b \neq \phi &\Leftrightarrow \exists c \in X \text{ s.t. } c \in \mathscr{R}_a \wedge c \in \mathscr{R}_b \\ &\Leftrightarrow {}_c\mathscr{R}_a \wedge {}_c\mathscr{R}_b \quad (\text{정의 3.2.2}) \\ &\Leftrightarrow {}_a\mathscr{R}_c \wedge {}_c\mathscr{R}_b \quad (\text{정의 3.1.5 대칭률}) \\ &\Leftrightarrow {}_a\mathscr{R}_b \quad (\text{정의 3.1.5 추이율}) \end{aligned}$$

(3) (⇐) (1), (2)로부터 바로 알 수 있다.

(⇒) ${}_a\mathscr{R}_b$라고 가정하고, $\mathscr{R}_a = \mathscr{R}_b$임을 보이자.

먼저 $\mathscr{R}_a \subseteq \mathscr{R}_b$임을 보이자.

$$\begin{aligned} c \in \mathscr{R}_a &\Rightarrow {}_c\mathscr{R}_a \quad (\text{정의 3.2.2}) \\ {}_c\mathscr{R}_a \wedge {}_a\mathscr{R}_b &\Rightarrow {}_c\mathscr{R}_b \quad (\text{정의 3.1.5 추이율}) \\ &\Rightarrow c \in \mathscr{R}_b \quad (\text{정의 3.2.2}) \end{aligned}$$

즉 $\mathscr{R}_a \subseteq \mathscr{R}_b$이다.

같은 방법으로 $\mathscr{R}_b \subseteq \mathscr{R}_a$임을 알 수 있다.

따라서 $\mathscr{R}_a = \mathscr{R}_b$이다. ■

정리 3.2.4

$\mathscr{R}$가 집합 $X(\neq \phi)$에 주어진 동치관계이면 상집합 $X/\mathscr{R}$는 X의 분할이다.

증명의 스케치

$X/\mathscr{R}$이 X의 부분집합족임을 보이고 (i) $\mathscr{R}_a \neq \mathscr{R}_b \Rightarrow \mathscr{R}_a \cap \mathscr{R}_b = \phi$ (ii) $\bigcup_{a \in X} \mathscr{R}_a = X$임을 보이면 된다.

증명 정리 3.2.3 (1)과 정의 3.2.2에 의하여 상집합 $X/\mathscr{R}=\{\mathscr{R}_a \mid a\in X\}$는 X의 부분집합족이다.

(i) $\mathscr{R}_a \neq \mathscr{R}_b \Rightarrow \mathscr{R}_a \cap \mathscr{R}_b = \phi$임을 보이기 위해 대우를 취하면 $\mathscr{R}_a \cap \mathscr{R}_b \neq \phi \Rightarrow \mathscr{R}_a = \mathscr{R}_b$이 되는데 이것은 앞 정리 3.2.3 (2), (3) 결과이다.

(ii) $\bigcup_{a\in X} \mathscr{R}_a = X$임을 보이자.

$^{\forall}a\in X$에 대하여 $a\in \mathscr{R}_a$이므로 $X\subseteq \bigcup_{a\in X}\mathscr{R}_a$이고 $\bigcup_{a\in X}\mathscr{R}_a\subseteq X$ 이므로 $\bigcup_{a\in X}\mathscr{R}_a = X$이다. ■

집합 X에 동치관계가 주어지면 상집합은 분할이 됨을 알 수 있었다. 그러면 이것의 역은 성립할 것인가? 집합 X의 하나의 분할이 주어지면 X 위의 동치관계 하나를 얻을 수 있음을 알 수 있다.

정의 3.2.5

집합 X 위의 분할 $\mathscr{P}$에 대하여 X 위의 관계 $(X/\mathscr{P})(\subseteq X\times X)$를 아래와 같이 정의한다.

$$(x,\ y)\in (X/\mathscr{P}) \Leftrightarrow {}_x(X/\mathscr{P})_y \Leftrightarrow \exists A\in \mathscr{P} \text{ s.t. } x,\ y\in A$$

정리 3.2.6

집합 X의 분할 $\mathscr{P}$에 따르는 관계 $(X/\mathscr{P})$는 X 상의 하나의 동치관계이다.

증명의 스케치

정의 3.2.5에서 정의된 관계 $(X/\mathscr{P})$이 (i) 반사율 (ii) 대칭률 (iii) 추이율이 됨을 보이면 된다.

증명 $X/\mathscr{P}$의 정의에 의해 $X/\mathscr{P}$는 X 상의 관계임은 분명하다.

(i) 반사율

$$\forall a \in X \Rightarrow a \in \bigcup_{A \in \mathscr{P}} A \quad \text{(정의 3.2.1 (ii))}$$

$$\Rightarrow \exists A_0 \in \mathscr{P} \text{ s.t. } a \in A_0 \quad \text{(정의 2.4.1)}$$

즉 $a,\ a \in A_0 \Rightarrow {}_a(X/\mathscr{P})_a$

그러므로 $(X/\mathscr{P})$는 반사율을 만족한다.

(ii) 대칭률

$${}_a(X/\mathscr{P})_b \Rightarrow \exists A_0 \in \mathscr{P} \text{ s.t. } a,\ b \in A_0 \quad \text{(정의 3.2.5)}$$

$$\Rightarrow \exists A_0 \in \mathscr{P} \text{ s.t. } b,\ a \in A_0$$

$$\Rightarrow {}_b(X/\mathscr{P})_a \quad \text{(정의 3.2.5)}$$

즉 $(X/\mathscr{P})$는 대칭률을 만족한다.

(iii) 추이율

$${}_a(X/\mathscr{P})_b \wedge {}_b(X/\mathscr{P})_c$$

$$\Rightarrow (\exists A_0 \in \mathscr{P} \text{ s.t. } a,\ b \in A_0) \wedge (\exists A_1 \in \mathscr{P} \text{ s.t. } b,\ c \in A_1)$$

$$\Rightarrow b \in A_0 \cap A_1, \text{ 즉 } A_0 \cap A_1 \neq \phi.$$

$$\Rightarrow A_0 = A_1 \quad \text{($\mathscr{P}$가 분할이므로 정의 3.2.1 (i))}$$

$$\Rightarrow a,\ c \in A_1,\ A_1 \in \mathscr{P}$$

$$\Rightarrow {}_a(X/\mathscr{P})_c \quad \text{(정의 3.2.5)}$$

즉 $(X/\mathscr{P})$는 추이율을 만족한다.

따라서 (i), (ii), (iii)에 의하여 $(X/\mathscr{P})$는 동치관계이다. ■

정리 3.2.6에서 보인 X 상의 동치관계 $(X/\mathscr{P})$에서의 동치류들의 모임, 즉 상집합은 정확하게 분할이 된다.

정리 3.2.7

집합 X의 분할 $\mathscr{P}$에 대하여 동치관계 $X/\mathscr{P}$에 의하여 만들어지는 동치류들의 모임, 즉 상집합들은 분할 $\mathscr{P}$가 된다. 즉 $X/(X/\mathscr{P})=\mathscr{P}$이다.

증명의 스케치

정리 3.2.6에 의하여 $X/\mathscr{P}$는 동치관계이므로 정리 3.2.4에 의해 $X/(X/\mathscr{P})$는 X의 분할이다. 그러므로 (1) $X/(X/\mathscr{P})\subseteq\mathscr{P}$, (2) $\mathscr{P}\subseteq X/(X/\mathscr{P})$임을 보이면 된다.

증명 (1) ($\subseteq$) $X/(X/\mathscr{P})\subseteq\mathscr{P}$임을 보이자. 즉 $^{\forall}a\in X$, $(X/\mathscr{P})_a\in\mathscr{P}$임을 보이면 된다. $X/(X/\mathscr{P})$의 임의의 원소는 동치관계 $(X/\mathscr{P})$의 동치류이므로 적당한 $a\in X$에 대하여 동치류 $(X/\mathscr{P})_a$이다. 또

$a\in X=\bigcup_{A\in\mathscr{P}}A$이므로 $\exists A_0\in\mathscr{P}$ s.t. $a\in A_0$이다.

이제 $A_0=(X/\mathscr{P})_a$임을 보이자.

(i) ($\subseteq$) $x\in A_0 \Rightarrow x,\ a\in A_0\in\mathscr{P}$

$\Rightarrow {}_x(X/\mathscr{P})_a$

$\Rightarrow x\in(X/\mathscr{P})_a$

즉 $A_0\subseteq(X/\mathscr{P})_a$.

(ii) ($\supseteq$) $x\in(X/\mathscr{P})_a \Rightarrow {}_x(X/\mathscr{P})_a$

$\Rightarrow \exists B_0\in\mathscr{P}$ s.t. $x,\ a\in B_0$

$\Rightarrow a\in A_0\cap B_0$

$\Rightarrow A_0\cap B_0\neq\phi \Rightarrow A_0=B_0$

$\Rightarrow x\in A_0$

즉 $(X/\mathscr{P})_a\subseteq A_0$이다.

(i), (ii)에 의하여 $A_0=(X/\mathscr{P})_a$가 된다. 따라서

$(X/\mathscr{P})_a(=A_0)\in\mathscr{P}$이다. 그러므로 동치관계 $(X/\mathscr{P})$에 의한 상집합 $X(X/\mathscr{P})$의 임의의 원소 $(X/\mathscr{P})_a$가 $\mathscr{P}$의 원소이므로 $X(X/\mathscr{P})\subseteq\mathscr{P}$가 된다.

(2) $(\supseteq)$ $\mathscr{P}\subseteq X(X/\mathscr{P})$임을 보이자.

$A_0\in\mathscr{P}\Rightarrow A_0\neq\phi$ (분할 $\mathscr{P}$의 원소들은 공집합이 아님)

$\Rightarrow\exists\, a\in A_0$

이 a에 대하여 $A_0=(X/\mathscr{P})_a$임을 보이라.

(i) $(\subseteq)$ $x\in A_0\Rightarrow x,\ a\in A_0,\ A_0\in\mathscr{P}$

$\Rightarrow {}_x(X/\mathscr{P})_a$

$\Rightarrow x\in(X/\mathscr{P})_a$

그러므로 $A_0\subseteq(X/\mathscr{P})_a$

(ii) $(\supseteq)$ $x\in(X/\mathscr{P})_a\Rightarrow {}_x(X/\mathscr{P})_a$

$\Rightarrow\exists\, B_0\in\mathscr{P}$ s.t. $x,\ a\in B_0$

$\Rightarrow a\in A_0\cap B_0$, 즉 $A_0\cap B_0\neq\phi$

$\Rightarrow A_0=B_0$

$\Rightarrow x\in A_0$

즉 $(X/\mathscr{P})_a\subseteq A_0$

(i), (ii)에 의하여 $A_0=(X/\mathscr{P})_a$이다.

따라서 $A_0=(X/\mathscr{P})_a\in X/(X/\mathscr{P})$

즉 $A_0\in X/(X/\mathscr{P})$. 그러므로 $\mathscr{P}\subseteq X/(X/\mathscr{P})$이다.

(1), (2)에 의하여 $X/(X/\mathscr{P})=\mathscr{P}$이다. ■

따름정리 3.2.8

집합 $X(\neq\phi)$ 위의 임의의 동치관계 $\mathscr{R}$에 대하여 다음이 성립한다.

$$(X/(X/\mathscr{R}))=\mathscr{R}$$

증명의 스케치

$\mathscr{R}$이 동치관계이므로 정리 3.2.4에 의하여 $X/\mathscr{R}$는 분할이고 따라서 정의 3.2.5에 의하여 $(X/(X/\mathscr{R}))$을 정의할 수 있고, 정리 3.2.6에 의하여 $(X/(X/\mathscr{R}))$는 X 상에 동치관계가 된다. 따라서 $(X/(X/\mathscr{R}))$는 X 상의 동치관계 중에서 $\mathscr{R}$이 된다. $(X/(X/\mathscr{R}))$과 $\mathscr{R}$은 둘 다 동치관계이므로 $X \times X$의 부분집합이다. 그러므로 (1) $(X/(X/\mathscr{R})) \subseteq \mathscr{R}$ (2) $\mathscr{R} \subseteq (X/(X/\mathscr{R}))$임을 보이면 된다.

증명 (1) $(\subseteq)$ $(a,\ b) \in (X/(X/\mathscr{R}))$

$\Rightarrow \exists A \in X/\mathscr{R}$ s.t. $a,\ b \in A$ (정의 3.2.5)

$\Rightarrow \exists x \in X$ s.t. $A = \mathscr{R}_x$ (정의 3.2.2)

$\Rightarrow a,\ b \in \mathscr{R}_x$ ($X/\mathscr{R}$의 정의)

$\Rightarrow (a,\ x) \in \mathscr{R} \wedge (b,\ x) \in \mathscr{R}$

$\Rightarrow (a,\ b) \in \mathscr{R}.$ (정의 3.1.5 (ii), (iii))

그러므로 $(X/(X/\mathscr{R})) \subseteq \mathscr{R}$.

(2) $(\supseteq)$ (i) $(a,\ b) \in \mathscr{R} \Rightarrow (a,\ b) \in X \times X$ ($\mathscr{R} \subseteq X \times X$)

$\Rightarrow b \in X$

$\Rightarrow (b,\ b) \in \mathscr{R}$ (정의 3.1.5 (i))

$\Rightarrow b \in \mathscr{R}_b$ (정의 3.2.2)

(ii) 또한 $(a,\ b) \in \mathscr{R} \Rightarrow a \in \mathscr{R}_b$이므로 (정의 3.2.2)

(i), (ii)에 의하여

$(a,\ b) \in \mathscr{R} \Rightarrow a,\ b \in \mathscr{R}_b \in X/\mathscr{R}$

$\Rightarrow (a,\ b) \in (X/(X/\mathscr{R}))$ (정의 3.2.5)

그러므로 $\mathscr{R} \subseteq (X/(X/\mathscr{R}))$.

(1), (2)에 의하여 $(X/(X/\mathscr{R})) = \mathscr{R}$.

연습문제 3.2

1. $A=\{a,\ b,\ c,\ d\}$일 때 A의 모든 분할을 구하여라.

2. 집합 $A=\{1,\ 2,\ 3,\ 4,\ 5\}$에 대하여 A의 부분집합족이 $\mathscr{P}=\{\{1,\ 2\},\ \{3\},$ $\{4,\ 5\}\}$일 때 $\mathscr{P}$가 A의 분할임을 보여라.

3. 정수의 집합 $\mathbb{Z}$ 상에서 m이 임의의 고정된 자연수일 때 각 정수 $j(0 \le j < m)$에 대하여 $\mathbb{Z}_j=\{x \in \mathbb{Z} \mid \exists\, k \in \mathbb{Z} \text{ s.t. } x-j=km\}$이라 놓으면 $\{\mathbb{Z}_j \mid 0 \le j < m\}$은 $\mathbb{Z}$의 분할임을 보여라.

4. 2번 문제에서 $m=5$일 때, 즉 임의의 정수 k에 대하여 $x-y=5k$일 때 한에서 ${}_x\mathscr{R}_y$로 정의되는 정수의 집합 $\mathbb{Z}$ 상의 관계를 정의하자.

(1) 관계 $\mathscr{R}$은 $\mathbb{Z}$ 상의 동치관계임을 보여라.

(2) $\mathbb{Z}$의 분할 $X/\mathscr{R}$를 구하여라.

(3) 동치관계 $X/(X/\mathscr{R})$는 동치관계 $\mathscr{R}$과 같음을 보여라.

3.3 함수의 정의 및 기본 개념

함수는 수학의 각 분야에서뿐만 아니라 자연 과학과 사회 과학 등 모든 학문 분야에 있어서 가장 중요한 역할을 하는 개념 가운데 하나이다. 경제학에 있어서도 수요 함수, 공급 함수, 생산 함수, 효용 함수, 비용 함수 등 여러 가지 함수들이 경제 이론의 분석 대상으로서 중요한 역할을 한다. 함수와 관계는 서로 다른 개념이다. 일반적으로 함수는 관계이지만 그 역은 일반적으로 성립되지 않는다. 그러므로 함수를 관계의 특별한 한 경우로 생각하면 된다.

함수의 개념은 수학의 각 분야에서 가장 기본적이면서 중요한 개념 중의 하나이다.

정의 3.3.1

두 집합 X, Y에서 X의 임의의 원소 x가 Y의 단 하나의 원소 y에 대응될 때, 이 대응규칙 f를 X에서 Y로의 **함수**(function) 혹은 **사상**(map 또는 mapping)이라 하고

$$\begin{array}{ccccc} f & : X & \to & Y \\ & \Cup & & \Cup \\ & x & \mapsto & f(x)=y \end{array}$$

와 같이 나타낸다. 표현을 달리하여 정의하면 X, Y를 집합이라 할 때 X에서 Y로의 관계 f, 즉 $f \subset X \times Y$가 다음 두 조건을 만족할 때 $(f,\ X,\ Y)$를 X에서 Y로의 함수라고 한다.

(i) $Dom(f)=X$, 즉 $^{\forall}x \in X,\ \exists\, y \in Y$ s.t. $(x,\ y) \in f$

(ii) $(x,\ y_1) \in f$이고 $(x,\ y_2) \in f$이면 $y_1 = y_2$

정의 3.3.1에서의 함수에 두 가지 형태에 대한 표현을 비교해보면 $y=f(x)$ 대신에 $(x,\ y) \in f$로 쓰고, $f\ :\ X \to Y$ 대신에 $(f,\ X,\ Y)$로 표기하였다. 관계를 가지고 함수를 표현해보면 함수 $f : X \to Y$에 대하여 X에서 Y로의 관계

$$\mathscr{R}_f = \{(x,\ f(x)) \mid x \in X\} \subset X \times Y$$

가 주어진다. 이 $\mathscr{R}$을 함수 f의 **그래프**(graph)라 부른다.

역으로 $\mathscr{R} \subset X \times Y$인 X에서 Y로의 관계 $\mathscr{R}$가

(i) $X = \{x \mid (x,\ y) \in \mathscr{R}\}$이고

(ii) 임의의 $x \in X$에 대하여 $(x,\ y) \in \mathscr{R}$인 y가 단 하나 존재하면, $\mathscr{R}$는

$$f\ :X \to Y$$
$$(x \to f(x) = y)$$

로 정해지는 유일한 함수 f의 그래프가 된다.

즉 위의 (i), (ii)를 만족하는 X에서 Y로의 한 관계 $\mathscr{R}$는 함수 f로 볼 수 있다. 함수 f에 의하여 $x \in X$에 대응되는 $y \in Y$를 $f(x) = y$로 나타내고, $f(x)$를 x에 대한 f의 **함숫값** 또는 f에 의한 x의 **상**(image)이라 한다. x는 f에 따른 y의 **역상**(inverse image 또는 **원상**)이라 한다.

함수 $f\ :X \to Y$가 주어졌을 때 X를 f의 **정의역**(domain)이라 하고 Y를 f의 **공변역**(codomain)이라 한다. 또한 $Im(f) = f(X) = \{f(x) \mid x \in X\} \subset Y$를 f의 **치역**(range)이라 한다. 즉 치역 $f(X)$는 X가 f에 의하여 대응되는 Y의 부분집합임을 알 수 있다.

예제 1 $\mathbb{R}$가 모든 실수의 집합이고, 임의의 집합 $x \in \mathbb{R}$에 대하여 $f(x) = x^2$이면 $\mathbb{R}$ 상의 관계 $f = \{(x,\ x^2) \mid x \in \mathbb{R}\}$는 $\mathbb{R}$에서의 함수이다.

풀이 $f \subset \mathbb{R} \times \mathbb{R}$이므로, f는 $\mathbb{R}$에서의 관계이다.

(i) $^{\forall}x \in \mathbb{R},\ (x,\ x^2) \in f$이므로 $Dom(f) = \mathbb{R}$이다.

(ii) $(x,\ y_1) \in f,\ (x,\ y_2) \in f$이면 $y_1 = x^2,\ y_2 = x^2$이므로 $y_1 = y_2 = x^2$이다.

그러므로 정의 3.3.1에 의하여 관계 f는 $\mathbb{R}$에서의 함수이다. 즉

$y = f(x) = x^2$으로 정의된 $f : \mathbb{R} \to \mathbb{R}$는 함수이다. ■

예제 2 $A = \{1, 2, 3\}$, $B = \{a, b, c\}$에 대하여 다음 중 A에서 B로의 함수인 것을 고르고 아닌 것에 대하여는 이유를 설명하시오.

(1) $f = \{(1, a), (2, b), (3, c)\}$

(2) $g = \{(1, b), (2, c), (3, b)\}$

(3) $h = \{(1, b), (2, a)\}$

(4) $k = \{(1, a), (1, b)\ (2, a), (3, c)\}$

풀이 독자에게 남긴다. ■

예제 3 두 집합 X, Y에 대하여 $X \subseteq Y$일 때 $f = \{(x, x) \mid x \in X\}$는 X에서 Y로의 함수(이 함수를 **포함함수**(inclusion function)라 한다.)가 됨을 보여라.

풀이 먼저 $f = \{(x, x) \mid x \in X\} \subseteq X \times Y$이므로 f는 X에서 Y로의 관계이다. 다음으로 f가 함수임을 보이자.

(i) $Dom(f) \subseteq X$이고 $x \in X \Rightarrow (x, x) \in f$이므로 $x \in Dom(f)$이다. 그러므로 $X \subseteq Dom(f)$. 따라서 $Dom(f) = X$이다.

(ii) 만일 (x, y_1), $(x, y_2) \in f$라 하면 f의 정의에 의하여 $y_1 = x$이고 $y_2 = x$이다. 따라서 $y_1 = y_2$이다.

정의 3.3.1에 의하여 관계 f는 함수이다. ■

관계로서의 f와 g가 같다는 것(표기 $f = g$)은 '집합 f =집합 g'라는 것을 의미한다.

정리 3.3.2

$f : X \to Y$, $g : X \to Y$를 함수라 하자.

$f = g$일 필요충분조건은 $\forall x \in X$, $f(x) = g(x)$이다.

증명 (⇒) $f = g$이고 $x \in X$를 임의의 원소라 하자.

$$\begin{aligned} y = f(x) &\equiv (x,\ y) \in f && (f\text{의 표기}) \\ &\equiv (x,\ y) \in g && (\text{가정}) \\ &\equiv y = g(x) && (g\text{의 표기}) \end{aligned}$$

이므로 $^{\forall}x \in X,\ f(x) = g(x)$이다.

(⇐) $^{\forall}x \in X,\ f(x) = g(x)$이라 가정하자.

$$\begin{aligned} (x,\ y) \in f &\equiv y = f(x) && (f\text{의 표기}) \\ &\equiv y = g(x) && (\text{가정}) \\ &\equiv (x,\ y) \in g && (g\text{의 표기}) \end{aligned}$$

이므로, $f = g$이다. ■

정리 3.3.3

정의역과 공역이 각각 같은 두 함수 $f : X \to Y,\ g : X \to Y$에 대하여 $f \subseteq g$이면 $f = g$이다.

증명의 스케치

$f = g$임을 보이면 되는데 가정에서 $f \subseteq g$이므로 $g \subseteq f$가 됨을 보이면 된다. 즉 $(x, y_1) \in g$일 때 $(x, y_1) \in f$임을 보이면 된다.

증명 $(x,\ y_1) \in g$라 하자.

그러면 $x \in X = Dom(f)$. (f가 함수)

즉 $\exists\, y_2 \in Y$ s.t. $(x,\ y_2) \in f$. (정의 3.3.1 (i))

그런데 가정에서 $f \subseteq g$이므로 $(x,\ y_2) \in g$가 된다.

$(x,\ y_1),\ (x,\ y_2) \in g$이므로 $y_1 = y_2$. (g가 함수)

$(x,\ y_1) = (x,\ y_2) \in f$, 즉 $g \subseteq f$가 된다.

따라서 $f \subseteq g$이고 $g \subseteq f$이므로 $f = g$이 된다. ■

정리 3.3.4

함수 $f : X \rightarrow Y$에 대하여 Z가 f의 공역 Y를 포함하는 집합이면 $g : X \rightarrow Z$ 또한 함수가 된다.

증명의 스케치

$g \subseteq X \times Z$임을 보이고 관계 g가 정의 3.3.1 (i), (ii) 조건을 만족하는지를 보이면 된다.

증명 먼저 g가 X에서 Z로의 관계임을 보이자.

즉 $g \subseteq X \times Z$임을 보이면 된다.

$$
\begin{aligned}
(x, y) \in g &\Rightarrow x \in X \wedge y \in Im(g) && (Im(g)\text{의 정의}) \\
&\Rightarrow x \in X \wedge y \in Z && (Im(g) \subseteq Z) \\
&\Rightarrow (x, y) \in X \times Z && (\text{정의 } 2.3.1)
\end{aligned}
$$

그러므로 $(x, y) \in g \Rightarrow (x, y) \in X \times Z$.

따라서 $g \subseteq X \times Z$이다.

마지막으로 관계 g가 함수가 됨을 보이자.

(i) f가 함수이므로 $Dom(f) = X = Dom(g)$이 된다.

(ii) 만일 $(x, y) \in g$, $(x, z) \in g$라 하자.

그러면 $(x, y) \in f$, $(x, z) \in f$가 되어 f가 함수이므로 정의 3.3.1에 의하여 $y = z$가 된다.

따라서 $g : X \rightarrow Z$는 함수가 된다. ■

정리 3.3.5

두 함수 $f : A \rightarrow C$와 $g : B \rightarrow D$에서 임의의 $x \in A \cap B$에 대하여 $f(x) = g(x)$이면 f와 g의 **함수의 합** $f \cup g$(union h of f and g)

$h = f \cup g : A \cup B \to C \cup D$에 대하여 $h(x) = \begin{cases} f(x), & x \in A \\ g(x), & x \in B \end{cases}$ 와 같이 정의하면 h는 함수이다.

증명의 스케치

$(A \cup B)$에서 $(C \cup D)$로의 관계임을 보이고 먼저 $h = f \cup g$이 h가 함수의 조건 정의 3.3.1에서의 (i), (ii)조건을 만족함을 보이면 된다.

증명 f와 g는 함수이므로, $f \subseteq A \times C$, $g \subseteq B \times D$이고 정리 2.2.5 (5)에 의하여

$$h = f \cup g \subseteq \underbrace{(A \times C) \cup (B \times D) \subseteq (A \cup B) \times (C \cup D)}_{(*)}$$

((*)의 증명은 독자에게 남긴다)

따라서 $h \subseteq (A \cup B) \times (C \cup D)$, 즉 h는 $(A \cup B)$에서 $(C \cup D)$로의 하나의 관계이다.

다음으로 h가 함수가 됨을 보이자.

(1) $Dom(h) \subseteq A \cup B$이므로 $A \cup B \subseteq Dom(h)$가 됨을 보이면 된다.

(i) $^\forall x \in A - B$인 경우
$(x, y) \in f \subseteq h$ 그러므로 $x \in Dom(f) \subseteq Dom(h)$

(ii) $^\forall x \in B - A$인 경우
$(x, y) \in g \subseteq h$ 그러므로 $x \in Dom(g) \subseteq Dom(h)$

(iii) $^\forall x \in A \cap B$인 경우
$(x, y) \in f \wedge (x, y) \in g \Rightarrow x \in Dom(f) \wedge x \in Dom(g)$
$\Rightarrow x \in Dom(h) \wedge x \in Dom(h)$ 그러므로 $x \in Dom(h)$

(i), (ii), (iii)에서 $A \cup B \subseteq Dom(h)$.

따라서 $Dom(h) = A \cup B$.

(2) 함수의 두 번째 조건을 만족함을 보이자.

즉 $(x,\ y)\in h,\ (x,\ z)\in h \Rightarrow y=z$임을 보이자.

(i) $x\in A-B$인 경우

$(x,\ y)\in f(\subseteq h)\wedge(x,\ z)\in f(\subseteq h)$라면

즉 $y=h(x)\wedge z=h(x)$. 그러므로 $y=z$

(ii) $x\in B-A$, (iii) $x\in A\cap B$인 경우도 같은 방법으로 보일 수 있다.

정의 3.3.1에 (1), (2)를 만족하므로 $h : A\cup B\rightarrow C\cup D$가 함수임을 알 수 있다. ■

앞에서 함수 $f : X\rightarrow Y$에 대해 $(x,\ y)\in f$, 즉 $y=f(x)$일 때 y를 f에 의한 x의 상, x는 f에 의한 역상을 정의하였는데 이것을 집합으로 확장하여 정의해보자.

정의 3.3.6

함수 $f : X\rightarrow Y$에 대해서 $A\subseteq X,\ B\subseteq Y$일 때

(1) $f(A)=\{f(x)\mid x\in A\}$을 f에 의한 A의 **상**(image)이라 하고

(2) $f^{-1}(B)=\{x\mid f(x)\in B\}$을 f에 의한 B의 **역상**(preimage)라 한다.

정리 3.3.7

함수 $f : X\rightarrow Y$에 대해서 다음이 성립한다.

(1) $f(\phi)=\phi$

(2) $^{\forall}x\in X,\ f(\{x\})=\{f(x)\}$

(3) $A\subseteq B(\subseteq X)$이면 $f(A)\subseteq f(B)$

(4) $C\subseteq D(\subseteq Y)$이면 $f^{-1}(C)\subseteq f^{-1}(D)$

증명 (1) 독자에게 남긴다.

(2) $f(\{x\})=\{f(t)\mid t\in\{x\}\}=\{f(t)\mid t=x\}=\{f(x)\}$

(3) $y\in f(A)$라 하자. 즉 $\exists x\in A$ s.t. $f(x)=y$. $A\subseteq B$이므로

$x \in B$이고 $f(x) = y$이다.

그러므로 $y \in f(x) \in f(B)$. 따라서 $f(A) \subseteq f(B)$이다.

(4) $x \in f^{-1}(C)$라 하자. 역상의 정의에 의하여 $f(x) \in C$이다. 가정에서 $C \subseteq D$이므로 $f(x) \subseteq D$이다. 그러므로 $x \in f^{-1}(D)$ 따라서 $f^{-1}(C) \subseteq f^{-1}(D)$ ■

정리 3.3.8

함수 $f : X \to Y$에 대해서 X의 부분집합족 $\{A_i \mid i \in I\}$에 대하여 다음이 성립한다.

(1) $f(\bigcup_{i \in I} A_i) = \bigcup_{i \in I} f(A_i)$

(2) $f(\bigcap_{i \in I} A_i) \subseteq \bigcap_{i \in I} f(A_i)$ (f가 단사함수이면 등호가 성립한다(정리 3.4.6 참조)).

증명의 스케치

정의 3.3.6 (1) 및 정의 2.4.1, 정의 2.4.2 그리고 정리 3.3.7을 활용하여 보이면 된다.

증명 (1) $y \in f(\bigcup_{i \in I} A_i) \Leftrightarrow \exists\, x \in \bigcup_{i \in I} A_i$ s.t. $f(x) = y$

$\Leftrightarrow \exists\, i \in I,\ x \in A_i$ s.t. $f(x) = y$

$\Leftrightarrow \exists\, i \in I$ s.t. $y \in f(A_i)$

$\Leftrightarrow y \in \bigcup_{i \in I} f(A_i)$

그러므로 $y \in f(\bigcup_{i \in I} A_i) \Leftrightarrow y \in \bigcup_{i \in I} f(A_i)$.

따라서 $f(\bigcup_{i \in I} A_i) = \bigcup_{i \in I} f(A_i)$

(2) 모든 $i \in I$에 대하여 $\bigcap_{i \in I} A_i \subseteq A_i$이므로 정리 3.3.7 (3)에 의하여

$$f(\bigcap_{i \in I} A_i) \subseteq f(A_i)$$

그러므로 정의 2.4.2에 의하여

$$f(\bigcap_{i\in I} A_i) \subseteq \bigcap_{i\in I} f(A_i) \qquad \blacksquare$$

그러나 일반적으로 $\bigcap_{i\in I} f(A_i) = f(\bigcap_{i\in I} A_i)$가 성립하지 않는다.

예제 4 함수 $f : \{a, b, c\} \to \{1, 2, 3\}$가 $f(a)=2$, $f(b)=2$, $f(c)=3$일 때 $A_1 = \{a, c\}$, $A_2 = \{b\}$라 하면 $A_1 \cap A_2 = \phi$이므로 정리 3.3.7 (1)에 의하여 $f(A_1 \cap A_2) = f(\phi) = \phi$이 된다. 그러나 $f(A_1) = \{2, 3\}$, $f(A_2) = \{2\}$이므로 $f(A_1) \cap f(A_2) = \{2\}$. 따라서 $f(A_1 \cap A_2) \neq f(A_1) \cap f(A_2)$

정리 3.3.9

함수 $f : X \to Y$에 대하여 Y의 부분집합족 $\{B_i \mid i \in I\}$에 대하여 다음이 성립한다.

(1) $f^{-1}(\bigcup_{i\in I} B_i) = \bigcup_{i\in I} f^{-1}(B_i)$

(2) $f^{-1}(\bigcap_{i\in I} B_i) = \bigcap_{i\in I} f^{-1}(B_i)$

증명의 스케치

정의 3.3.6, 정의 2.4.1, 정의 2.4.2를 반복적으로 사용하여 보이면 된다.

증명 (1) $x \in f^{-1}(\bigcup_{i\in I} B_i) \Leftrightarrow f(x) \in \bigcup_{i\in I} B_i$

$$\Leftrightarrow \exists\, i \in I \text{ s.t. } f(x) \in B_i$$

$$\Leftrightarrow \exists\, i \in I \text{ s.t. } x \in f^{-1}(B_i)$$

$$\Leftrightarrow x \in \bigcup_{i\in I} f^{-1}(B_i)$$

따라서 $f^{-1}(\bigcup_{i\in I} B_i) = \bigcup_{i\in I} f^{-1}(B_i)$.

(2) $x \in f^{-1}(\bigcap_{i\in I} B_i) \Leftrightarrow f(x) \in \bigcap_{i\in I} B_i$

$\Leftrightarrow {}^{\forall} i \in I,\ f(x) \in B_i$

$\Leftrightarrow {}^{\forall} i \in I,\ x \in f^{-1}(B_i)$

$\Leftrightarrow x \in \bigcap_{i\in I} f^{-1}(B_i)$

따라서 $f^{-1}(\bigcap_{i\in I} B_i) = \bigcap_{i\in I} f^{-1}(B_i)$ ■

정리 3.3.10

함수 $f : X \to Y$에서 $A,\ B \subseteq X$일 때 다음이 성립한다.

$f(A) - f(B) \subseteq f(A-B)$ (등호일 때는 정리 3.4.7 참조)

증명의 스케치

정의 2.2.3과 정의 3.3.6을 활용하여 보이면 된다.

증명 $y \in f(A) - f(B) \Rightarrow y \in f(A),\ y \notin f(B)$

$\Rightarrow \exists x \in A$ s.t. $y = f(x)$

$\Rightarrow f(x) \notin f(B)$

$\Rightarrow x \notin B$

$\Rightarrow x \in A - B$

$\Rightarrow y = f(x) \in f(A-B)$ ■

예제 5 함수 $f : \{1,\ 2\} \to \{a\}$에서 $f(1) = f(2) = a$일 때

$f(\{1\} - \{2\}) = f(\{1\}) = \{a\},\ f(\{1\}) = \{a\},\ f(\{2\}) = \{a\}$

그러므로 $f(\{1\}) - f(\{2\}) = \{a\} - \{a\} = \phi$

따라서 $f(\{1\}) - f(\{2\}) \neq f(\{1\} - \{2\})$

정리 3.3.11

함수 $f : X \to Y$에서 $C,\ D \subseteq Y$일 때 다음이 성립한다.

$$f^{-1}(C-D) = f^{-1}(C) - f^{-1}(D)$$

증명

$$\begin{aligned} x \in f^{-1}(C-D) &\Leftrightarrow f(x) \in (C-D) \\ &\Leftrightarrow f(x) \in C,\ f(x) \notin D \\ &\Leftrightarrow x \in f^{-1}(C),\ x \notin f^{-1}(D) \\ &\Leftrightarrow x \in f^{-1}(C) - f^{-1}(D) \end{aligned}$$

따라서 $f^{-1}(C-D) = f^{-1}(C) - f^{-1}(D)$ ■

정리 3.3.12

함수 $f : X \to Y$에 대하여 $A \subseteq X,\ B \subseteq Y$일 때 다음이 성립한다.

(1) $A \subseteq f^{-1}(f(A))$

(2) $f(f^{-1}(B)) \subseteq B$

(등호일 때는 정리 3.4.8 참조)

증명의 스케치

정의 3.3.6 상과 역상의 정의를 활용하여 보이면 된다.

증명

(1) $x \in A \Rightarrow f(x) \in f(A)$ (정의 3.3.6 (1))

$\Rightarrow x \in f^{-1}(f(A))$ (정의 3.3.6 (2))

따라서 $A \subseteq f^{-1}(f(A))$.

(2) $y \in f(f^{-1}(B)) \Rightarrow \exists\, x \in f^{-1}(B)$ s.t. $y = f(x)$

$\Rightarrow y = f(x) \in B$

따라서 $f(f^{-1}(B)) \subseteq B$. ■

따름정리 3.3.13

함수 $f : X \to Y$에 대하여 $B \subseteq Y$이고 $f(X) = Y$이면 다음이 성립한다.

$$f(f^{-1}(B)) = B$$

증명의 스케치

정리 3.3.12 (2)에서 $f(f^{-1}(B)) \subseteq B$가 성립함으로 $B \subseteq f(f^{-1}(B))$임을 보이면 된다.

증명 $y \in B \Rightarrow y \in Y = f(X)$.

즉 $y \in f(X)$. 정의 3.3.6 (1)에 의하여

$\exists x \in X$ s.t. $y = f(x)$ (정의 3.3.6 (1))

$\Rightarrow f(x) = y \in B \Rightarrow x \in f^{-1}(B)$ (정의 3.3.6 (2))

$\Rightarrow f(x) \in f(f^{-1}(B))$ (정의 3.3.6 (1))

그러므로 $B \subseteq f(f^{-1}(B))$.

따라서 $f(f^{-1}(B)) = B$가 된다. ■

연습문제 3.3

1. 함수 $f : \mathbb{R} \to \mathbb{R}$가

$$f(x) = \begin{cases} 4x+3, & x > 5 \\ x^2 - 2, & -6 \le x \le 5 \\ 4-5x, & x < -6 \end{cases}$$

로 정의되어 있을 때 다음을 구하여라.

(1) $f(\{-7,\ 3,\ 6\})$, $f(\{-9,\ 1,\ 8\})$

(2) $f^{-1}(\{-1,\ 1\})$, $f^{-1}(\{-7,\ 2,\ 8\})$

2. 정리 3.3.7의 (1)을 증명하여라.

3. 정리 3.3.12 (1)에서 $f^{-1}(f(A)) \subseteq A$이 성립하지 않음을 예를 들어 설명하여라.

4. 함수 $f : X \to Y$에 대하여 $B \subseteq Y$일 때 다음 명제들의 반례를 만들어보아라.

(1) $B \neq \phi$이면 $f^{-1}(B) \neq \phi$　　　　(2) $f(X) = Y$

5. 함수 $f : X \to Y$에 대하여 $A \subseteq X$, $B \subseteq Y$일 때 다음을 증명하여라.

(1) $f(A \cap f^{-1}(B)) = f(A) \cap B$

(2) $f(f^{-1}(B)) = f(X) \cap B$

3.4 여러 가지 함수

함수 $f : X \to Y$에 있어서 f의 정의역 X의 각 원소에 공역 Y의 원소가 대응하는 형태에 따라 상수함수, 항등함수, 포함함수, 확대함수, 제한함수 등으로 분류할 수 있다. 특히 수학의 많은 부분에서 활용되는 단사함수, 전사함수, 전단사함수에 대해 자세히 알아보자.

함수 $f : X \to Y$에서 Y의 한 원소 y_0에 대하여 $f(x) = y_0$이면 그 함수 f를 **상수함수**(constant function)라고 한다. 집합 X와 $A \subset X$에 대하여 함수 $i : A \to X$가 $i(a) = a(a \in A)$이면 그 함수 i를 **포함함수**(inclusion function)라 한다. 또한 집합 X의 각 원소에 자기 자신을 대응시키는 함수, 즉 $I_X : X \to X$가 $I_X(x) = x$이면 I_X를 X 위에서 **항등함수**(identity function)라 한다.

함수 $f : X \to Y$와 부분집합 $A \subset X$가 주어졌을 때 임의의 $x \in A$는 X의 원소이기도 하므로 f에 의하여 Y의 원소 $f(x)$에 대응된다. 이와 같이 함수 f를 A의 원소에만 적용하면 $f : X \to Y$에서 새로이 A에서의 함수 $g : A \to Y$를 정의할 수 있다. 즉 함수 $f : X \to Y$와 $A \subset X$가 주어졌을 때 함수 $g : A \to Y$를

$$^{\forall} x \in A,\ g(x) = f(x)$$

에 의하여 정의할 수 있다. 이 g를 함수 f의 A에 **제한함수**(restriction mapping, 또는 **축소함수**)라 하고, $g = f|_A$로 표기한다. 역으로 $A \subset X$와 $g : A \to Y$가 주어졌을 때 함수 $G : X \to Y$가 A의 상에서 g와 일치하면(즉 $G|_A = g$를 만족하면) G를 g의 X 상에서 **확대함수**(extension mapping)라 한다.

X의 부분집합 A에서 Y에의 함수 g가 주어졌을 때 여기서 나아가 X에서 Y에의 함수 G를 만들되 $^{\forall} x \in A,\ G(x) = g(x)$라는 조건을 만족하도록 하고자 하는 경우가 현대 수학의 각 분야에서 자주 부딪치는 문제이다. 이러한 문제를 **확대문제**(extension problem)라 한다.

주의 정의에서 $g = f|_A$일 때 $^\forall x \in A$, $g(x) = f(x)$이니까 대응의 규칙은 g와 f가 같은 것이지만, 함수는 그 정의역과 치역이 정해져야 하는 것으로 f의 정의역이 X이면 g의 정의역은 A로서 다르기 때문에 f와 g는 다른 함수임.

예제 1 $\mathbb{R}$에서 정의된 함수 $f(x) = x+1$은 $\mathbb{R} - \{1\}$에서 정의된 함수 $g(x) = (x^2-1)/(x-1)$의 확대함수이다.

예제 2 $f : \mathbb{N} \to \mathbb{N}$은 $^\forall n \in \mathbb{N}$, $n \to 2n$에 의하여 정의된 함수일 때

$$g = f|_{\mathbb{N}_1} : \mathbb{N}_1 \to \mathbb{N}$$

은 각 홀수 $2n-1$을 $2(2n-1) = 4n-2$에 대응시키는 제한함수이다. 역으로 $f|_{\mathbb{N}_1} = g : \mathbb{N}_1 \to \mathbb{N}$에 대하여, 함수 $f' : \mathbb{N} \to \mathbb{N}$을 $n \in \mathbb{N}$가 홀수 $2n-1$일 때는

$$f'(2n-1) = 2(2n-1), \ n \in \mathbb{N}$$

짝수 $2n$일 때에는

$$f'(2n) = 4n-1$$

이라고 정하면 $f'|_{\mathbb{N}_1} = g$이므로 f'는 g의 확대함수이다. 그러나 f'는 $f'(2n) = 4n-1$로서 짝수를 홀수에 대응하므로 $f' \neq f$이다.

$A(\neq \phi) \subseteq X$일 때 함수 $\chi_A : X \to \{0, 1\}$가

$$\chi_A(x) = \begin{cases} 1, & x \in A \\ 0, & x \notin A \end{cases}$$

정의된 함수를 집합 X에서 A의 **특성함수**(characteristic function)이라 한다. 여기서 χ는 그리스문자 카이(chi)이다.

정의 3.4.1

함수 $f: X \to Y$에서 임의의 $x_1, x_2 \in X$에 대하여
$x_1 \neq x_2 \Rightarrow f(x_1) \neq f(x_2)$, 즉 $f(x_1) = f(x_2) \Rightarrow x_1 = x_2$일 때 이 함수를 **일대일**(one-to-one) 또는 **단사적**(injective)이라 하고, 함수 f를 **단사함수**(injection)이라 한다.

정의 3.4.2

함수 $f: X \to Y$에서 임의의 $y \in Y$에 대하여 적어도 하나의 $x \in X$가 존재하여 $y = f(x)$를 만족하면, 즉 $f(X) = Y$. 이 함수를 **위로**(onto) 또는 **전사적**(surjective)이라 하고 함수 f를 **전사함수**(surjection)이라 한다.

정의 3.4.3

함수 $f: X \to Y$가 (i) 단사적, (ii) 전사적일 때 이 함수를 **전단사적**(bijective)이라 하고 함수 f를 **전단사**(bijection) 또는 **일대일 대응**(one-to-one correspondence)라 한다.

예제 3 함수 $f: \mathbb{R} \to \mathbb{R}$가 $f(x) = 3x + 2$로 정의된 함수일 때 전단사임을 보여라.

풀이 $f(x_1) = f(x_2)$이라 하자. 즉 $3x_1 + 2 = 3x_2 + 2$. 그러므로 $x_1 = x_2$. 따라서 f는 단사함수이다.

임의의 $y \in \mathbb{R}$에 대하여 $\exists \frac{y-2}{3} \in \mathbb{R}$ s.t. $f(\frac{y-2}{3}) = 3 \cdot (\frac{y-2}{3}) + 2 = y$이므로 f는 전사함수이다.

따라서 f는 전단사함수이다. ■

함수 $f: X \to Y$가 X에서 Y로의 특별한 관계이므로 정의 3.1.2에서 언급한 역관계 f^{-1}도 생각해볼 수 있을 것이다. 즉 f^{-1}가 어떤 조건하에서 함수가 되는지를 알아보자.

정리 3.4.4

함수 $f : X \to Y$가 전단사이면 $f^{-1} : Y \to X$도 전단사가 된다.

증명의 스케치

정의 3.3.1을 이용하여 관계 f^{-1}가 함수임을 보이고 f^{-1}가 전사, 단사임을 보이면 된다.

증명 (1) 관계 f^{-1}가 함수임을 보이기 위하여, 즉 정의 3.3.1 (i), (ii) 조건을 만족함을 보이자.

(i) 가정에서 f가 전사이므로 정리 3.1.4 (1)에 의하여

$Dom(f^{-1}) = Im(f) = Y$이다.

(ii) $(y, x_1) \in f^{-1}$, $(y, x_2) \in f^{-1}$라 하자.

즉 $(x_1, y) \in f$, $(x_2, y) \in f$이므로 $y = f(x_1) = f(x_2)$

그런데 f가 단사이므로 $x_1 = x_2$이다.

따라서 관계 f^{-1}가 (i), (ii)를 만족하므로 정의 3.3.1에 의하여 함수가 된다.

(2) f^{-1}가 전단사임을 보이자.

(i) y_1, $y_2 \in Y$에 대하여 $f^{-1}(y_1) = f^{-1}(y_2) = x$라 놓자. 즉 $f(x) = y_1$, $f(x) = y_2$. 가정에서 f가 단사이므로 $y_1 = y_2$.

그러므로 f^{-1}는 단사이다.

(ii) 정리 3.1.4 (2)에 의하여 $Im(f^{-1}) = Dom(f) = X$이다.

그러므로 f^{-1}는 전사이다.

따라서 (i), (ii)에 의하여 f^{-1}도 전단사함수가 된다. ■

위 정리 3.4.4에서의 $f^{-1} : Y \to X$를 $f : X \to Y$의 **역함수**(inverse function)라 한다.

다음 정리는 정리 3.3.4의 역이다.

정리 3.4.5

함수 $f : X \to Y$에 대하여 $f^{-1} : Y \to X$가 전단사이면 f도 전단사이다.

증명의 스케치

f가 함수이므로 전단사가 됨을 보이면 된다.

증명 임의의 $x_1, x_2 \in X$에 대하여 $f(x_1) = f(x_2)$라고 하자. 그러면

$$f^{-1}(f(x_1)) = f^{-1}(f(x_2)) \Rightarrow x_1 = x_2$$

그러므로 f는 단사이다.
임의의 $y \in Y$에 대하여 f^{-1}가 함수이므로 $Dom(f^{-1}) = Y$,
$y \in Y = Dom(f^{-1})$이다. 즉 $\exists x \in X$ s.t. $(y, x) \in f^{-1}$이다.
(즉 $f^{-1}(y) = x$) 그러므로 $(x, y) \in f$, 즉 $f(x) = y$. 즉 $^{\forall} y \in Y$에 대하여 $\exists x \in X$ s.t. $f(x) = y$ 그러므로 f는 전사이다.
따라서 f는 전단사이다. ■

3.3절에서 포함관계($\subseteq$)로 언급한 정리중 정리 3.3.8, 정리 3.3.10, 정리 3.3.12 중 함수 f가 어떤 조건하에서 등식이 성립하는지에 대하여 알아보자.

f가 단사이면 정리 3.3.8 (2)에서 언급한 것처럼 다음 정리가 성립한다.

정리 3.4.6

주어진 함수 $f : X \to Y$가 단사이면 X의 부분집합족 $\{A_i \mid i \in I\}$에 대하여
$f(\bigcap_{i \in I} A_i) = \bigcap_{i \in I} f(A_i)$가 성립한다.

증명의 스케치

f가 단사라고 가정하고 정의 2.4.2와 정의 3.3.6을 이용하여 보이면 된다.

증명

$$
\begin{aligned}
y \in \bigcap_{i\in I} f(A_i) &\Leftrightarrow {}^{\forall} i \in I,\ y \in f(A_i) && (\text{정의 } 2.4.2)\\
&\Leftrightarrow {}^{\forall} i \in I,\ [\exists\, x_i \in A_i \text{ s.t. } y = f(x_i)] && (\text{정의 } 3.3.6)\\
&\Leftrightarrow {}^{\forall} i \in I,\ [\exists\, x' \in A_i \text{ s.t. } y = f(x')] && (f\text{가 단사})\\
&\Leftrightarrow \exists\, x' \in \bigcap_{i\in I} A_i \text{ s.t. } y = f(x') && (\text{정의 } 2.4.2)\\
&\Leftrightarrow y \in f(\bigcap_{i\in I} A_i) && (\text{정의 } 3.3.6)
\end{aligned}
$$

그러므로 $y \in \bigcap_{i\in I} f(A_i) \Leftrightarrow y \in f(\bigcap_{i\in I} A_i)$.

따라서 $\bigcap_{i\in I} f(A_i) = f(\bigcap_{i\in I} A_i)$. 즉 $f(\bigcap_{i\in I} A_i) = \bigcap_{i\in I} f(A_i)$. ■

정의 3.3.10에서 등호가 성립하는 조건에 대하여 알아보자.

정리 3.4.7

함수 $f : X \to Y$가 단사이고 $A,\ B \subseteq X$일 때 다음이 성립한다.

$$f(A) - f(B) = f(A - B)$$

증명의 스케치

정리 3.3.10에서 함수 $f : X \to Y$에서 $f(A) - f(B) \subseteq f(A-B)$가 성립하므로 $f(A-B) \subseteq f(A) - f(B)$가 단사라는 조건하에서 성립함을 보이면 된다.

증명

$$
\begin{aligned}
y \in f(A-B) &\Rightarrow \exists\, x \in A - B \text{ s.t. } y = f(x) && (\text{정의 } 3.3.6)\\
&\Rightarrow y = f(x),\ x \in A \text{ 그리고 } x \notin B && (\text{정의 } 2.2.3)\\
&\Rightarrow y = f(x) \in f(A),\ y = f(x) \notin f(B) \quad \cdots (*) && (f\text{가 단사})\\
&\Rightarrow y \in f(A) - f(B) && (\text{정의 } 2.2.3)
\end{aligned}
$$

그러므로 $f(A-B) \subseteq f(A)-f(B)$이다.

따라서 $f(A)-f(B)=f(A-B)$이다. ■

위 증명 과정(∗)에서 f가 단사일 때

$$f(x) \in f(B) \Rightarrow \exists b \in B \text{ s.t. } f(x)=f(b)$$
$$\Rightarrow x=b \in B.$$

따라서 $f(x) \in f(B) \Rightarrow x \in B$.

즉 대우를 취하면 $x \notin B \Rightarrow f(x) \notin f(B)$가 됨을 알 수 있다.

마지막으로 정리 3.3.12에서 함수 f가 어떤 조건하에서 등식이 성립하는지에 대하여 알아보자.

정리 3.4.8

함수 $f : X \to Y$에 대하여 $A \subseteq X$, $B \subseteq Y$일 때 다음이 성립한다.

(1) f가 단사이면 $f^{-1}(f(A))=A$ (2) f가 전사이면 $f(f^{-1}(B))=B$

증명의 스케치

(1) 정리 3.3.12 (1)에서 f가 함수이면 $A \subseteq f^{-1}(f(A))$가 성립하므로 f가 단사일 때 $f^{-1}(f(A)) \subseteq A$임을 보이면 된다.

(2) 따름정리 3.3.13 참조

증명 (1) $x \in f^{-1}(f(A)) \Rightarrow f(x) \in f(A)$ (정의 3.3.6)

$\Rightarrow \exists x_0 \in A \text{ s.t. } f(x)=f(x_0)$ (정의 3.3.6)

$\Rightarrow x=x_0$ (f가 단사)

$\Rightarrow x \in A$ ($x_0 \in A$)

그러므로 $f^{-1}(f(A)) \subseteq A$이다.

따라서 $f^{-1}(f(A))=A$이다.

(2) 따름정리 3.3.13과 동일함. ■

연습문제 3.4

1. 함수 $f : [0, \infty] \to \mathbb{R}$가 $f(x) = 2x$로 주어졌을 때

(1) $A = [1, 10]$으로의 제한함수의 그래프를 그려라.

(2) f의 정의역을 실수 $\mathbb{R}$로 확대한 확대함수를 만들어보고 그래프를 그려보아라.

2. 함수 $f : \mathbb{R} \to \mathbb{R}$에 대하여 $f(x) = 2x - 1$로 된 함수에 대하여

(1) f가 전단사임을 보여라. (2) f^{-1}임을 구하여라.

3. 집합 X, Y에 대하여 $p_X : X \times Y \to X$와 $p_Y : X \times Y \to Y$를 각각 $\forall (x, y) \in X \times Y$, $p_X(x, y) = x$, $p_Y(x, y) = y$로 정의하면 p_X와 p_Y는 전사함수임을 보여라.(이때 p_X를 ***X*-사영**(X-projection), p_Y를 ***Y*-사영**(Y-projection)이라 부른다.)

4. 자연수 집합 $\mathbb{N}$와 짝수의 집합 $\mathbb{N}_0$ 사이에 전단사함수가 존재함을 보여라.

5. 함수 $f : X \to Y$가 전사이고 $A \subseteq X$일 때 $\{f(A)\}^c \subseteq f(A^c)$임을 증명하여라.

6. 함수 $f : X \to Y$가 전단사이고 $A \subseteq X$일 때 $f(A^c) = \{f(A)\}^c$임을 증명하여라.

3.5 합성함수

정의 3.5.1

두 함수 $f: X \to Y$과 $g: Y \to Z$에 대하여 함수 g의 정의역 Y는 f의 공역 Y와 같을 때 모든 $x \in X$에 대하여 $g \circ f: X \to Z$를 $(g \circ f)(x) = g(f(x))$로 정의된 함수 $g \circ f$를 f와 g의 **합성함수**(composition function)이라 한다.
즉 $g \circ f = \{(x, z) \in X \times Z \mid \exists y \in Y \text{ s.t. } (x, y) \in f \wedge (y, z) \in g\}$으로 나타낼 수 있다.

예제 1 f와 g가 함수일 때 합성함수 $g \circ f$도 함수가 됨을 보여라.

풀이 f가 함수이므로 $^{\forall} x \in X,\ \exists y \in Y \text{ s.t. } y = f(x)$이고 또한 g가 함수이므로 $^{\forall} y \in Y,\ \exists z \in Z \text{ s.t. } z = g(y)$이다.

따라서 $^{\forall} x \in X,\ \exists y \in Y,\ z \in Z \text{ s.t. } (x, y) \in f,\ (y, z) \in g$이므로 $Dom(g \circ f) = X$이다.

한편, $(x, z_1) \in g \circ f,\ (x, z_2) \in g \circ f$이면

$\exists y_1 \in Y \text{ s.t. } (x, y_1) \in f,\ (y_1, z_1) \in g$ 그리고

$\exists y_2 \in Y \text{ s.t. } (x, y_2) \in f,\ (y_2, z_2) \in g$.

f와 g가 함수이므로

$(x, y_1) \in f,\ (x, y_2) \in f \Rightarrow y_1 = y_2$

또한 $(y_1, z_1) \in g,\ (y_2, z_2) \in g \Rightarrow z_1 = z_2$

그러므로 정의 3.3.1에 의하여 $g \circ f: X \to Z$도 함수가 된다. ■

예제 2 $\mathbb{R}$가 모든 실수의 집합이고, 임의의 $x \in \mathbb{R}$에 대하여

$$f(x) = x - 1,\quad g(x) = 2x + 3$$

에 의하여 정의된 함수 f, $g : \mathbb{R} \to \mathbb{R}$일 때 $f \circ g$와 $g \circ f$를 구하여라.

풀이 임의의 $x \in \mathbb{R}$에 대하여

$$(g \circ f)(x) = g(f(x)) = g(x-1) = 2(x-1)+3 = 2x+1$$
$$(f \circ g)(x) = f(g(x)) = f(2x+3) = 2x+3-1 = 2x+2$$

이다.
또는 다음과 같이 구할 수도 있다.

$$\begin{aligned} g \circ f &= \{(x, z) \mid \exists y \in \mathbb{R} \text{ s.t. } (x, y) \in f \wedge (y, z) \in g\} \\ &= \{(x, z) \mid \exists y \in \mathbb{R} \text{ s.t. } y = x-1 \wedge z = 2x+3\} \\ &= \{(x, z) \mid z = 2(x-1)+3\} \\ &= \{(x, 2x+1) \mid x \in \mathbb{R}\} \end{aligned}$$

같은 방법으로 $f \circ g$를 생각할 수도 있다. ■

예제 2에서 일반적으로 $(g \circ f) \neq (f \circ g)$, 즉 함수의 합성에서 교환법칙이 성립하지 않음을 알 수 있다.

정리 3.5.2

$X \xrightarrow{f} Y$, $Y \xrightarrow{g} Z$, $Z \xrightarrow{h} W$를 함수라 하자. 그러면

$$(h \circ g) \circ f = h \circ (g \circ f)$$

이다. 즉 함수의 합성은 결합법칙이 성립한다.

증명의 스케치

예제 1에서 두 함수들을 합성하면 또한 함수가 됨을 보였다. 따라서 정리 3.3.2를 이용하여 위 등식이 성립함을 보이면 된다.

증명 $(h \circ g) \circ f$와 $h \circ (g \circ f)$는 X에서 W로의 함수이다.

$$\begin{aligned}(x, w) \in (h \circ g) \circ f \equiv w &= ((h \circ g) \circ f)(x) \\ &= (h \circ g)(f(x)) \\ &= h(g(f(x))) \\ &= h((g \circ f)(x)) \\ &= (h \circ (g \circ f)(x)) \\ &\equiv (x, w) \in h \circ (g \circ f)\end{aligned}$$

이므로 $(h \circ g) \circ f = h \circ (g \circ f)$이다. ■

정리 3.5.3

함수 $f : X \to Y$에 대하여 $f \circ I_X = f = I_Y \circ f$가 성립한다.

증명 $f \circ I_X = f$임을 보이자.

$f \circ I_X$와 f는 둘 다 X에서 Y로의 함수이므로 먼저

$$\begin{aligned}(a, b) \in f \circ I_X &\Rightarrow \exists c \in X \text{ s.t. } (a, c) \in I_X \wedge (c, b) \in f \\ &\Rightarrow a = c \\ &\Rightarrow (a, b) = (c, b) \in f.\end{aligned}$$

즉 $f \circ I_X \subseteq f$가 된다. 또한

$$\begin{aligned}(a, b) \in f \quad &\Rightarrow a \in X \Rightarrow (a, a) \in I_X \\ &\Rightarrow (a, b) \in f \wedge (a, a) \in I_X \\ &\Rightarrow (a, b) \in f \circ I_X.\end{aligned}$$

즉 $f \subseteq f \circ I_X$이다.

따라서 $f \circ I_X = f$가 된다.

같은 방법으로 $f = I_Y \circ f$를 보이면 된다. ■

다른 방법으로 정의 3.5.1과 항등함수 정의를 이용하여 쉽게 보일 수도 있다.

$^{\forall}x \in X,\ f \circ I_X(x) = f(I_X(x)) = f(x)$. 즉 정리 3.3.2에 의하여 $f \circ I_X = f$.
$^{\forall}x \in X,\ I_Y \circ f(x) = I_Y(f(x)) = f(x)$. 즉 정리 3.3.2에 의하여 $I_Y \circ f = f$.

정리 3.5.4

함수 $f : X \to Y$가 전단사일 때 f의 역함수 $f^{-1} : Y \to X$에 대하여

$$f^{-1} \circ f = I_X,\ f \circ f^{-1} = I_Y$$

가 성립한다.

증명 모든 $x \in X$에 대하여 f가 함수이므로 $\exists f(x) \in Y$이고, 이 $f(x) \in Y$에 대하여 f^{-1}가 함수이므로 $\exists x_1 \in X$ s.t. $x_1 = f^{-1}(f(x))$가 된다.
즉 $(f(x),\ x_1) \in f^{-1}$. f^{-1}의 정의에 따라 $(x_1,\ f(x)) \in f$,
즉 $f(x_1) = f(x)$이다. 그런데 가정에서 f가 단사이므로 $x_1 = x$이다.
그러므로 $f^{-1} \circ f(x) = f^{-1}(f(x)) = x_1 = x = I_X(x)$이다. 즉 $^{\forall}x \in X$, $f^{-1} \circ f(x) = I_X(x)$. 따라서 정리 3.3.2에 의하여 $f^{-1} \circ f = I_X$이다.
같은 방법으로 $f \circ f^{-1} = I_Y$가 성립한다. ■

독자는 순서쌍 형태로 하여 집합적으로 증명해보길 권한다.

정리 3.5.5

$f : X \to Y$를 함수라 하자.

(1) $g \circ f = I_X$인 함수 $g : Y \to X$가 존재하면 f는 단사이다. 단 $I_X : X \to X$는 항등함수이다.

(2) $f \circ h = I_Y$인 함수 $h : Y \to X$가 존재하면 f는 전사이다. 단 $I_Y : Y \to Y$는 항등함수이다.

증명 (1) 임의의 $x_1,\ x_2 \in X$에 대하여 $f(x_1) = f(x_2)$이면

$$\begin{aligned} x_1 = I_X(x_1) = (g \circ f)(x_1) &= g(f(x_1)) \\ &= g(f(x_2)) = (g \circ f)(x_2) \\ &= I_X(x_2) = x_2 \end{aligned}$$

이므로 즉 $x_1 = x_2$이다. 그러므로 f는 단사이다.

(2) $h : Y \to X$가 함수이므로, $Dom(h) = Y$이다. 즉

$$^\forall y \in Y,\ \exists\, x \in X \text{ s.t. } x = h(y)$$

이고

$$f(x) = f(h(y)) = (f \circ h)(y) = I_Y(y) = y$$

즉 $^\forall y \in Y,\ \exists\, x \in X$ s.t. $f(x) = y$이므로 f는 전사이다. ■

정리 3.5.6

$f : X \to Y$를 함수라 하자. f가 전단사일 필요충분조건은 $g \circ f = I_X$와 $f \circ g = I_Y$를 만족하는 함수 $g : Y \to X$가 존재한다. 여기서 $g = f^{-1}$이다.

증명 ($\Rightarrow$) f가 전단사이면 정리 3.4.4에 의하여 f의 역함수 $f^{-1} : Y \to X$가 존재하고 정리 3.5.4에 의하여

$$f^{-1} \circ f = I_X,\ f \circ f^{-1} = I_Y$$

이다. 그러므로 f가 전단사이면

$$\exists\, g(= f^{-1}) : Y \to X \text{ s.t. } g \circ f = I_X,\ f \circ g = I_Y$$

이다.

($\Leftarrow$) 정리 3.5.5를 이용하면 f는 단사 그리고 전사가 된다. 즉 f는 전단사이다. ■

정리 3.5.7

두 전단사함수 $f : X \to Y$, $g : Y \to Z$에 대하여 다음이 성립한다.

(1) $g \circ f$는 전단사

(2) $(g \circ f)^{-1} = f^{-1} \circ g^{-1}$

증명 (1) f, g가 전단사라고 가정하자. 먼저 $g \circ f$가 단사임을 보이자.
모든 x_1, $x_2 \in X$에 대하여 $(g \circ f)(x_1) = (g \circ f)(x_2)$라 하면

$$g(f(x_1)) = g(f(x_2)) \qquad (g: \text{단사})$$
$$\Rightarrow f(x_1) = f(x_2) \qquad (f: \text{단사})$$
$$\Rightarrow x_1 = x_2$$

즉 $g \circ f$는 단사이다.

g가 전사이므로 $^{\forall} z \in Z$에 대하여 $\exists\, y \in Y$ s.t. $g(y) = z$.

또한 f가 전사이므로 모든 $y \in Y$에 대하여 $\exists\, x \in X$ s.t. $f(x) = y$이다.

그러면 $x \in X$이고 $(g \circ f)(x) = g(f(x)) = g(y) = z$.

즉 모든 $z \in Z$에 대하여 $\exists\, x \in X$ s.t. $(g \circ f)(x) = z$.

따라서 $g \circ f$는 전사이다.

따라서 $g \circ f$는 전단사이다.

(2) 정리 3.3.2에 의하여 모든 $z \in Z$에 대하여
$(g \circ f)^{-1}(z) = (f^{-1} \circ g^{-1})(z)$임을 보이면 된다.

(i) $(\subseteq)$ $x \in f^{-1}(g^{-1}(z)) \Rightarrow f(x) \in g^{-1}(z)$
$$\Rightarrow g(f(x)) = z$$
$$\Rightarrow (g \circ f)(x) = z$$
$$\Rightarrow x \in (g \circ f)^{-1}(z)$$

즉 $f^{-1} \circ g^{-1} \subseteq (g \circ f)^{-1}$ ...... (i)

(ii) $(\subseteq)$ $x \in (g \circ f)^{-1}(z) \Rightarrow (g \circ f)(x) = z$

$$\Rightarrow f(x) \in g^{-1}(z)$$

$$\Rightarrow x \in f^{-1}(g^{-1}(z))$$

즉 $(g \circ f)^{-1} \subseteq f^{-1} \circ g^{-1}$ ...... (ii)

따라서 (i), (ii)에 의하여 $(g \circ f)^{-1} = f^{-1} \circ g^{-1}$이다. ■

연습문제 3.5

1. 두 함수 f, $g : \mathbb{R} \to \mathbb{R}$이 각각 $f(x) = x + 1$ $g(x) = x^2 + 1$로 정의되었을 때 $g \circ f$, $f \circ g$를 구하여라.

2. 두 함수 $f : X \to Y$, $g : Y \to Z$에 대하여 다음을 증명하여라.

(1) f, g가 단사이면 $g \circ f$도 단사

(2) f, g가 전사이면 $g \circ f$도 전사임을 증명하여라.

3. 두 함수 $f : X \to Y$, $g : Y \to X$에 대하여 $y = f(x) \Leftrightarrow x = g(y)$라고 가정하면 $g \circ f = I_X$임을 보여라.

4. 두 함수 $f : X \to Y$, $g : Y \to Z$에 대하여 $g \circ f$가 전단사이면 f는 단사, g는 전사임을 보여라.

04. 가부번집합과 비가부번집합

칸토어에 의하여 집합론이 태동한 이래 무한의 문제가 수학에서 새로이 등장하였는데, 이 장에서는 무한집합에 관한 데데킨트(Dedekind)의 정의를 이용하여 무한집합과 유한집합의 성질을 다룬다. 또 가부번집합이 무한집합 중에서 가장 작은 집합이라는 것 등 가부번집합과 비가부번집합의 여러 성질 및 예를 들어보자.

04

4.1 유한집합과 무한집합

수(기수, 서수)를 다루는데 가장 중요한 문제는 무한을 어떻게 정의하는가에 있다. 유한과 무한의 엄밀한 구별, 무한의 논리적 기반을 어떻게 만들어 갈 것인가에 있다. 무한을 수로서 형성하고 그것을 다룰 수 있는 이론체계를 세우는 것이 바로 핵심문제이다.

2장 1절에서는 원소의 개수를 가지고 유한집합과 무한집합을 구분지었지만 데데킨트는 원소의 개수가 아래와 같은 다른 방법으로 무한집합과 유한집합을 정의하였다.

정의 4.1.1

주어진 집합 $X(\neq \phi)$에 대하여 X의 진부분집합 Y에 대하여 X와 Y 사이에 일대일 대응이 존재할 때 X는 **무한집합**(infinite set)이라고 정의한다. 그리고 무한집합이 아닌 집합을 **유한집합**(finite set)이라고 한다.

X가 무한집합이라 함은 $f(X)$가 X의 진부분집합인 단사함수 $f: X \to X$가 존재하는 것을 의미한다. 즉 $\exists f: X \to X$ 단사, $f(X) \subsetneq X$이다.

예제 1 자연수 $\mathbb{N}$은 무한집합이다.

풀이 $\mathbb{N}$의 진부분집합 $\mathbb{N}_0 = \{2,\ 4,\ 6,\ 8,\ \cdots\}$이 존재해서 $\mathbb{N}$과 $\mathbb{N}_0$ 사이에 일대일 대응이 존재하기 때문에 $\mathbb{N}$은 무한집합이다. ■

예제 2 ϕ과 $\{a\}$은 유한집합이다.

풀이 공집합의 진부분집합이 존재하지 않으므로 ϕ는 무한집합일 수가 없다. 즉 ϕ는 유한집합이다. 또한 임의의 단집합 $\{a\}$에 대하여 이 집합의 진부분집합은 공집합 ϕ뿐이다. $\{a\}$와 ϕ 사이에는 일대일 대응이 존재하지 않으므로 (왜냐하면 만약 $f : \{a\} \to \phi$가 일대일 대응이라면 $Imf = \phi$이다. 그러므로 $f(a)$가 존재하지 않으므로 모순이다.) 단집합 $\{a\}$는 유한집합이다. ■

정리 4.1.2

(1) 임의의 무한집합의 모든 초집합(superset)은 무한집합이다.

(2) 유한집합의 모든 부분집합은 유한집합이다.

증명의 스케치

X의 초집합 Y가 무한집합임을 보여야 한다.
즉 $\exists g : Y \to Y$: 단사, $g(Y) \subsetneq Y$임을 보이면 된다.

증명 (1) X를 무한집합, Y를 X의 초집합이라고 하자.(i.e. $X \subseteq Y$)
X가 무한집합이므로 정의에 의하여 $f(X) \subsetneq X$ 인
단사함수 $f : X \to X$가 존재한다.

$$g : Y \to Y \text{를 } g(y) = \begin{cases} f(y), & y \in X \\ \underset{\underset{I_{Y-X}(y)}{\parallel}}{y}, & y \in Y - X \end{cases} \text{ 로 정의하자.}$$

그러면 $g = f \cup I_{Y-X}$는 정리 3.3.5에 의하여 함수가 된다.

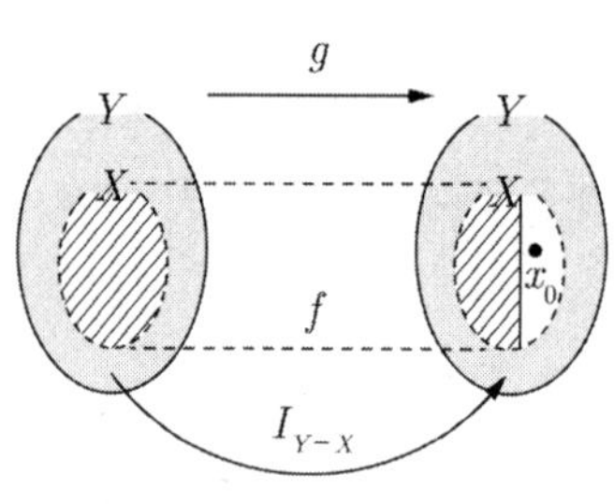

① g가 단사임을 보이자.

(i) $y_1,\ y_2 \in X$인 경우

$$g(y_1) = g(y_2) \underset{\underset{(g\text{의 정의})}{\uparrow}}{\Rightarrow} f(y_1) = f(y_2) \underset{\underset{(f:\ \text{단사})}{\uparrow}}{\Rightarrow} y_1 = y_2.$$

(ii) $y_1,\ y_2 \in Y - X$인 경우

$$g(y_1) = g(y_2) \underset{\underset{(g\text{의 정의})}{\uparrow}}{\Rightarrow} y_1 = y_2$$

(iii) $y_1 \in X,\ y_2 \in Y - X$인 경우

$g(y_1) = g(y_2) \Rightarrow f(y_1) = y_2$, 그런데 $f(y_1) \in X$,

$y_2 \in Y - X$이므로 $f(x_1) \neq y_2$이므로 모순, 즉 $g(x_1) = g(x_2)$ 일 수는 없다.

(iv) $y_2 \in X,\ y_1 \in Y - X$인 경우

(iii)과 마찬가지 방법으로 모순이다.

따라서 (i), (ii) 경우만 성립한다.

$y_1,\ y_2 \in Y$에 대하여 $g(y_1) = g(y_2)$일 때 $y_1 = y_2$이므로 g는 단사이다.

② $g(Y) \subsetneq Y$임을 보이자.

가정에서 $f(X) \subsetneq X$이므로 $x_0 \notin f(X)$인 $x_0 \in X$가 적어도 하나 존재한다. $x_0 \in X$이므로 $x_0 \notin Y - X$이고 $f(X) = g(X)$이므로 $x_0 \notin g(X)$이다. 그런데 $g(Y) = g(X) \cup (Y - X)$이므로 $x_0 \notin g(Y)$이다.

즉 $g(Y) \subsetneq Y$.

①, ②에 의하여 Y는 무한집합이다.

(2) 임의의 유한집합 Y에 대하여 X를 Y의 부분집합이라 하자. 즉 $X \subseteq Y$이라 하고 X가 유한임을 밝히기 위하여 귀류법을 사용하여 X가 무한집합이라 가정하면 (1)에 의하여 집합 Y는 무한이어야 하므로 가정에 모순이다. 따라서 X는 유한집합이다. ■

정리 4.1.3

함수 $g : X \rightarrow Y$가 일대일 대응일 때 X가 무한집합이면 Y도 또한 무한집합이다.

증명의 스케치

g가 일대일 대응일 때 X가 무한집합이면 Y도 무한집합임을 보이면 된다.
즉 $\exists h : Y \rightarrow Y$: 단사, $h(Y) \subsetneq Y$임을 보이면 된다.

증명 X가 가정에서 무한집합이므로 정의에 의하여 $f(X) \neq X$인 단사함수 $f : X \rightarrow X$가 존재한다. 또한 가정에서 $g : X \rightarrow Y$는 일대일 대응이므로 정리 3.4.4에 의하여 역함수의 $g^{-1} : Y \rightarrow X$도 일대일 대응이다. 따라서 세 단사함수 g^{-1}, f, g를 합성하면

$g \circ f \circ g^{-1} : Y \rightarrow Y$는 단사이다.

여기서 $g \circ f \circ g^{-1}$를 h라 놓자. 즉 h는 단사이다.

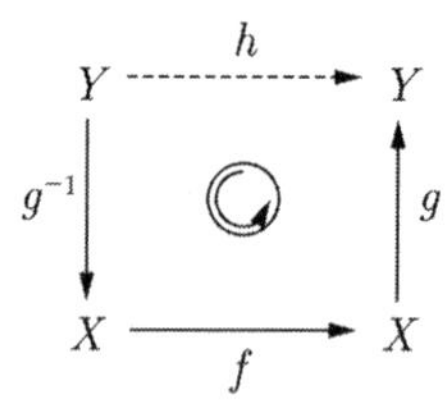

마지막으로

$$
\begin{aligned}
h(Y) &= (g \circ f \circ g^{-1})(Y) \\
&= (g \circ f)(g^{-1}(Y)) \\
&= (g \circ f)(X) \\
&= g(f(X))
\end{aligned}
$$

g가 일대일 대응이고 $f(X) \neq X$이므로 $h(Y) = g(f(X)) \neq Y$이다. 따라서 $h(Y)$는 Y의 진부분집합이므로 정의 4.1.1에 의하여 Y는 무한집합이다. ■

따름정리 4.1.4

사상 $g : X \to Y$가 일대일 대응일 때 X가 유한집합이면 Y도 또한 유한집합이다.

증명의 스케치

귀류법을 사용하여 결론부분 Y가 무한집합이라 가정해 놓고 가정 X가 유한집합이라는 것에 모순을 이끌어 내면 된다.

증명 **(귀류법)** Y가 무한집합이라고 가정하자

가정에서 g가 일대일 대응이므로 $g^{-1} : Y \to X$도 일대일 대응이 되어 정리 4.1.3에 의하여 X도 무한집합이다. 이것은 가정 X가 유한집합이라는데 모순이다. 따라서 Y는 유한집합이다. ■

예제 3 A와 B가 무한집합이면 $A \cup B$도 무한집합이다.

풀이 $A \subseteq A \cup B$이고 $B \subseteq A \cup B$이므로 A, B가 무한집합이므로 정리 4.1.2 (1)에 의하여 무한집합의 초집합 $A \cup B$는 무한집합이다. ■

정리 4.1.5

X가 무한집합이고 $x_0 \in X$일 때 $X - \{x_0\}$은 무한집합이다.

증명의 스케치

X가 무한집합일 때 $X - \{x_0\}$도 무한집합임을 보이면 된다.
즉 $\exists g : X - \{x_0\} \to X - \{x_0\}$단사 s.t. $g(X - \{x_0\}) \subsetneq X - \{x_0\}$임을 보이면 된다.

증명 X가 무한집합이므로 정의 4.1.1에 의하여 $f(X) \neq X$인 단사함수 $f : X \to X$가 존재한다. 다음 세 가지 경우, 즉

(i) $f(x_0)=x_0$ (ii) $x_0 \in f(x)$이지만 $f(x_0) \neq x_0$ (iii) $x_0 \in X-$ $-f(X)$로 나누어 증명하자.

(i) $f(x_0)=x_0$인 경우

$g: X-\{x_0\} \to X\{x_0\}$를 $g(x)=f(x)$로 정의하자.

그러면 $\forall x_1, x_2 \in X-\{x_0\}$,

$g(x_1)=g(x_2) \Rightarrow f(x_1)=f(x_2) \Rightarrow x_1=x_2$ (f가 단사)

$g(X-\{x_0\})=f(X-\{x_0\})=f(X)-f(\{x_0\})$

$=f(X)-\{x_0\} \subseteq X-\{x_0\}$ (f가 단사)

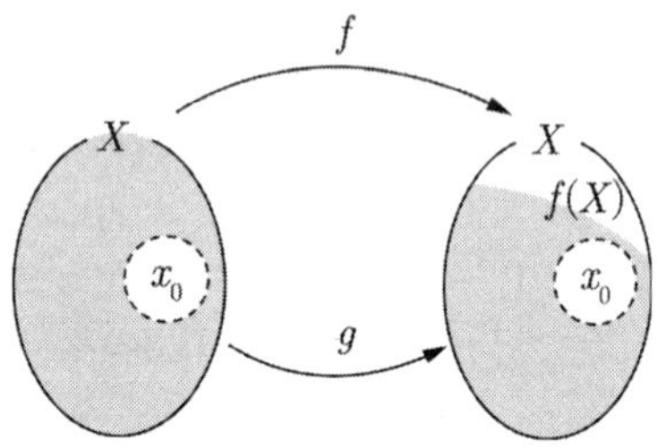

(ii) $x_0 \in f(X)$이지만 $f(x_0) \neq x_0$인 경우 $x_1=f(x_0) \in f(X)$라 놓자.

$x_0 \in f(X)$에 대하여

$\exists x_2 \in X$ s.t. $f(x_2)=x_0$

$g: X-\{x_0\} \to X-\{x_0\}$를 $g(x)=\begin{cases} f(x), & x \neq x_2 \\ x_1, & x=x_2 \end{cases}$로 정의

하면 g는 단사가 되고 $g(X-\{x_0\}) \subsetneq X-\{x_0\}$가 된다.

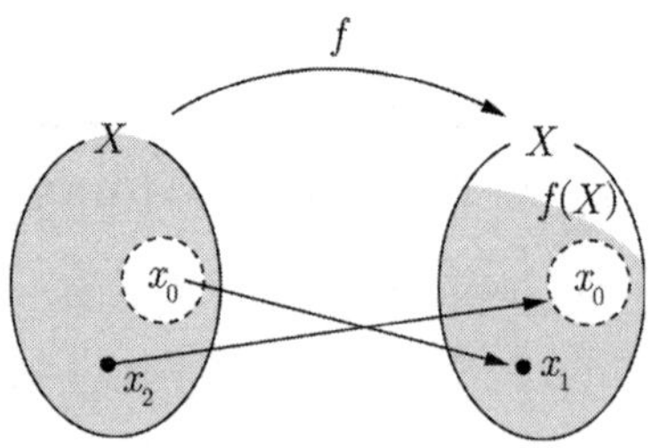

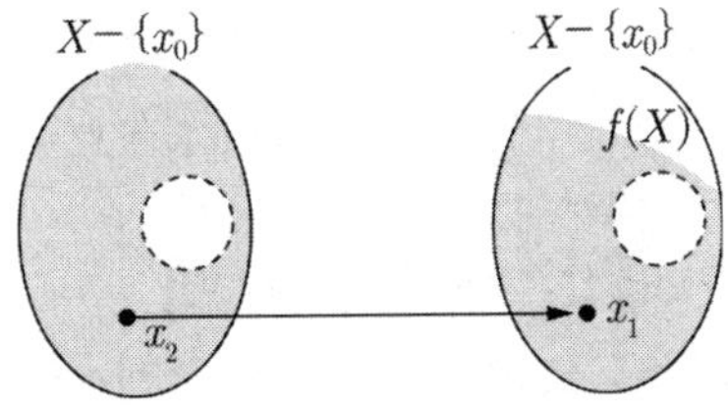

(iii) $x_0 \in X - f(X)$인 경우

$x_0 \notin f(X)$이므로 $f(X) \subsetneq X - \{x_0\}$이다.

그리고 $f : X \to X$가 단사이므로 $f : X \to f(X)$는 전단사이다.

X가 무한집합이므로 정리 4.1.3에 의하여 $f(X)$가 무한집합이다.

따라서 정리 4.1.2에 의하여 $f(X)$의 초집합 $X - \{x_0\}$도 무한집합이다. ■

정리 4.1.5를 일반화할 수 있다.

정리 4.1.6

무한집합 X의 부분집합 Y가 유한집합이면 $X - Y$는 무한집합이다.

증명의 스케치

정리 4.1.2 (1), (2)를 이용하여 직접증명 또는 간접증명(귀류법)으로 보이면 된다.

증명 **Method I 직접증명**

X가 무한집합이고 Y가 유한집합이라고 하자.

$X \cup Y$는 X의 초집합이므로 정리 4.1.2 (1)에 의하여 $X \cup Y$도 무한집합이다.

$X \cup Y = (X - Y) \cup Y$이므로 $(X - Y) \cup Y$는 무한집합이다.

그러면 $X - Y$가 무한집합이거나 또는 Y가 무한집합이다.

왜냐하면 $X-Y$와 Y가 모두 유한집합이라면 $(X-Y)\cup Y$도 유한이므로 모순이다. Y가 유한집합이므로 따라서 $X-Y$는 무한집합이다.

Method II 간접증명(귀류법)

$X-Y$가 유한집합이라고 가정하자. 그러면 Y가 유한집합이므로 $X\cup Y=(X-Y)\cup Y$도 유한집합이다. 그런데 $X\subseteq X\cup Y$이므로 정리 4.1.2 (2)에 의하여 X는 유한집합이다. 그러므로 가정 X가 무한집합이라는 것에 모순이다.

따라서 $X-Y$는 무한집합이다. ■

임의의 $k\in\mathbb{N}$에 대하여 1부터 k까지의 모든 자연수의 집합을 $\mathbb{N}_k$로 나타내기로 한다. 즉 $\mathbb{N}_k=\{1,\ 2,\ 3,\ \cdots,\ k\}$로 표기한다.

예제 4 각 $k\in\mathbb{N}$에 대하여 집합 $\mathbb{N}_k$는 유한집합이다.

풀이 **수학적 귀납법**

(i) $k=1$일 때 $\mathbb{N}_1=\{1\}$, 즉 $\mathbb{N}_1$은 단집합이므로 예제 2에 의하여 유한집합이다.

(ii) 적당한 자연수 k에 대하여 $\mathbb{N}_k$는 유한집합이라고 하면

$$\mathbb{N}_{k+1}=\mathbb{N}_k\cup\{k+1\}$$

를 생각해보자. 만일 $\mathbb{N}_{k+1}$이 무한집합이면 정리 4.1.5에 의하여 한 원소 $\{k+1\}$을 빼내더라도(즉 $\mathbb{N}_{k+1}-\{k+1\}=\mathbb{N}_k$) 무한집합이어야 하는데 가정에 모순이다.

따라서 $\mathbb{N}_k$가 유한이면 $\mathbb{N}_{k+1}$은 유한이다.

따라서 모든 k에 대하여 $\mathbb{N}_k$는 유한이다. ■

정리 4.1.7 유한집합과 집합 $\mathbb{N}_k$ 사이의 관련성

X가 유한집합이기 위한 필요충분조건은 $X=\phi$ 또는 X가 $\mathbb{N}_k$와 일대일 대응이 존재할 때이다.

증명 ($\Leftarrow$) 예제 2, 예제 4 그리고 따름정리 4.1.4에 의하여 자명하다.

($\Rightarrow$) 대우를 취하여 증명하자.

즉 $X\neq\phi$인 집합과 $\mathbb{N}_k$가 일대일 대응이 존재하지 않으면 X는 무한집합이다. $X\neq\phi$이고 X가 $^\forall k\in\mathbb{N}_k$에 대하여 $\mathbb{N}_k$와 일대일 대응이 존재하지 않는다고 가정하자. 우리는 X가 무한집합임을 보여서 가정에 모순을 이끌어 낼 것이다.

X는 공집합이 아니므로 $x_1\in X$을 택하자.

그러면 $X-\{x_1\}\neq\phi$.(왜냐하면 만일 $X-\{x_1\}=\phi$이라면, 즉 $X=\{x_1\}$이라면 X와 $\mathbb{N}_1$ 사이에 일대일 대응이 존재하므로 가정 $\mathbb{N}_k$가 일대일 대응이 존재하지 않는다는 경우에 모순이기 때문이다. $\cdots(*)$)

같은 방법으로 $X-\{x_1\}\neq\phi$이므로 $x_2\in X$를 택할 수 있다.

이러한 과정을 계속하면 $x_1,\ x_2,\ \cdots,\ x_k$를 택할 수 있다. 그러면 $X-\{x_1,\ x_2,\ \cdots,\ x_k\}$ 또한 공집합이 아니다.(앞의 $(*)$에서 보인 것과 같은 방법)

그러므로 $x_{k+1}\in X-\{x_1,\ x_2,\ \cdots,\ x_k\}$를 택하자.

따라서 수학적 귀납법에 따라 각 자연수 n에 대하여 $\{x_1,\ x_2,\ \cdots,\ x_n\}\subsetneq X$이 존재한다.

여기서 $\{x_1,\ x_2,\ \cdots,\ x_n\}=Y$라 놓자.

각 $k\in\mathbb{N}$에 대하여 $g:Y\to Y-\{x_1\}$를 $f(x_k)=x_{k+1}$로 정의하자.

그러면 g는 일대일 대응이다.

그러므로 정의 4.1.1에 따라 Y는 무한집합이고 $Y\subseteq X$이므로

$$\text{정리 4.1.2 (1)에 의하여 } X\text{는 무한집합이다.}$$ ■

위의 정리 4.1.7을 이용하여 유한집합과 무한집합을 다시 정의할 수 있다.

정의 4.1.8

집합 X에 대하여 $X=\phi$ 또는 X가 $\mathbb{N}_k$와 일대일 대응이 존재하면 X는 **유한집합**(finite set)이고 유한집합이 아니면 **무한집합**(infinite set)이다.

연습문제 4.1

1. $g : A \to B$가 일대일 대응일 때 A가 유한집합이면 B도 유한집합임을 보여라.

2. 유한집합들의 유한개의 합은 유한집합임을 보여라.

3. $\mathbb{Z}$, $\mathbb{Q}$, $\mathbb{R}$은 모두 무한집합임을 보여라.

4. X가 무한집합이면 데카르트 곱 $X \times X$도 무한집합임을 보여라.

4.2 대등인 집합

두 유한집합 $X=\{x_1, x_2, \cdots, x_n\}$, $Y=\{y_1, y_2, \cdots, y_m\}$에서 일대일 대응이 존재하면 X와 Y는 같은 수의 원소의 개수(즉 $n=m$)를 갖고 있는 경우다.

위에서 언급한 같은 수의 원소의 개수를 무한집합으로 일반화하여 생각해보라. 그 중심이 되는 정의가 바로 '대등'이다.

정의 4.2.1

두 집합 X와 Y에 대하여 일대일 대응인 함수 $f: X \to Y$가 존재할 때 X와 Y는 **대등**(equipotent)하다고 하고 기호로 $X \sim Y$로 나타낸다.

집합족 $\mathscr{P}$ 위의 대등인 관계 '$\sim$'은 반사율, 대칭률, 추이율을 만족하므로 동치관계가 된다.

(i) 반사율

$\exists$ 항등함수 $I_X: X \to X$, 즉 반사율 $X \sim X$를 만족한다.

(ii) 대칭률

만일 $X \sim Y$라면, 정의 4.2.1에 의하여 $\exists f: X \to Y$는 일대일 대응이다. 따라서 정리 3.4.4에 의하여 $\exists f^{-1}: Y \to X$ 일대일 대응이므로 $Y \sim X$. 즉 대칭률을 만족한다.

(iii) 추이율

만일 $X \sim Y$, $Y \sim Z$라 하면, 정의에 의하여 $\exists f: X \to Y$, $g: Y \to Z$는 일대일 대응함수이다. 그러므로 정리 3.5.7 (1)에 의하여 $g \circ f: X \to Z$는 일대일 대응이므로 $X \sim Z$. 즉 추이율을 만족한다.

따라서 대등인 관계 '$\sim$'는 동치관계이다.

예제 1 $A=\{1, 2, 3, \cdots\}$, $B=\{3, 5, 7, \cdots\}$일 때 $f(x)=2n+1$로 정의된 $f: A \to B$는 일대일 대응이므로 $A \sim B$이다.

예제 2 개구간 $(0, 1)$과 실수 전체의 집합 $\mathbb{R}$은 대등이다.

풀이 $f(x) = \dfrac{1}{e^x+1}$로 주어진 함수는 일대일 대응이므로 $(0, 1) \sim \mathbb{R}$이다. ■

정리 4.2.2

집합 X, Y, Z와 W에 대하여 $X \cap Z = \phi = Y \cap W$일 때 $f : X \sim Y$이고 $g : Z \sim W$이면 $f \cup g : (X \cup Z) \sim (Y \cup W)$이다.

증명의 스케치

먼저 $f \cup g$가 함수인지를 보이고 $f \cup g$가 일대일 대응임을 보이면 된다.

증명 첫째로 정리 3.3.5에 의하여 $f \cup g$가 함수이다.

둘째로 일대일 대응임을 보이자.

$^\forall x_1, x_2 \in X \cup Z$에 대하여

(i) $x_1, x_2 \in X$인 경우

$$(f \cup g)(x_1) = (f \cup g)(x_2) \Rightarrow f(x_1) = f(x_2) \underset{(f\text{가 단사})}{\Rightarrow} x_1 = x_2.$$

(ii) $x_1, x_2 \in Z$인 경우

$$(f \cup g)(x_1) = (f \cup g)(x_2) \Rightarrow g(x_1) = g(x_2) \underset{(g\text{가 단사})}{\Rightarrow} x_1 = x_2.$$

(iii) $x_1 \in X$, $x_2 \in Z$인 경우

$(f \cup g)(x_1) = (f \cup g)(x_2) \Rightarrow f(x_1) = g(x_2)$: 모순

$(\because f(x_1) \in Y,\ g(x_2) \in W,\ Y \cap W = \phi)$

(iv) $x_2 \in X$, $x_1 \in Z$인 경우

$(f\cup g)(x_1)=(f\cup g)(x_2)\Rightarrow g(x_1)=f(x_2)$: 모순

$(\because Y\cap W=\phi)$

위의 모든 경우에 $(f\cup g)(x_1)=(f\cup g)(x_2)\Rightarrow x_1=x_2$이므로 $f\cup g$는 단사이다.

$^\forall y\in Y\cup W$에 대하여

(i) $y\in Y$인 경우

$\exists x_1\in X$ s.t. $y=f(x_1)$ ($\because f$가 전사),

$f\cup g(x_1)=f(x_1)=y$

(ii) $y\in W$인 경우

$\exists x_2\in X$ s.t. $y=g(x_2)$ ($\because g$가 전사),

$f\cup g(x_2)=g(x_2)=y$

(i), (ii) 경우에 $(f\cup g)(x)=y$인 x가 $X\cup Z$에 존재하므로 $f\cup g$는 전사이다.

따라서 $f\cup g$는 일대일 대응이다. ■

정리 4.2.2를 임의개로 확장하여 일반화하자.

정리 4.2.3

원소가 서로소인 집합족 $\{X_\gamma \mid \gamma\in\Gamma\}$, $\{Y_\gamma \mid \gamma\in\Gamma\}$에서 각 $\gamma\in\Gamma$에 대하여 $X_\gamma\sim Y_\gamma$라면 $\bigcup_{\gamma\in\Gamma}X_\gamma\sim\bigcup_{\gamma\in\Gamma}Y_\gamma$가 성립한다.

증명의 스케치

각 $x\in X_\gamma$에 대하여 $f:\bigcup_{\gamma\in\Gamma}X_\gamma\sim\bigcup_{\gamma\in\Gamma}Y_\gamma$를 $f(x)=f_\gamma(x)$, $(x\in X_\gamma)$를 정의해서 f가 잘 정의된(well-defined) 함수인지를 보이고 나서 일대일 대응이 됨을 보이면 된다.

증명 가정에서 각 $\gamma \in \Gamma$에 대하여 $X_\gamma \sim Y_\gamma$이므로 정의 4.2.1에 의하여
$\exists f_\gamma : X_\gamma \to Y_\gamma$: 일대일 대응.
각 $x \in X_\gamma$에 대하여 $f : \bigcup_{\gamma \in \Gamma} X_\gamma \to \bigcup_{\gamma \in \Gamma} Y_\gamma$를 $f(x) = f_\gamma(x)$로 정의하자.

(1) f는 well-defined 함수임을 보이자.

(i) $^\forall x \in \bigcup_{\gamma \in \Gamma} X_\gamma$에 대하여

$$\exists \gamma_0 \in \Gamma \text{ s.t. } x \in X_{\gamma_0} \Rightarrow f(x) = f_{\gamma_0}(x) \in Y_{\gamma_0} \subseteq \bigcup_{\gamma \in \Gamma} Y_\gamma.$$

즉 $f(x) \in \bigcup_{\gamma \in \Gamma} Y_\gamma$ 그러므로 $Dom(f) = \bigcup_{\gamma \in \Gamma} X_\gamma$.

(ii) $^\forall x_1, x_2 \in \bigcup_{\gamma \in \Gamma} X_\gamma$에 대하여

$$x_1 = x_2 \Rightarrow \exists \gamma_0 \in \Gamma \text{ s.t. } x_1 = x_2 \in X_{\gamma_0}$$
$$\Rightarrow f(x_1) = f_{\gamma_0}(x_1) = f_{\gamma_0}(x_2) = f(x_2) (\because f_{\gamma_0}\text{는 함수})$$

그러므로 $x_1 = x_2 \Rightarrow f(x_1) = f(x_2)$.
(i), (ii)에 의하여 f는 잘 정의된 함수이다.

(2) 마지막으로 f가 일대일 대응임을 보이자.

(i) $^\forall x_1, x_2 \in \bigcup_{\gamma \in \Gamma} X_\gamma$에 대하여 $f(x_1) = f(x_2)$라 하자.

$$\exists \gamma_0 \in \Gamma \text{ s.t. } x_1, x_2 \in X_{\gamma_0}$$

따라서 $f(x_1) = f_{\gamma_0}(x_1)$, $f(x_2) = f_{\gamma_0}(x_2)$.
그러므로 $f(x_1) = f(x_2) \Rightarrow f_{\gamma_0}(x_1) = f_{\gamma_0}(x_2)$.
f_{γ_0}가 단사이므로 $x_1 = x_2$, 즉 f는 단사이다.

(ii) $^\forall y \in \bigcup_{\gamma \in \Gamma} Y_\gamma$를 택하라.(즉 $\exists \gamma_0 \in \Gamma$ s.t. $y \in Y_{\gamma_0}$.)
f_{γ_0}가 전사이므로 $\exists x \in X_{\gamma_0}$ s.t. $f_{\gamma_0}(x) = y$, 이 x에 대하여
$x \in \bigcup_{\gamma \in \Gamma} X_\gamma$이다.

따라서 $f(x)=f_{\gamma_0}(x)=y$. 즉 f는 전사이다.

(i), (ii)에 의하여 f는 일대일 대응이다.

그러므로 정의 4.2.1에 의하여

$$\bigcup_{\gamma\in\Gamma} X_\gamma \sim \bigcup_{\gamma\in\Gamma} Y_\gamma$$ ■

정리 4.2.4

집합 X, Y, Z와 W에 대하여 $X\sim Y$, $Z\sim W$이면 $X\times Z\sim Y\times W$가 성립한다.

증명의 스케치

$f: X\sim Y$, $g: Z\sim W$라 놓고 $^\forall(x, z)\in X\times Z$에 대하여 함수 $f\times g: X\times Z\to Y\times W$를 $(f\times g)(x\times z)=(f(x), g(z))$로 정의하여 $f\times g$가 함수가 되는지, 즉 well-defined됨을 알아보고 $f\times g$가 일대일 대응임을 보이면 된다.

증명 (1) $f\times g$가 함수가 되는 것은 독자에게 맡긴다.

(2) $f\times g$가 일대일 대응임을 보이라.

(i) $(f\times g)(x_1, z_1)=(f\times g)(x_2, z_2)$

$\Rightarrow (f(x_1), g(z_1))=(f(x_2), g(z_2))$

$\Rightarrow f(x_1)=f(x_2)\wedge g(z_1)=g(z_2)\Rightarrow x_1=x_2,\ z_1=z_2$

(f, g가 단사)

즉 $(x_1, z_1)=(x_2, z_2)$. 그러므로 $f\times g$는 단사이다.

(ii) $^\forall(y, w)\in Y\times W$(i.e. $y\in Y\wedge w\in W$)

f와 g가 전사이므로

$\exists x\in X$, $z\in Z$ s.t. $f(x)=y$, $g(z)=w$

$\Rightarrow (f\times g)(x, z)=(f(x), g(z))=(y, w)$.

그러므로 $f\times g$는 전사이다.

(i), (ii)에 의하여 $f \times g$는 일대일 대응이다.
따라서 정의 4.2.1에 의하여 $X \times Z \sim Y \times W$. ■

예제 3 임의의 두 집합 X, Y에 대하여 $X \times Y$와 $Y \times X$는 대등이 된다.

풀이 각 $(x, y) \in X \times Y$에 대하여 $f(x, y) = (y, x)$로 정의하면

(1) f는 well-definded

(i) $^\forall (x, y) \in X \times Y$, $f(x, y) = (y, x) \in Y \times X$

즉 $Dom(f) = X \times Y$

(ii) $(x_1, y_1) = (x_2, y_2) \Rightarrow x_1 = x_2,\ y_1 = y_2$

$$\Rightarrow f(x_1, y_1) = (y_1, x_1) = (y_2, x_2) = (x_2, y_2)$$

(i), (ii)에 의하여 f는 잘 정의된 함수.

(2) f는 일대일 대응

(i) $f(x_1, y_1) = f(x_2, y_2)$라고 하자.

즉 $(y_1, x_1) = (y_2, x_2) \Rightarrow y_1 = y_2,\ x_1 = x_2$

$$\Rightarrow (x_1, y_1) = (x_2, y_2)$$

즉 f는 단사.

(ii) $^\forall (y, x) \in Y \times X$

$\exists (x, y) \in X \times Y$ s.t. $f(x, y) = (y, x)$

즉 f는 전사.

(i), (ii)에 의하여 f는 일대일 대응이다.

따라서 정의 4.2.1에 의하여 $X \times Y \sim Y \times X$가 된다. ■

연습문제 4.2

1. 두 집합 X, Y에 대하여 $(X-Y) \sim (Y-X)$이면 $X \sim Y$임을 보여라.

2. $A \neq \phi$이면 $A \sim A \times \{1\}$임을 보여라.

3. A가 임의의 집합이고, $2^A - \{f \mid f : A \rightarrow (0,\ 1)\}$이면 A의 멱집합 $\mathscr{P}(A)$는 2^A와 대등임을 보여라.

4.3 가부번집합 및 가산집합

우리는 자연수의 집합 $\mathbb{N}=\{1,\ 2,\ 3,\ \cdots\}$을 가지고 사물을 센다든지 순서의 번호를 붙이는 데에 사용해 왔기 때문에 자연수에 친숙하다.

앞 절에서 정의한 '대등'을 이용하여 번호를 붙일 수 있는 집합과 셀 수 있는 집합을 정의할 것이다.

정의 4.3.1

집합 X에 대하여, 자연수 $\mathbb{N}$과 대등인 집합(즉 $X \sim \mathbb{N}$) X를 **가부번집합**(denumberable set)이라 한다. 또한 유한집합 또는 가부번집합을 **가산집합**(countable set)이라 한다.

이해를 돕기 위해 다음 그림을 참고하면

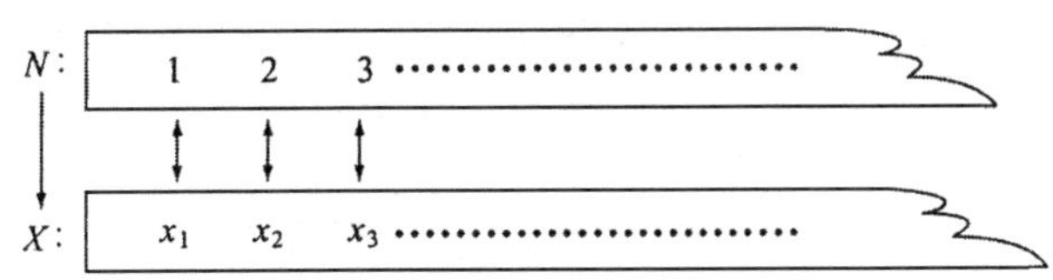

집합 X는 가부번집합이다.

X가 가부번집합이면 일대일 대응인 $f: N \to X$가 존재하는데 함숫값이

$$f(1)=x_1,\ f(2)=x_2,\ \cdots,\ f(k)=x_k,\ \cdots \qquad \cdots(*)$$

일 때 집합 X를 $\{x_1,\ x_2,\ x_3,\ \cdots,\ x_k,\ \cdots\}$와 같이 나타낼 수도 있다. 여기서 첨자는 집합 X 안의 원소를 빠짐없이 순서를 매기는 데 사용하고 있다.

X가 가산집합이면 유한집합 또는 가부번집합이므로 유한집합일 경우는 원소를 셀 수 있으므로 위 정의에서 가부번집합은 번호를 붙일 수 있는 집합으로, 가산집합은 셀 수 있는 집합으로 생각하면 좀 더 정의를 이해하기가 편리하다.

예제 1 짝수인 자연수의 집합 $\mathbb{N}_0$와 홀수인 자연수의 집합 $\mathbb{N}_1$은 모두 가부번집합이다.

풀이 함수 $f : \mathbb{N} \to \mathbb{N}_0$를 $f(x) = 2x$를 정의하면 f는 전단사이므로 $\mathbb{N} \sim \mathbb{N}_0$이다.
따라서 정의 4.3.1에 의하여 $\mathbb{N}_0$는 가부번집합이다.
같은 방법으로 $\mathbb{N}_1$도 가부번집합이다. ■

가부번집합 및 가산집합에 관한 몇 가지 정리를 알아보자.

정리 4.3.2
가부번집합의 무한부분집합은 가부번집합이다.

증명의 스케치

X를 가부번집합, $Y(\subseteq X)$를 무한집합이라고 하자.
Y가 가부번집합임을 보이면 된다. 즉 $\exists f : \mathbb{N} \to Y$ 일대일 대응.

증명 X가 가부번집합임으로 앞 페이지 $(*)$에 의하여 $X = \{x_1,\ x_2,\ x_3,\ \cdots,\ x_n,\ \cdots\}$라 놓고 $Y(\subseteq X)$ 무한집합이라 하자. $Y(\neq \phi)$이므로 Y의 원소 중 첨자가 가장 작은 것을 k_1, 즉 $x_{k_1} \in Y$라 놓는다.
정리 4.1.5에 의하여 $Y - \{x_{k_1}\}$ 또한 무한집합이다. 같은 방법으로 집합 $Y - \{x_{k_1}\}$의 원소 중 가장 작은 첨자를 k_2, 즉 $x_{k_2} \in Y - \{x_{k_1}\}$라 놓자. 이런 방법으로 $x_{k-1} \in Y$를 정의한 뒤 원소 $x_{k_n} \in Y - \{x_{k_1},\ x_{k_2},\ \cdots,\ x_{k_{n-1}}\}$를 정의하자. 가정에서 Y가 무한집합이므로 모든 $k \in \mathbb{N}$에 대한 $x_{k_n} \in Y$는 항상 존재한다. 각 $n \in \mathbb{N}$에 대하여 $f : \mathbb{N} \to Y$를 $f(n) = x_{k_n}$로 정의하면 f는 일대일 대응이다.

따라서 정의 4.2.1과 정의 4.3.1에 의하여, Y는 가부번집합이다. ■

정리 4.3.3

가부번집합에 유한집합을 합하여도 가부번집합이다.

증명의 스케치

X를 가부번집합, Y를 유한집합이라 하자.
$X \cup Y$가 가부번집합임을 보이면 된다. 즉 $X \cup Y \sim \mathbb{N}$임을 보이면 된다.

증명 X가 가부번집합, Y를 유한집합이라 하자.

$(Y-X) \subseteq Y$이므로 $Y-X$는 유한집합이고 $X \cap (Y-X) = \phi$이며 $X \cup Y = X \cup (Y-X)$이다.

(i) $Y-X = \phi$일 경우

$X \cup Y = X$이므로 가부번집합이다.

(ii) $Y-X \neq \phi$일 경우

$Y-X$는 유한집합이므로 정의 4.1.8에 의하여 $Y-X \sim \{1, 2, \cdots, k\}$이다. 또한 X가 가부번집합이므로

$$X \sim \{k+1, k+2, \cdots\}$$

따라서 정리 4.2.2에 의하여

$$(Y-X) \cup X \sim \{1, 2, 3, \cdots, k\} \cup \{k+1, k+2, \cdots\}$$

즉 $X \cup Y \sim \mathbb{N}$이다.

따라서 $X \cup Y$는 가부번집합이다. ■

따름정리 4.3.4

가산집합의 임의의 부분집합은 가산집합이다.

증명의 스케치

X를 가산집합, $Y \subseteq X$라고 하자.
Y가 가산집합임을 보이면 된다. 즉 Y가 유한집합이거나 또는 가부번집합임을 보이면 된다.

증명 X를 가산집합이라 하자. 즉 Y가 유한집합이거나 또는 가부번집합이다.

(i) X: 유한집합인 경우
정리 4.1.2 (2)에 의하여 Y도 또한 유한집합이다.

(ii) X: 가부번집합인 경우
$Y \subseteq X$이므로 Y는 유한이거나 또는 가부번집합이다. 즉 Y는 가산집합이다.

따라서 Y는 가산집합이다. ■

위의 정리들은 우리들의 직관적인 사고로는 지극히 당연한 것들이다. 그것은 자연수의 집합의 가산적인 성질이 우리의 사고에 익혀져 있기 때문이다. 이와 같이 지극히 당연한 성질일수록 증명하기에는 일반적으로 까다롭다. 위의 증명에서의 논리적인 추리과정을 익혀 두면 앞으로의 전공공부에 적지 않은 도움이 될 것이다.

가부번집합의 성질들과 예제에 관하여 좀 더 알아보자. 4.3절(예제 1)에서 알아본 것처럼 $\mathbb{N}_0$, $\mathbb{N}_1$은 각각 가부번집합이다. 또한 $\mathbb{N} = \mathbb{N}_0 \cup \mathbb{N}_1$는 가부번집합이다. 이 성질을 좀 더 일반화하여 두 임의의 가부번집합에 적용해보자.

정리 4.3.5

두 가부번집합의 합은 가부번집합이다.

증명의 스케치

A, B가 가부번집합이라고 하자.
(1) $A \cap B = \phi$, (2) $A \cap B \neq \phi$인 경우로 나누어서 $A \cup B \sim \mathbb{N}$임을 보이면 된다.

증명 A와 B를 임의의 두 가부번집합이라 할 때 다음 두 가지 경우에 있어서 $A \cup B$가 가부번집합임을 보이자.

(1) $A \cap B = \phi$일 경우, $A \sim \mathbb{N}$이고 $\mathbb{N} \sim \mathbb{N}_0$이다. 대등관계는 동치관계이므로 추이율에 의하여 $A \sim \mathbb{N}_0$이다. 같은 방법으로 $B \sim \mathbb{N}_1$이 된다.

따라서 정리 4.2.2에 의하여

$$(A \cup B) \sim (\mathbb{N}_0 \cup \mathbb{N}_1) = \mathbb{N}$$

이다. 따라서 정의 4.3.1에 의하여 $A \cup B$는 가부번집합이다.

(2) $A \cap B \neq \phi$인 경우, $C = B - A$라 하면

$$A \cup C = A \cup B \text{이고 } A \cap C = \phi.$$

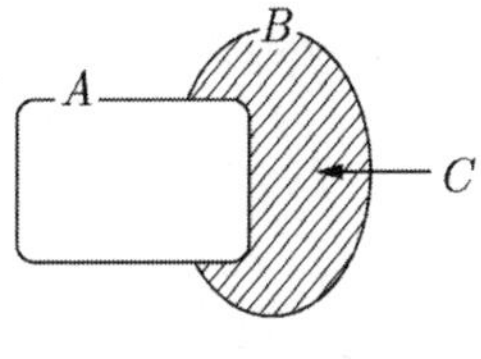

집합 $C \subseteq B$는 유한 또는 가부번집합이다. 정리 4.3.3에 의하여 C가 유한이면 $A \cup C$는 가부번집합이고, C가 가부번집합이면 $A \cup C$는 (1)에 의하여 가부번집합이다. 따라서 $A \cup B$는 가부번집합이다. ■

정리 4.3.5를 좀 더 확장해 보자.

따름정리 4.3.6

$A_1, A_2, \cdots, A_n$을 가부번집합이라 하면 $\bigcup_{k=1}^{n} A_k$도 가부번집합이다.

증명의 스케치

수학적 귀납법으로 증명해보자.

증명 **수학적 귀납법**

(i) $n=1$일 때 성립

A_1은 가부번집합이므로 $\bigcup_{i=1}^{1} A_i$는 가부번집합이다.

(ii) $n=k$일 때 성립한다고 가정하자.

즉 $A_1, A_2, \cdots, A_k$가 가부번집합이면 $\bigcup_{i=1}^{k} A_i$가 가부번집합이다.

$\bigcup_{i=1}^{k} A_i$과 A_{i+1}은 가부번집합이므로 정리 4.3.5에 의하여

$(\bigcup_{i=1}^{k} A_i) \cup A_{i+1} = \bigcup_{i=1}^{k+1} A_i$도 가부번집합이다.

즉 $n=k+1$일 때도 성립한다.

따라서 모든 $n \in \mathbb{N}$에 대해 $A_1, A_2, \cdots, A_n$이 가부번집합이면 $\bigcup_{i=1}^{n} A_n$도 가부번집합이다. ■

정리 4.3.7

모든 $k \in \mathbb{N}$에 대하여 B_k가 가부번집합이면 $\bigcup_{k \in \mathbb{N}} B_k$도 가부번집합이다. (따름정리 4.3.11 참고)

증명의 스케치

각 $k \in \mathbb{N}$에 대해 B_k가 가부번집합일 때, $\bigcup_{k \in \mathbb{N}} B_k$가 가부번집합임을 보이면 된다. $\mathbb{N} \times \mathbb{N}$이 가부번집합이므로(정리 4.3.10 참고) $\bigcup_{k \in \mathbb{N}} B_k \subseteq \mathbb{N} \times \mathbb{N}$임을 보이면 된다.

증명 $A_1 = B_1$, $A_{k+1} = B_{k+1} - \bigcup_{j=1}^{k} A_j$라고 하면 $\forall i \in \mathbb{N}$, $A_i \subseteq B_i$이므로 A_i는 가산집합이고, 모든 $i \in \mathbb{N}$에 대해 $A_i \cap A_j = \phi (i \neq j)$이고 $\bigcup_{k \in \mathbb{N}} A_k = \bigcup_{k \in \mathbb{N}} B_k$이다.

$n_i = \begin{cases} |A_i|, & A_i : \text{유한} \\ \infty, & A_i : \text{가부번} \end{cases}$이라고 편의상 표기하면 $A_i \sim \mathbb{N}_{n_i}$(단, $\mathbb{N}_0 = \phi$, $\mathbb{N}_\infty = \mathbb{N}$로 정의) 또한 $\mathbb{N}_{n_i} \sim \mathbb{N}_{n_i} \times \{i\}$이 된다. 즉 $A_i \sim \mathbb{N}_{n_i} \times \{i\}$.

따라서 $\bigcup_{k \in \mathbb{N}} B_k = \bigcup_{k \in \mathbb{N}} A_k \sim \bigcup_{k \in \mathbb{N}} \mathbb{N}_{n_k} \times \{k\} \subseteq \bigcup_{k \in \mathbb{N}} \mathbb{N} \times \{k\} = \mathbb{N} \times \mathbb{N}$.

또한 $B_1 \subseteq \bigcup_{k \in \mathbb{N}} B_k$인데 B_1는 가부번(무한)이므로 $\bigcup_{k \in \mathbb{N}} B_k$는 무한집합이다. 즉 $\bigcup_{k \in \mathbb{N}} A_k$도 무한이다.

그러므로 $\bigcup_{k \in \mathbb{N}} A_k$과 대등인 $\bigcup_{k \in \mathbb{N}} \mathbb{N}_{n_k} \times \{k\}$도 무한집합인데 가부번집합 $\mathbb{N} \times \mathbb{N}$의 부분집합이므로 $\bigcup_{k \in \mathbb{N}} \mathbb{N}_{n_k} \times \{k\}$도 또한 가부번집합이다.

따라서 $\bigcup_{k \in \mathbb{N}} B_k$는 가부번집합이다. ■

정리 4.3.8

두 가산집합의 합은 가산집합이다.

증명의 스케치

A, B가 가산집합이라고 하자. 가산집합의 정의에 의하여 몇 가지 경우를 나누어 생각해보자.

(1) A가 가부번, B가 가부번인 경우

(2) A가 유한, B가 유한인 경우

(3) A가 가부번, B가 유한(또는 A가 유한, B가 가부번)임을 보이면 된다.

증명 (1) A : 가부번, B : 가부번인 경우

정리 4.3.5에 의하여 성립한다.

(2) A : 유한, B : 유한인 경우

A, B는 서로소라 하자.

(i) A나 B가 ϕ인 경우는 4.1절 예제 2에 의하여 유한집합이므로 $A \cup B$는 유한이다.

(ii) $A \neq \phi$, $B \neq \phi$일 때는 정리 4.1.7에 의하여

$$\exists f : A \sim \mathbb{N}_n, \quad g : B \sim \mathbb{N}_m$$

$h : A \cup B \rightarrow \mathbb{N}_{n+m}$에 대하여 $h(x) = \begin{cases} f(x), & x \in A \\ n + g(x), & x \in B \end{cases}$ 로 정의하면 h는 일대일 대응이다.

따라서 $A_1 \cup A_2$도 유한이다.

(3) A : 가부번, B : 유한인 경우(또는 A : 유한, B : 가부번인 경우)

정리 4.3.3에 의하여 성립한다.

(1), (2), (3) 모든 경우에 따라 성립하므로 A, B가 가산집합이면 $A \cup B$도 가산집합이다. ■

정리 4.3.9

A_1, A_2, $\cdots$, A_n을 가산집합이라 하면 $\bigcup_{k=1}^{n} A_k$도 가산집합이다.

증명의 스케치

수학적 귀납법으로 증명해보자.

증명 정리 4.3.6에서와 같은 방법으로 증명하면 된다.

증명은 독자에게 남긴다. ■

예제 2 모든 정수들의 집합 $\mathbb{Z}$는 가부번집합이다.

풀이 $\mathbb{Z}=\mathbb{N}\cup\{0\}\cup-\mathbb{N}$인데, 여기서 $\mathbb{N}$과 $\{0\}$ 그리고 $-\mathbb{N}$은 가부번집합이므로 정리 4.3.6에 의하여 $\mathbb{Z}$는 가부번집합이다. ■

정리 4.3.10

집합 $\mathbb{N}\times\mathbb{N}$은 가부번집합이다.

증명의 스케치

가부번집합의 무한부분집합은 가부번집합임을 이용하여 보이면 된다.

증명 모든 $(j,\ k)\in\mathbb{N}\times\mathbb{N}$에 대하여 함수 $f:\mathbb{N}\times\mathbb{N}\to\mathbb{N}$에서 $f(j,\ k)=2^j3^k$로 정의하자.

$f(j_1,k_1)=f(j_2,k_2)$라면, 즉 $2^{j_1}3^{k_1}=2^{j_2}3^{k_2}\Rightarrow 2^{j_1-j_2}=3^{k_2-k_1}$.

그러므로 $j_1-j_2=k_2-k_1=0\Leftrightarrow j_1=j_2,\ k_1=k_2$이다. 즉 $(j_1,\ k_1)=(j_2,\ k_2)$. 따라서 f는 단사이다.

그러므로 $\mathbb{N}\times\mathbb{N}\sim f(\mathbb{N}\times\mathbb{N})$, 여기서 $f(\mathbb{N}\times\mathbb{N})\subseteq\mathbb{N}$이다. 한편 $\mathbb{N}\times\mathbb{N}$은 무한집합이므로 $f(\mathbb{N}\times\mathbb{N})$도 무한집합이다. 정리 4.3.2에 의하여 가부번집합 $\mathbb{N}$의 무한집합 $f(\mathbb{N}\times\mathbb{N})$도 가부번집합이다.

따라서 $f(\mathbb{N}\times\mathbb{N})$에 대등인 $\mathbb{N}\times\mathbb{N}$도 가부번집합이다. ■

직관적으로 그림을 참조하면 $\mathbb{N}\times\mathbb{N}$는 번호를 부여할 수 있음을 알 수 있다.

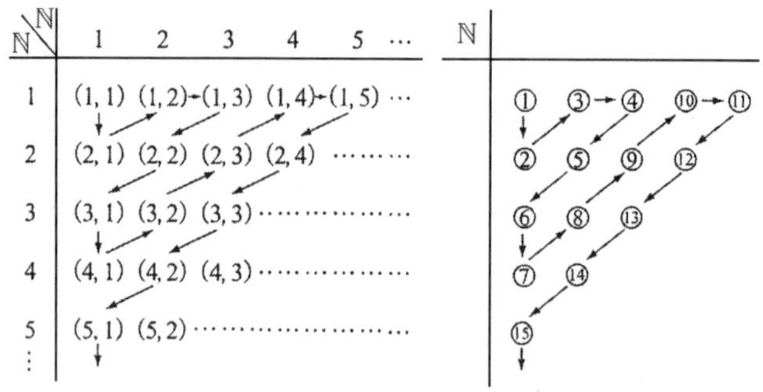

(a) $\mathbb{N} \times \mathbb{N}$ (b) $\mathbb{N}$

예제 3 $\mathbb{Z} \times \mathbb{Z}$도 가부번집합이다.

풀이 증명은 독자에게 남긴다. ■

따름정리 4.3.11

각 $k \in \mathbb{N}$에 대하여 A_k가 가부번집합으로서 모든 $j,\ k \in \mathbb{N}$에 대하여 $A_j \cap A_k = \phi(j \neq k)$이면 $\bigcup_{k = \mathbb{N}} A_k$ 또한 가부번집합이다.

증명의 스케치

정리 4.3.10 성질을 이용하여 $\bigcup_{k \in \mathbb{N}} A_k \sim \mathbb{N} \times \mathbb{N}$임을 보이면 된다.

증명 모든 $k \in \mathbb{N}$에 대하여 A_k가 가부번집합이라고 하자. (물론 $A_j \cap A_k = \phi,\ j \neq k$이다.) 가부번집합의 정의에 의하여

$$^{\forall}k \in \mathbb{N},\ A_k \sim \mathbb{N} \qquad \cdots \text{(i)}$$

이다. 또한 각 $k \in \mathbb{N}$에 대하여 $f_k : \mathbb{N} \to \mathbb{N} \times \{k\}$를 $f_k(j) = (j,\ k)$로 정의하면 f_k는 일대일 대응이 된다.(f_k가 일대일 대응이 됨은 독자가 체크해볼 것.) 즉 $\mathbb{N} \sim \mathbb{N} \times \{k\}$. $\cdots$ (ii) (i), (ii)에 의하여

$$A_k \sim \mathbb{N} \sim \mathbb{N} \times \{k\}, \text{ 즉 } A_k \sim \mathbb{N} \times \{k\}.$$

따라서 $\bigcup_{k \in \mathbb{N}} A_k \sim \bigcup_{k \in \mathbb{N}} \mathbb{N} \times \{k\} = \mathbb{N} \times \mathbb{N}$. 정리 4.3.10에 의하여 $\mathbb{N} \times \mathbb{N}$은 가부번집합이므로 대등인 $\bigcup_{k \in \mathbb{N}} A_k$도 가부번집합이다. ■

예제 4 모든 유리수의 집합 $\mathbb{Q}$는 가부번집합이다.

풀이 $\mathbb{Q}^+$를 양의 유리수, 집합 $\mathbb{Q}^-$를 음의 유리수의 집합이라 하면, $\mathbb{Q} = \mathbb{Q}^- \cup \{0\} \cup \mathbb{Q}^+$은 유리수의 집합이다.

함수 $f : \mathbb{Q}^+ \to \mathbb{N} \times \mathbb{N}$을 $f(p/q) = (p, q)$으로 정의하자. 여기서 p/q는 서로소인 두 양의 정수이 비로 나타낸 $\mathbb{Q}^+$의 원소이다. f는 단사이므로 $\mathbb{Q}^+ \sim f(\mathbb{Q}^+) \subseteq \mathbb{N} \times \mathbb{N}$. 또한 $\mathbb{Q}$는 무한집합 $\mathbb{N}$의 초집합이므로 무한집합이다. 따라서 $f(\mathbb{Q}^+)$는 가부번집합 $\mathbb{N} \times \mathbb{N}$의 무한부분집합이므로 가부번집합이다.

따라서 $\mathbb{Q}^+$는 가부번집합이다. 마찬가지로 $\mathbb{Q}^-$도 가부번집합이다.

따라서 $\mathbb{Q} = \mathbb{Q}^- \cup \{0\} \cup \mathbb{Q}^+$은 가부번집합이다. ■

예제 5 집합 $\mathbb{Q} \times \mathbb{Q}$도 가부번집합이다.

풀이 독자에게 남긴다. ■

독자는 무한집합 중에서 가장 작은 집합은 무엇일까에 대해 고민할 것이다.

다음 정리는 이 질문에 대한 답을 제공해 준다.

정리 4.3.12

임의의 무한집합에는 부분집합으로서 가부번집합이 존재한다.

증명의 스케치

X를 무한집합이라고 하자. X의 부분집합인 번호를 부여할 수 있는 집합, 즉 $\mathbb{N}$과 대등인 집합 $\{x_k \mid k \in \mathbb{N}\}$을 찾아내면 된다.

증명 X를 무한집합이라고 하자. $X \neq \phi$이므로 X에서 한 원소 x_1를 택하자. 정리 4.1.5에 의하여 $X - \{x_1\}$도 또한 무한집합이다. $X - \{x_1\} \neq \phi$이므로 $X - \{x_1\}$에서 한 원소 x_2를 택하자. 마찬가지로 정리 4.1.5를 이용하면 $X - \{x_1, x_2\}$도 무한집합이다.

같은 방법으로 x_{k-1}를 택한 다음 집합 $X - \{x_1, x_2, \cdots, x_{k-1}\}$의 원소를 x_k라 하면 각 $k \in \mathbb{N}$에 대한 x_k가 존재한다.

이렇게 하여 만든 집합 $\{x_k \mid k \in \mathbb{N}\}$은 X의 부분집합으로서 가부번집합이다. ■

연습문제 4.3

1. 가부번집합 X의 부분집합 Y가 유한집합이면 $X-Y$도 가부번집합임을 보여라.

2. X가 가부번집합이고 Y가 공집합이 아닌 유한집합이면 $X\times Y$도 가부번집합임을 보여라.

3. X, Y가 각각 가부번집합이면 $A\times B$도 가부번집합임을 보여라.

4. X가 가부번집합이고 $Y\subseteq X$, $f:Y\to X$가 단사함수이면 Y는 가산집합임을 보여라.

5. 좌표평면에서 원의 중심의 x좌표, y좌표 및 반지름이 모두 유리수인 원의 집합은 가부번집합임을 보여라.

6. 4.3절 예제 3을 증명하여라.

7. 4.3절 예제 5를 증명하여라.

4.4 비가부번집합

4.3절에서 무한집합 중에서 자연수 집합 ℕ과 대등인 집합을 가부번집합이라고 하였다. '가부번'이란 '번호를 붙일 수 있는'이라는 뜻인데, 그렇다면 주어진 집합의 원소에 번호를 붙일 수 없는 집합이 존재할까? 다시 말하여 '가부번집합이 아닌 무한집합이 존재하는가?' 하는 문제에 봉착하게 된다. 칸토어는 이런 집합이 존재한다는 것을 증명하였다.

정의 4.4.1

주어진 무한집합 X가 자연수 ℕ과 일대일 대응이 되지 않는 집합을 **비가부번집합**(non-denumberable set)이라고 한다.

가산집합이 아닌 집합을 **비가산집합**(uncountable set)이라 한다. 즉 비가산집합은 유한집합도 가부번집합도 아닌 무한집합이다. 그러므로 비가부번집합은 비가산집합이다.

정의 4.4.2

단위 개구간 $I = (0,\ 1)$은 비가부번집합이다.

증명의 스케치

$I = (0,\ 1)$이 유한집합은 아니므로 가부번집합이라 하자. 즉 I 안에 있는 모든 실수를 빠짐없이 번호를 부여할 수 있다고 하자. 그리고 나서 I 안에 번호를 붙일 수 없는 소수를 하나 찾아내면 가부번집합이라고 한 가정에 모순을 찾는 방법으로 증명하면 된다.

증명 **(귀류법)** $I = (0,\ 1)$의 모든 실수에 빠짐없이 번호를 붙일 수 있다고 가정하자. 즉 I가 가부번집합이라 하자. 그러면 $f : \mathbb{N} \sim (0,\ 1)$이다.

$$f(1) = x_1,\ f(2) = x_2,\ \cdots,\ f(n) = x_n,\ \cdots$$

여기서 모든 x_i들은 무한소수로 표기한다.

$$\begin{aligned} x_1 &= 0.a_1 a_2 a_3 \cdots \\ x_2 &= 0.b_1 b_2 b_3 \cdots \\ x_3 &= 0.c_1 c_2 c_3 \cdots \\ &\vdots \end{aligned}$$

각 a_i, b_i, $c_i\,(i \in \mathbb{N})$은 0, 1, 2, ⋯, 9 중의 한 숫자이다. 이제 다음과 같은 무한소수를 생각한다.

$$\omega = 0.\alpha_1 \beta_2 \gamma_3 \cdots$$

여기서 $\alpha_1(\neq 0)$은 $x_1(= f(1))$에서 a_1가 아닌 1, 2, ⋯, 9의 어느 한 숫자를 택하고, $\beta_2(\neq 0)$은 $x_2(= f(2))$에서 b_2가 아닌 1, 2, ⋯, 9의 어느 한 숫자를 택하자. 이와 같이 ω를 만들면 $\omega \in I$이고, 모든 $i \in \mathbb{N}$에 대하여 $x_i \neq \omega$이다. 즉, $w \neq f(i)$. 따라서 $w \notin f(\mathbb{N})$. 즉 번호를 붙이지 못하는 원소가 만들어지므로 I는 가부번집합이라는 가정에 모순이 된다. 정의 4.4.1에 의하여 $I = (0,\ 1)$은 비가부번집합이다. ■

정리 4.4.3

비가부번집합의 임의의 초집합은 비가부번집합이다.

증명의 스케치

귀류법을 이용하여 증명하면 된다.

증명 A는 비가부번집합이고 $A \subseteq B$라 놓자. A가 무한이므로 B는 무한집합이다. 결론을 부정하여 B가 비가부번집합이 아니라면 B는 가산이고 무한이므로 가부번집합이다. 정리 4.3.2에 의하여 가부번인 B의 무한부분집합 A는 가부번집합이다. 이것은 모순이다. 즉 비가부번집합의 초집합은 비가부번집합이다. ■

예제 1 실수의 집합 $\mathbb{R}$는 비가부번집합이다.

풀이 실수의 집합 $\mathbb{R}$는 $(0,\ 1)$과 대등이므로 ($f:(0,\ 1)\to\mathbb{R}$에 대하여 $f(x)=\tan\left(\left(x-\frac{1}{2}\right)\pi\right)$로 정의된 함수라 하면 f는 전단사함수가 존재) 정리 4.4.2에서 $(0,\ 1)$은 비가부번집합이므로 이와 대등인 집합 $\mathbb{R}$도 비가부번집합이다. ■

예제 1을 정리 4.4.3을 이용하여 증명해볼 수도 있다.

풀이 정리 4.4.2에 의하여 $(0,\ 1)$은 비가부번집합이고 $(0,\ 1)\subseteq\mathbb{R}$이므로 정리 4.4.3에 의하여 비가부번집합 $(0,\ 1)$의 초집합 $\mathbb{R}$은 비가부번집합이다. ■

정리 4.4.4

비가부번집합에서 가부번집합을 빼내어도 역시 비가부번집합이다.

증명의 스케치

비가부번집합은 A라 하고 A에서 가부번집합 $\{a_n \mid n\in\mathbb{N}\}$을 제거한 집합을 B라 할 때, $B\sim A$가 됨을 보이면 된다.

증명 비가부번집합은 A라 하고 A에서 가부번집합 $\{a_n \mid n\in\mathbb{N}\}$을 제거한 집합을 B라 하자. B는 무한집합이므로 정리 4.3.12에 의하여 B는 가부번집합 $\{b_n \mid n\in\mathbb{N}\}$을 포함하고 있다.

$B-\{b_n \mid n \in \mathbb{N}\} = C$라 놓으면

$$A = C \cup \{b_n \mid n \in \mathbb{N}\} \cup \{a_n \mid n \in \mathbb{N}\}$$
$$B = C \cup \{b_n \mid n \in \mathbb{N}\}$$

으로 나타낼 수 있다.

여기서 $f : A \to B$에서 C의 원소는 자신으로 보내고 그 외의 원소들은 $b_n \to b_{2n}$, $a_n \to b_{2n-1}$로 보내면 f는 전단사함수가 된다. 따라서 $A \sim B$이므로 B는 비가부번집합이다. ■

정리 4.4.5

임의의 비가부번집합 A, B에 대하여 $A \cup B$도 비가부번집합이다.

증명 증명은 독자에게 남긴다. ■

연습문제 4.4

1. $A \sim B$이고 A가 비가부번집합이면 B도 비가부번집합임을 보여라.

2. 정리 4.4.5를 증명하여라.

3. 두 집합 A, B가 비가부번집합이면 $A \times B$도 비가부번집합임을 보여라.

4. 개구간 $(0, 1)$과 무리수 $\mathbb{I}$의 교집합은 비가산집합임을 보여라.

05. 기수

우리는 개수의 의미 연산한 것에 대한 의미를 알지 못하고 일상 생활에서는 그저 활용하고 셈하는 방법만 배워왔다. 이 절에서는 이런 의미를 명확하게 하여 일반적인 집합의 개수와 연산에 관하여 정의하고 여러 성질들을 알아보고자 한다.

05

5.1 기수의 공리

자연수는 크게 나누어 두 가지 목적을 위해 쓰인다. 하나는 사물의 개수를 셈하는 일, 이런 자연수를 기수라 부른다. 그리고 또 하나는 사물의 순서를 정하는데 쓰이는 자연수가 있는데 이런 수를 서수라 부른다. 이 장에서는 기수에 관하여 알아보려고 한다.

예를 들어 사물의 개수를 셈하는 분필 4개, 볼펜 4개에서 공통적인 의미를 갖는 4(개)의 의미는 무엇인가? 또한 분필 4개인 집합과 볼펜 4개인 집합을 모아 놓은 집합(또는 합하면)의 원소 개수는 8(개)인데 더한다는 의미는 무엇인가? 또한 곱한다는 의미는 무엇인가?

우리는 개수의 의미와 연산한 것에 대한 의미를 알지 못하고, 일상 생활에서는 그저 활용하고 셈하는 방법만 배워왔다. 이 절에서는 이런 의미를 명확하게 하여 일반적인 집합의 개수와 연산에 관하여 정의하고 여러 성질들을 알아보고자 한다.

4.1절에서 대등인 관계는 동치관계임을 알 수 있었다. 따라서 동치관계에 의한 기본정리에 의하여 모든 집합들은 서로소인 동치류로 분할된다. 즉 같은 동치류에 속하는 모든 집합들은 원소의 개수가 같다. 유한집합일 때는 원소의 개수를 자연수로 표현할 수 있지만 무한집합인 경우는 크기를 자연수로 표현할 수 없기에 수의 확장이 필요하다. 대등관계에 의해 생성된 동치류 또는 그 대표원을 나타내는 수로서의 성질을 **기수**(cardinal number) 또는 **농도**(cardinality)라 부르고, 임의의 집합 A에 대한 기수를 $\operatorname{Card} A$로 표기하기로 한다. 즉 집합의 기수란 그 집합과 대등한 모든 집합이 공통으로 갖는 성질이다. 이 새로운 개념, 기수에 대한 중요한 공리에 대해 알아보자.

기수의 공리(axiom of cardinality)

C-1 각 집합 A에 대하여 $\operatorname{Card} A$로 표기된 하나의 기수가 정해지고, 각 기수 α에 대해서 $\operatorname{Card} A = \alpha$인 하나의 집합이 존재한다.

C-2 $A = \phi \Leftrightarrow \text{Card}\, A = 0$이다.

C-3 $A(\neq \phi)$인 유한집합에 대하여 임의의 $k \in \mathbb{N}$에 대하여 $A \sim \mathbb{N}_k$이면 $\text{Card}\, A = k$이다.

C-4 임의의 두 집합 A, B에 대하여 $A \sim B \Leftrightarrow \text{Card}\, A = \text{Card}\, B$이다.

여기서 공리 C-2와 C-3는 유한집합에 관한 기수의 정의에 필요한 공리이고, C-1과 C-4는 무한집합에 필요한 공리이다.

예제 1 $A = \{\{a\}, \{b, c\}, \phi\}$일 때 기수를 말하여라.

풀이 기수의 공리 C-1과 C-3에 의하여 $\text{Card}\, A = 3$이다. ■

예제 2 $\text{Card}\, A = 27$인 집합 A를 구하여라.

풀이 기수의 공리 C-1에 의하여 기수가 27인 집합이 존재한다. 즉 $A = \{x \in \mathbb{N} \mid 1 \leq x \leq 27\}$이다. ■

연습문제 5.1

1. $A = \{\phi, \{a\}, \{b\}, a, b\}$의 기수를 구하여라.

2. $\mathrm{Card}\,A = 7$인 집합 A를 구하여라.

3. 기수가 자연수가 아닌 예를 만들어 보아라.

5.2 기수의 대소 비교 및 멱집합의 기수 비교

기수의 공리 C-4에서 대등인 집합은 모두 같은 기수를 갖는다고 정함으로써 기수의 상등관계가 얻어진 셈이다. 이 절에서는 기수가 같지 않은 두 집합에 대하여 그 기수들의 대소를 비교할 수 있느냐 하는 점이다.

기수의 공리 C-2와 C-3에서처럼 유한집합일 경우에 기수는 0과 자연수로 나타낼 수 있었다. 따라서 유한집합일 때의 기수는 순서를

$$0 < 1 < 2 < 3 < \cdots < k < k+1 < \cdots$$

으로 나타낼 수 있다. C-4에 따르면 임의의 집합에서 기수가 같음을 알 수 있지만 어느 쪽이 다른 어느 쪽보다 큰지 작은지를 구분하기는 어렵다. 따라서 유한집합에서의 기수의 크기 비교하는 방법을 기반으로 무한집합에서의 기수의 크기를 비교하는 정의가 필요하다.

여기서 유한집합의 기수를 **유한기수**(finite cardinal number)라 하고, 무한집합의 기수를 **초한기수**(transfinite cardinal number)라 한다.

정의 5.2.1

두 집합 A, B에 대하여 A가 B의 어떤 한 부분집합과 대등은 하지만 B는 A의 어느 부분집합하고도 대등이 되지 않을 때 $\mathrm{Card}\,A$는 $\mathrm{Card}\,B$보다 작다.($\mathrm{Card}\,A$ is said to be less than $\mathrm{Card}\,B$.) 기호로 $\mathrm{Card}\,A < \mathrm{Card}\,B$로 표기한다.

예제 1 유리수의 기수 $\mathrm{Card}\,\mathbb{Q}$는 실수 $\mathbb{R}$의 기수 $\mathrm{Card}\,\mathbb{R}$보다 작다.(즉 $\mathrm{Card}\,\mathbb{Q} < \mathrm{Card}\,\mathbb{R}$이다.)

풀이 집합 $\mathbb{Q}$는 $\mathbb{R}$의 부분집합이고, $\mathbb{Q}$는 가부번집합이므로 $\mathbb{Q} \sim \mathbb{N}$이다. $\mathbb{R}$는 비가부번집합이다. 따라서 $\mathbb{Q}$는 $\mathbb{R}$의 하나의 부분집합인 $\mathbb{N}$과

대등하지만 $\mathbb{R}$는 $\mathbb{Q}$의 어느 부분집합과도 대등이 될 수 없다. 즉 정의 5.2.1에 의하여 $\text{Card}\,\mathbb{Q} < \text{Card}\,\mathbb{R}$이다. ■

정의 5.2.1에서는 두 집합 A, B에 대하여 A가 B의 어떤 한 부분집합과 대등은 하지만 B는 A의 어느 부분집합하고도 대등이 되지 않는 경우를 정의하고 있는데, A가 B의 부분집합과 대등하고 B가 A의 부분집합과 대등할 때 두 집합의 기수를 비교하는 것에 대하여는 어떻게 할 것인가에 대해 의문이 생길 것이다. 칸토어는 이런 경우 두 기수는 같은 것이라고 예측하였다. 여러 수학자들이, 예를 들면 베른슈타인(F. Bernstein), 슈뢰더(E. Schöder) 등 논리적으로 증명하였지만 오류가 있음을 지적하였다. 이 유명한 정리를 칸토어-베른슈타인 정리라고 한다.

정리 5.2.2 칸토어-베른슈타인 정리

두 집합 A, B에 대하여 A가 B의 부분집합과 대등하고 B가 A의 부분집합과 대등하면 A와 B는 대등하다.

위 정리 5.2.2를 증명하기 위해서는 보조정리 5.2.3을 이용하면 쉽게 증명이 된다. 그런데 독자는 다음 보조정리에 대한 증명도 이해하기가 쉽지 않을 수도 있다. 먼저 다음 예제를 풀어보면 보조정리를 이해하는데 도움이 될 것이다.

예제 2 자연수 $\mathbb{N}$의 부분집합 $2\mathbb{N}$에서 모든 $x \in \mathbb{N}$에 대하여 $f : \mathbb{N} \to 2\mathbb{N}$, $f(x) = 4x$로 정의하면 단사이므로 전단사함수 $h : \mathbb{N} \to 2\mathbb{N}$가 존재한다.

풀이 $C = \bigcup_{n \geq 0} f^n(\mathbb{N} - 2\mathbb{N})$라 놓자. 여기서 $f^0(= I_{\mathbb{N}})$는 $\mathbb{N}$ 위의 항등함수이고 각 자연수 k와 각 $x \in \mathbb{N}$에 대하여 $f^k(x)$는 두 함수 f와 f^{k-1}의 합성함수로 정의하자.

즉 $f^k(x) = f(f^{k-1}(x))$이다.

그리고 모든 $x \in \mathbb{N}$에 대하여

$$h(z)=\begin{cases} f(z), & z\in C \\ z, & z\in \mathbb{N}-C \end{cases}$$

로 함수 $h:\mathbb{N}\to 2\mathbb{N}$을 정의하자.

f^0는 항등함수이므로

$$f^0(\mathbb{N}-2\mathbb{N})=\{1,\ 3,\ 5,\ 7,\ \cdots\}$$

f^1는 f와 f^0를 합성하면

$$f^1(\mathbb{N}-2\mathbb{N})=f(f^0(\mathbb{N}-2\mathbb{N}))=\{4,\ 12,\ 20,\ 28,\ \cdots\}$$

f^2는 f와 f^1을 합성하면 $f^2(\mathbb{N}-2\mathbb{N})=f(f^1(\mathbb{N}-2\mathbb{N}))$ $=\{16,\ 48,\ 80,\ \cdots\}$, $f^3(\mathbb{N}-2\mathbb{N})=\{64,\ 112,\ 320,\ \cdots\}$이고 같은 방법으로 계속하면

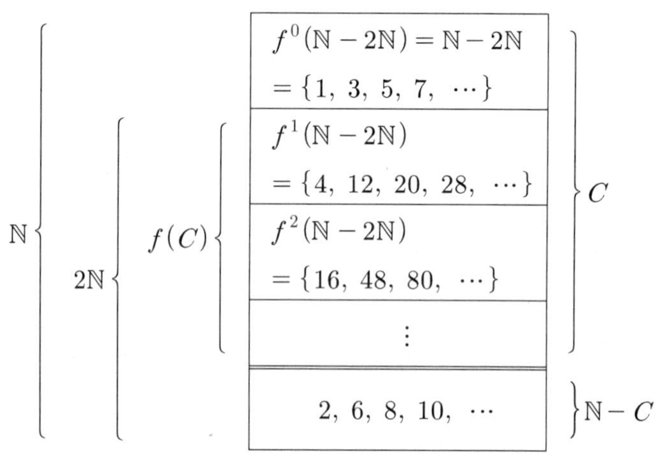

$$\begin{aligned} h(\mathbb{N}) &= (\mathbb{N}-C)\cup f(C) \\ &= [\mathbb{N}-\bigcup_{n\ge 0} f^n(\mathbb{N}-2\mathbb{N})]\cup f[\bigcup_{n\ge 0} f^n(\mathbb{N}-2\mathbb{N})] \\ &= [\mathbb{N}-\bigcup_{n\ge 0} f^n(\mathbb{N}-2\mathbb{N})]\cup [\bigcup_{n\ge 1} f^n(\mathbb{N}-2\mathbb{N})] \\ &= \mathbb{N}-(f^0(\mathbb{N}-2\mathbb{N})) \\ &= \mathbb{N}-(\mathbb{N}-2\mathbb{N})=2\mathbb{N} \end{aligned}$$

이 된다. $h(\mathbb{N}) = 2\mathbb{N}$이므로 h는 전사이다. 가정에서 f는 단사이므로 h도 단사이다. 따라서 전단사함수 h가 존재한다. ■

보조정리 5.2.3

집합 A의 부분집합 B에 대하여 단사함수 $f : A \to B$가 존재하면 전단사함수 $h : A \to B$가 존재한다.

증명의 스케치

예제 2에서 전단사함수 h를 만들어 본 것처럼 $A = B$인 경우와 B가 A의 진부분집합인 경우로 나누어 $h : A \to B$ 함수를 정의하여 h가 전단사임을 보이면 된다.

증명 **Case 1**

$A = B$인 경우

$\exists h = I_A : A \to A$ 항등함수, 즉 h는 전단사함수이다.

Case 2

$B \subsetneq A$인 경우

예제 2에 처럼 $C = \bigcup_{n \geq 0} f^n(A - B)$라 놓자. 여기서 $f^0 = I_A$이고 각 자연수 k와 모든 $x \in A$에 대하여는 $f^k(x)$를 두 함수 f와 f^{k-1}의 합성함수라 하자. 즉 $f^k(x) = f(f^{k-1}(x))$이다.

그리고

$$\begin{array}{rl} h : & A \to B \\ & \Downarrow \\ & z \rightsquigarrow h(z) = \begin{cases} f(z), & z \in C \\ z, & z \in A - C \end{cases} \end{array}$$

로 정의하자.

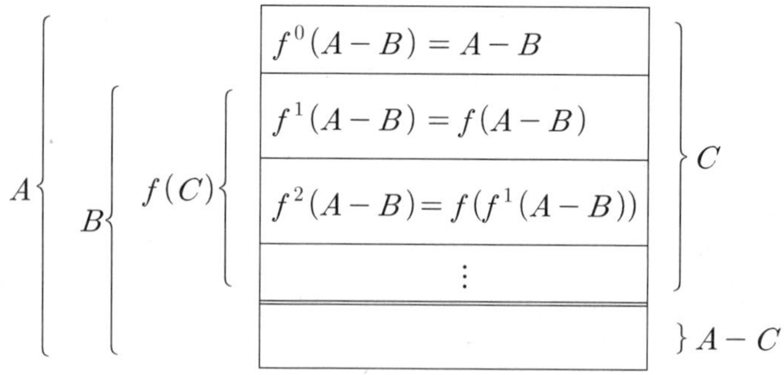

이렇게 정의하면 $A-B \subseteq C$, $f(C) \subseteq C$가 된다. 앞의 예제 2에서 본 것처럼 m, n이 서로 다른 음이 아닌 정수에 대하여, 즉 $m < n$이면,

$$f^m(A-B) \cap f^n(A-B) = \phi \qquad \cdots (*)$$

이다. 왜냐하면 만일 그렇지 않으면 $A-B$의 두 원소 x, x'이 존재함으로써 $f^m(x) = f^n(x')$이면 $f^m(x) = f^n(x') = f^{m+k}(x') = f^m(f^k(x'))$, $(n-m=k$라 하자)

따라서 $f^{n-m}(x') = f^k(x') = x \in B$이다. 한편 $x \in A-B$이므로 $x \notin B$, 이것은 모순이다.

$(*)$와 h의 정의에 의하여

$$\begin{aligned} h(A) &= (A-C) \cup f(C) \\ &= [A - \bigcup_{n \ge 0} f^n(A-B)] \cup f(\bigcup_{n \ge 0} f^n(A-B)) \\ &= [A - \bigcup_{n \ge 0} (A-B)] \cup [\bigcup_{n \ge 1} f^n(A-B)] \\ &= A - (A-B) = B \end{aligned}$$

이다. 그러므로 $h(A) = B$. 즉 h는 전사이다. 가정에서 f가 단사이므로 h도 단사이다. 따라서 전단사함수 h가 존재한다. ■

칸토어-베른슈타인 정리(정리 5.2.2)

증명의 스케치

$A_0 \subseteq A$, $B_0 \subseteq B$에 대하여 $A \sim B_0$, $B \sim A_0$라 하면, 즉 대응의 정의에 의하여 $\exists f_0, g_0$: 전단사함수, $f_0 : A \to B_0$, $g_0 : B \to A_0$이다. 이 두 함수를 합성하여 단사함수를 만들어 앞의 보조정리 5.2.3을 활용하여 증명하면 된다.

증명 $A_0 \subseteq A$, $B_0 \subseteq B$에 대하여 $A \sim B_0$, $B \sim A_0$라 하자. 즉 대응의 정의에 의하여 $\exists f_0$, g_0: 전단사함수, $f_0 : A \to B_0$, $g_0 : B \to A_0$이다. f_0와 g_0를 합성한 함수 $g_0(f_0(x)) = f(x)$라 놓자. 그러면 f는 단사함수이다. 따라서 보조정리 5.2.3을 사용할 수 있는 조건이 주어졌다.

그러므로 보조정리 5.2.3에 의하여 $h : A \to A_0$인 전단사함수가 존재한다. 또한 g_0가 전단사함수이므로 $g_0^{-1} : A_0 \to A$ 전단사함수가 존재한다. 따라서 두 전단사함수 h와 g_0^{-1}를 합성한 $g_0^{-1} \circ h : A \to B$는 전단사함수이다. 즉 $A \sim B$이다. ■

기수의 공리 C-4와 정의 5.2.1에 의하여 $\text{Card}\,A \le \text{Card}\,B$는 $\text{Card}\,A < \text{Card}\,B$이거나 $\text{Card}\,A = \text{Card}\,B$를 나타낼 때를 의미한다고 생각하자.

정리 5.2.2로부터 다음을 직접 알 수 있다.

따름정리 5.2.4

임의의 집합 A, B에 대하여 $\text{Card}\,A \le \text{Card}\,B$이고 $\text{Card}\,B \le \text{Card}\,A$이면 $\text{Card}\,A = \text{Card}\,B$이다.

따름정리 5.2.5

두 집합 A, B에 대하여 다음 성질들은 서로 같다.

(1) $\text{Card}\, A \le \text{Card}\, B$

(2) $\exists\, B_0 \subseteq B$ s.t. $A \sim B_0$

(3) $\exists\, f : A \to B$ 단사

증명의 스케치

(1) ⇒ (2), (2) ⇒ (1), (2) ⇔ (3)임을 보여보자.

증명 (1) ⇒ (2)

$\text{Card}\, A \le \text{Card}\, B$라 하자. 즉 $\text{Card}\, A < \text{Card}\, B$ 또는

$\text{Card}\, A = \text{Card}\, B$

$\Rightarrow [(\exists\, B_0 \subseteq B \text{ s.t. } A \sim B_0) \wedge (^\forall A_0 \subseteq A,\ B \nsim A_0)] \vee (A \sim B)$

$\Rightarrow \exists\, B_0 \subseteq B$ s.t. $A \sim B_0$

(2) ⇒ (1)

$B_0 \subseteq B$ s.t. $A \sim B_0$라 하자.

그러면 두 가지 경우만 생각해 볼 수 있다.

(i) $\exists\, A_0 \subseteq A$ s.t $B \sim A_0$인 경우

이 경우는 정리 5.2.2 칸토어-베른슈타인 정리에 의하여 $A \sim B$이다. 즉 $\text{Card}\, A = \text{Card}\, B$이다.

(ii) $^\forall A_0 \subseteq A,\ B \nsim A_0$인 경우

정의 5.2.1에 의하여 $\text{Card}\, A < \text{Card}\, B$.

따라서 $\exists\, B_0 \subseteq B$ s.t $A \sim B_0 \Rightarrow \text{Card}\, A = \text{Card}\, B$ 또는 $\text{Card}\, A < \text{Card}\, B$ 따라서 $\text{Card}\, A \le \text{Card}\, B$이다.

(2) ⇔ (3)

독자에게 남긴다. ■

이제는 $\text{Card}\, A \le \text{Card}\, B$를 보일 때 정의를 이용해서 증명할 수도 있지만 따름정리 5.2.5를 이용하여 좀 더 편하게 증명할 수도 있다.

예제 3 집합 A, B에 대하여 $A \subseteq B$이면 $\text{Card}\, A \le \text{Card}\, B$이다.

풀이 $f : A \to B$에 대하여 $f(x) = x$로 정의된 함수라면 f는 단사이므로 따름정리 5.2.5에 의하여 $\text{Card}\, A \le \text{Card}\, B$이다. ■

따름정리 5.2.6

집합 A, B, C에 대하여 $\text{Card}\, A \le \text{Card}\, B$이고 $\text{Card}\, B \le \text{Card}\, C$이면 $\text{Card}\, A \le \text{Card}\, C$이다.

증명의 스케치

따름정리 5.2.5를 이용하면 쉽게 증명할 수 있다.

증명 가정에서 $\text{Card}\, A \le \text{Card}\, B$이고 $\text{Card}\, B \le \text{Card}\, C$이므로 따름정리 5.2.5 (3)에 의하여

$$\exists f : A \to B \text{ 단사},\ g : B \to C \text{ 단사}$$

이다. 따라서 $g \circ f : A \to C$는 단사함수이다. 따름정리 5.2.5에 의하여 $\text{Card}\, A \le \text{Card}\, C$이다. ■

따름정리 5.2.7

집합 A, B, C에 대하여 $\text{Card}\, A < \text{Card}\, B$이고 $\text{Card}\, B < \text{Card}\, C$이면 $\text{Card}\, A < \text{Card}\, C$이다.

증명의 스케치

따름정리 5.2.6에 의하여 $\text{Card}\, A \le \text{Card}\, C$이므로 $\text{Card}\, A \ne \text{Card}\, C$임을 보이면 된다.

귀류법을 사용하여 증명해보자. 즉 $\text{Card}\, A = \text{Card}\, B$라고 가정해서 모순을 찾아내면 된다.

증명 따름정리 5.2.6에 의하여 $\text{Card}\,A \le \text{Card}\,C$이므로 $\text{Card}\,A \ne \text{Card}\,C$임을 보이자. 만일 $\text{Card}\,A = \text{Card}\,C$라고 가정하자.
기수의 공리 C-4에 의하여 $A \sim C$이다. 즉 $\exists g : C \to A$, 전단사.
그런데 가정에서 $\text{Card}\,B < \text{Card}\,C$이므로 따름정리 5.2.5에 의하여 $f : B \to C$ 단사함수가 존재한다. 그러면 $g \circ f : B \to A$는 단사함수가 되므로 따름정리 5.2.5에 의하여 $\text{Card}\,B \le \text{Card}\,A$가 되어 가정에 모순이다. ■

집합 X에 대해서 X의 멱집합 $\mathscr{P}(X)$와의 기수에 대하여 칸토어는 $\text{Card}\,X < \text{Card}\,\mathscr{P}(X)$임을 보임으로써 새로운 기수를 구성할 수 있는 방향을 제시하였다.

정리 5.2.8 칸토어의 정리

임의의 집합 X에 대하여

$$\text{Card}\,X < \text{Card}\,\mathscr{P}(X)$$

가 성립한다.

증명의 스케치

$X = \phi$인 경우와 $X \ne \phi$인 경우로 나누어 증명해보자. $X \ne \phi$인 경우에는 따름정리 5.2.5를 이용하기 위하여 $g : X \to \mathscr{P}(X)$ 단사함수를 정의하고, 단사함수가 정의되면 $\text{Card}\,X \le \text{Card}\,\mathscr{P}(X)$가 된다. 그러므로 $\text{Card}\,X < \text{Card}\,\mathscr{P}(X)$를 증명하기 위하여 X와 $\mathscr{P}(X)$가 대등하지 않음을 보이면 된다. 귀류법을 사용하여 증명해보자. 즉 전단사함수 $f : X \to \mathscr{P}(X)$가 존재한다고 가정하여 모순을 이끌어내면 된다.

증명 **Case 1** $X = \phi$인 경우
$X = \phi$이면 기수의 공리 C-2에 의하여 $\text{Card}\,\phi = 0$이지만
$\text{Card}\,\mathscr{P}(\phi) = 1$이므로 $\text{Card}\,X < \text{Card}\,\mathscr{P}(X)$가 된다.

Case 2 $X \neq \phi$인 경우

모든 $x \in X$에 대하여 $g(x) = \{x\} \, (\in \mathscr{P}(X))$로 정의된 함수 $g : X \to \mathscr{P}(X)$는 단사함수이다. 따라서 따름정리 5.2.5에 의하여 $\mathrm{Card}\, X \leq \mathrm{Card}\mathscr{P}(X)$이다. 그러므로 $\mathrm{Card}\, X \neq \mathrm{Card}\mathscr{P}(X)$임을 보이면 된다. 즉 $X \nsim \mathscr{P}(X)$이다.

귀류법을 사용하여 $X \sim P(X)$라고 가정하자. 즉 $\exists f : X \to \mathscr{P}(X)$ 전단사함수. 집합 $S = \{x \in X \mid x \notin f(x)\} \subseteq X$이므로 $S \in \mathscr{P}(X)$이고 가정에서 f는 전단사이므로 $\exists e \in X$ s.t. $f(e) = S$이다. 여기서 $e \in S$, $e \notin S$인 경우를 살펴보자.

(i) $e \in S$일 때

집합 S의 정의에 의하여 $e \notin f(e)$. $f(e) = S$이고 $e \in S$이므로 $e \in f(e)$, 이것은 $e \notin f(e)$에 모순이다.

(ii) $e \notin S$일 때

$f(e) = S$이고 $e \notin f(e)$이므로 집합 S의 정의에 의하여 $e \in S$이므로 $e \in f(e)$이다. 이것은 $e \notin f(e)$에 모순이 생긴다.

따라서 $X \nsim \mathscr{P}(X)$이다. 즉 $\mathrm{Card}\, X \neq \mathrm{Card}\mathscr{P}(X)$이다. 다시 말하면 $\mathrm{Card}\, X < \mathrm{Card}\mathscr{P}(X)$가 성립한다. ■

정리 5.2.8 칸토어의 정리를 통해 자연수 $\mathbb{N}$에 대하여 생각해본다면

$$\mathrm{Card}\,\mathbb{N} < \mathrm{Card}\mathscr{P}(\mathbb{N}) < \mathrm{Card}\mathscr{P}(\mathscr{P}(\mathbb{N})) < \cdots$$

새로운 초한기수를 만들 수 있을 텐데, 그러면 $\mathrm{Card}\,\mathbb{N} < \boxed{?} < \mathrm{Card}\mathscr{P}(\mathbb{N})$를 만족하는 초한기수 $\boxed{?}$는 존재할 것인가에 대한 의문이 생길 것이다.

이게 유명한 연속체 문제인데 이 의문에 대해서는 뒷부분 연속체가설, 일반연속체가설에서 설명하기로 한다.

연습문제 5.2

1. 임의의 유한기수 n에 대하여 $n < \text{Card}\,\mathbb{N}$임을 보여라.

2. $\text{Card}\,\mathbb{N}$은 초한기수 중에서 가장 작은 기수임을 보여라.

3. 기수로서 가장 큰 기수는 존재하지 않음을 보여라.

4. 집합 X, Y, Z에 대하여 $X \subseteq Y$, $Y \subseteq Z$ 그리고 $X \sim Z$이면 $X \sim Y$임을 보여라.

5. 집합 X, Y에 대하여 $X \sim Y$이면 $\text{Card}\,\mathscr{P}(X) = \text{Card}\,\mathscr{P}(Y)$임을 보여라.

6. 집합 X가 가부번이면 X의 멱집합 $\mathscr{P}(X)$는 비가부번집합임을 보여라.

5.3 기수의 연산

두 유한기수 3, 4일 때 $3+4$, 3×4의 의미를 초한기수로 확장하여 알아보기로 하자.

유한기수 m, n에 대하여, 즉 기수의 공리 C-1에 의하여

$$\exists X,\ Y: \text{유한집합 s.t. } \operatorname{Card}X=m,\ \operatorname{Card}Y=n$$

이다. 여기서 유한집합 X, Y가 $X\cap Y=\phi$일 때 유한기수의 덧셈과 곱셈은

$$\operatorname{Card}(X\cup Y)=\operatorname{Card}X+\operatorname{Card}Y=m+n$$
$$\operatorname{Card}(X\times Y)=\operatorname{Card}X\cdot\operatorname{Card}Y=mn$$

임을 알고 있다. 이것을 일반성을 잃지 않으면서 초한기수로 확장하여 정의해보자.

앞으로 초한기수 중 $\mathbb{N}$과 대등인 집합의 기수를 $\aleph_0$로 표기하고 "알레프 널(Aleph null)" 또는 "알레프제로(Alephzero)"로 읽는다. 또한 모든 실수의 집합 $\mathbb{R}$의 기수를 c로 쓰고 "체"로 읽는다. 즉 $\aleph_0=\operatorname{Card}\mathbb{N}$, $c=\operatorname{Card}\mathbb{R}$.

정의 5.3.1

서로소인 두 집합 X, Y에 대한 기수가 x, y이라고 할 때

$$\operatorname{Card}(X\cup Y)=x+y(=\operatorname{Card}X+\operatorname{Card}Y)$$

으로 정의하고 $\operatorname{Card}(X\cup Y)$를 x, y의 **기수의 합**(cardinal sum)이라 한다. 두 집합 X, Y가 서로소라는 조건이 없어도 $X'=X\times\{0\}$, $Y'=Y\times\{1\}$라 놓으면 $X'\sim X$, $Y'\sim Y$이고 $X'\cap Y'=\phi$이 되어 기수의 공리 C-4에 의하여 $x=\operatorname{Card}X'=\operatorname{Card}X$, $y=\operatorname{Card}Y'=\operatorname{Card}Y$이고 서로소인 X', Y'를 택할 수 있으므로 정의 5.3.1을 적용하면 $x+y=\operatorname{Card}(X\cup Y)$이고 기수의 덧셈은 잘 정의된다.

예제 1 유한기수 2, 3의 합 $2+3$을 정의 5.3.1를 사용하여 구하여라.

풀이 유한기수 2, 3이라면 기수의 공리 C-1 에 의하여 $\text{Card}\, X = 2$, $\text{Card}\, Y = 3$이 되는 집합 X, Y가 존재한다. 여기서 $X = \{1, 2\}$, $Y = \{3, 4, 5\}$라 놓으면 $X \cap Y = \phi$이므로 정의 5.3.1을 적용하면

$$\begin{aligned} 2+3 &= \text{Card}\, X + \text{Card}\, Y = \text{Card}\,(X \cup Y) \\ &= \text{Card}\,(\{1, 2\} \cup \{3, 4, 5\}) \\ &= \text{Card}\,(\{1, 2, 3, 4, 5\}) \\ &= 5. \end{aligned}$$

■

기수의 합에 관하여 몇 가지 성질들을 알아보자.

정리 5.3.2

기수의 합은 교환법칙과 결합법칙이 성립한다. 즉 임의의 기수 x, y, z에 대하여 다음이 성립한다.

(1) $x+y = y+z$

(2) $(x+y)+z = x+(y+z)$

증명 (1) 기수 x, y에 대하여 $\text{Card}\, X = x$, $\text{Card}\, Y = y$인 서로소인 X, Y가 존재한다.

그러면 정의 5.3.1에 의하여

$$x+y = \text{Card}\, X + \text{Card}\, Y = \text{Card}\,(X \cup Y)$$

이고, $X \cup Y = Y \cup X$이므로

$$\text{Card}\,(X \cup Y) = \text{Card}\,(Y \cup X) = \text{Card}\, Y + \text{Card}\, X = y + x$$

이다. 따라서 $x+y = y+x$이다.

(2) 기수 x, y, z에 대하여 $\text{Card}\, X = x$, $\text{Card}\, Y = y$, $\text{Card}\, Z = z$인

쌍마다 서로소인 집합 X, Y, Z가 존재한다.
그러면 정의 5.3.1에 의하여

$$\begin{aligned}(x+y)+z &= (\mathrm{Card}\,X+\mathrm{Card}\,Y)+\mathrm{Card}\,Z \\ &= \mathrm{Card}\,(X\cup Y)+\mathrm{Card}\,Z && (X\cap Y=\phi) \\ &= \mathrm{Card}\,((X\cup Y)\cup Z) && ((X\cup Y)\cap Z=\phi) \\ &= \mathrm{Card}\,(X\cup(Y\cup Z)) \\ &= \mathrm{Card}\,X+\mathrm{Card}\,(Y\cup Z) && (X\cap(Y\cup Z)=\phi) \\ &= \mathrm{Card}\,X+(\mathrm{Card}\,Y+\mathrm{Card}\,Z) && (Y\cap Z=\phi) \\ &= x+(y+z).\end{aligned}$$

따라서 $(x+y)+z=x+(y+z)$이다. ■

정리 5.3.3

임의의 기수 x의 덧셈에 대한 항등원은 0이다. 즉 $x+0=0+x=x$이다.

증명의 스케치

기수의 공리 C-1, C-2과 기수의 합 정의(정의 5.3.1)을 이용하면 쉽게 보일 수 있다.

증명 기수의 공리 C-1에 의하여 임의의 기수 x에 대하여 $\mathrm{Card}\,A=x$인 집합 A가 존재한다. 기수의 공리 C-2에 의하여 ϕ일 때 $\mathrm{Card}\,\phi=0$이다. 그런데 A와 ϕ는 서로소이므로 정의 5.3.1에 의하여 $\mathrm{Card}\,(A\cup\phi)=\mathrm{Card}\,A+\mathrm{Card}\,\phi$이다. 또한 $A\cup\phi=A$이므로 $\mathrm{Card}\,A=\mathrm{Card}\,A+\mathrm{Card}\,\phi$이다.
즉 $x=x+0=0+x$이다. ■

예제 2 유한기수 n과 초한기수 $\aleph_0$에 대한 합 $n+\aleph_0=\aleph_0$을 구하여라.

풀이 $n=0$일 때는 정리 5.3.3에 의하여 $n+\aleph_0=\aleph_0$가 성립한다. 유한 기수 $n\in\mathbb{N}$일 때를 생각해보자. 기수의 공리 C-1과 C-3에 의하여 $\mathrm{Card}\,A=n$인 $A=\{x\in\mathbb{N}\mid 1\le x\le n\}=\{1,\ 2,\ 3,\ \cdots,\ n\}$ 집합이 존재한다.

또한 $B=\{n+1,\ n+2,\ \cdots\}=\mathbb{N}-A$라고 하면 모든 $x\in\mathbb{N}$에 대하여 $f(x)=x+n$로 정의된 함수 $f:\mathbb{N}\to B$는 전단사함수이므로 $\mathbb{N}\sim B$이다.

기수의 공리 C-4에 의하여 $\mathrm{Card}\,B=\aleph_0$이다.

또한 $A\cap B=\phi$이고 $A\cup B=\mathbb{N}$이므로 정의 5.3.1에 의하여 Card $\mathbb{N}=\mathrm{Card}\,(A\cup B)=\mathrm{Card}\,A+\mathrm{Card}\,B$이므로 $\aleph_0=n+\aleph_0$이다.

■

정리 5.3.4

초한기수 $\aleph_0$과 c에 대하여 다음이 성립한다.

(1) $\aleph_0+\aleph_0=\aleph_0$

(2) $c+c=c$

증명 (1) 짝수인 자연수의 집합 $\mathbb{N}_0$와 홀수인 자연수의 집합 $\mathbb{N}_1$는 각각 $\mathbb{N}$의 가부번집합이고 $\mathbb{N}_0\cap\mathbb{N}_1=\phi$이고 $\mathbb{N}_0\cup\mathbb{N}_1=\mathbb{N}$이므로 정의 5.3.1에 의하여

$$\begin{aligned}\aleph_0+\aleph_0&=\mathrm{Card}\,\mathbb{N}_0+\mathrm{Card}\,\mathbb{N}_1=\mathrm{Card}\,(\mathbb{N}_0\cup\mathbb{N}_1)\\&=\mathrm{Card}\,\mathbb{N}=\aleph_0\end{aligned}$$

이므로 $\aleph_0+\aleph_0=\mathbb{N}_0$이다.

(2) $A=(0,\ 1)$, $B=(1,\ 2)$라 놓자.

그러면 4.2절 예제 2에 의하여 $(0,\ 1)\sim\mathbb{R}$, $(1,\ 2)\sim\mathbb{R}$이다. 또한 $A\cap B=\phi$이고 $\mathrm{Card}\,(0,\ 1)=\mathbb{R}$, $\mathrm{Card}\,(1,\ 2)=\mathbb{R}$이다. 그런

데 $(0,\ 1) \subseteq A \cup B \subseteq \mathbb{R}$이고 $(0,\ 1) \sim \mathbb{R}$이므로 $A \cup B \sim (0,\ 1)$이 된다. 즉 $A \cup B \sim (0,\ 1) \sim \mathbb{R}$이므로 $A \cup B \sim \mathbb{R}$이 되어 $\text{Card}(A \cup B) = c$이다.

따라서 $\text{Card}(A \cup B) = \text{Card}A + \text{Card}B$이므로 $c = c + c$이다.

■

예제 3 두 초한기수 $\aleph_0$과 c에 대하여 $\aleph_0 + c$를 구하여라.

풀이 4.2절 예제 2에 의하여 $(0,\ 1) \sim \mathbb{R}$이므로 $\text{Card}(0,\ 1) = \text{Card}\,\mathbb{R} = c$, 즉 $\text{Card}(0,\ 1) = c$이다. $A = \mathbb{N} \cup (0,\ 1)$라 놓으면 $\mathbb{N} \cap (0,\ 1) = \phi$이므로

$$\text{Card}\,A = \text{Card}(\mathbb{N} \cup (0,\ 1)) = \text{Card}\,\mathbb{N} + \text{Card}(0,\ 1) = \aleph_0 + c$$

이다. 또한 $(0,\ 1) \subseteq A$에 대하여 $\mathbb{R} \sim (0,\ 1)$, $A \subseteq \mathbb{R}$에 대하여 $A \sim A$이므로 정리 5.2.2에 의하여 $A \sim \mathbb{R}$이다.

따라서 $\aleph_0 + c = c$이다. ■

지금부터는 기수의 곱에 관하여 알아보기로 하자. 정의할 때 유한기수에서 사용해온 곱의 형태에서 일반성을 잃지 않으면서 초한기수로 확장하여 정의해보자.

정의 5.3.5

기수가 각각 x, y인 두 집합을 X, Y라 할 때

$$\text{Card}(X \times Y) = xy (= \text{Card}\,X \cdot \text{Card}\,Y)$$

으로 정의하고 $\text{Card}(X \times Y)$를 x, y의 **기수의 곱**(cardinal product)이라 한다.

정의 5.3.5에서 X, Y와 각각 다른 집합 X', Y'이 존재하여 $X \sim X'$, $Y \sim Y'$이고, 정리 4.2.4에 의하여 $X \times Y \sim X' \times Y'$이므로 기수의 공리 C-4에 의하여

$$\text{Card}(X \times Y) = \text{Card}(X' \times Y')$$

이다. 따라서 정의 5.3.5는 일반성을 잃지 않으면서 잘 정의되었다.

기수의 곱에 관하여 몇 가지 성질들을 알아보자.

정리 5.3.6

기수의 곱은 교환법칙, 결합법칙, 분배법칙이 성립한다. 즉 임의의 기수 x, y, z에 대하여 다음이 성립한다.

(1) $xy = yx$

(2) $(xy)z = x(yz)$

(3) $x(y+z) = xy + xz$

증명의 스케치

정의 5.3.1(기수의 합), 정의 5.3.5(기수의 곱), 기수의 공리 C-1을 이용하여 증명할 수 있다.

증명 (1), (2)는 독자에게 남긴다.

(3) 기수의 공리 C-1에 의하면 기수 x, y, z에 대하여 $\text{Card}\,X = x$, $\text{Card}\,Y = y$, $\text{Card}\,Z = z$, $Y \cap Z = \phi$인 집합 X, Y, Z가 존재한다. 그러면 정의 5.3.1에 의하여 $\text{Card}(Y \cup Z) = \text{Card}\,Y + \text{Card}\,Z = y + z$이다. 또 $(X \times Y) \cap (X \times Z) = X \times (Y \cap Z) = X \times \phi = \phi$이므로 기수의 합 정의에 따라 $\text{Card}((X \times Y) \cup (X \times Z)) = \text{Card}(X \times Y) + \text{Card}(X \times Z)$이 된다. 따라서

$$\begin{aligned} x(y+z) &= \text{Card}\,X \cdot \text{Card}(Y \cup Z) \\ &= \text{Card}\,X \times (Y \cup Z) \\ &= \text{Card}((X \times Y) \cup (X \times Z)) \\ &= \text{Card}(X \times Y) + \text{Card}(X \times Z) \end{aligned}$$

$$= \text{Card}\, X \cdot \text{Card}\, Y + \text{Card}\, X \cdot \text{Card}\, Z$$
$$= xy + xz.$$

즉 $x(y+z) = xy + xz$이 성립한다. ■

예제 4 임의의 기수 x에 대하여 다음을 계산하여라.

(1) $1x$

(2) $0x$

풀이 (1) 기수의 공리 C-1에 의하여 기수 x에 대하여 $\text{Card}\, X = x$인 X가 존재한다. 또 $X \sim \{1\} \times X$이므로 기수의 공리 C-4와 정의 5.3.5에 의하여 $\text{Card}(\{1\} \times X) = \text{Card}\, X$이므로
$\text{Card}(\{1\} \times X) = \text{Card}\{1\} \cdot \text{Card}\, X = 1x = x$이다. 즉
$1x = x$이다.

(2) $\phi \times X = \phi$이고 기수의 공리 C-2에 의하여 $\text{Card}\, \phi = 0$이므로
$\text{Card}(\phi \times X) = \text{Card}\, \phi \cdot \text{Card}\, X = 0x$ 또
$\text{Card}(\phi \times X) = \text{Card}\, \phi = 0.$
따라서 $0x = 0$이다. ■

정리 5.3.7

초한기수 $\aleph_0$와 c에 대하여 다음이 성립한다.

(1) $\aleph_0 \aleph_0 = \aleph_0$

(2) $cc = c$

증명의 스케치

(2) 따름정리 5.2.5 (1), (3)을 이용하여 $cc \le c$, $cc \ge c$인 경우를 보이면 된다.

증명 (1) 정리 4.3.1에 의하여 $\mathbb{N} \times \mathbb{N}$은 가부번집합이므로, 즉 $\mathbb{N} \times \mathbb{N} \sim \mathbb{N}$

이다. 기수의 공리 C-4와 정의 5.3.5를 사용하면 $\mathrm{Card}(\mathbb{N}\times\mathbb{N}) = \mathrm{Card}\,\mathbb{N}$이다. 따라서 $\aleph_0\aleph_0 = \aleph_0$이다.

(2) 4.2절 예제 2에 의하여 $\mathbb{R}\sim(0,\ 1)$이다. 그러므로 $\mathrm{Card}\,\mathbb{R} = c = \mathrm{Card}(0,\ 1)$이다.

$cc \le c$와 $cc \ge c$인 경우를 나누어 증명하자.

(i) $cc \le c$인 경우

따름정리 5.2.5 (1), (3)에 의하여 $f:(0,\ 1)\times(0,\ 1)\to(0,\ 1)$의 단사함수가 존재함을 보이면 된다.

그러기 위해서 모든 $x\in(0,\ 1)$을 무한소수로 나타내기로 하자.

예를 들면, $\dfrac{1}{5}$은 0.2 대신에 $0.19999\cdots$로 나타낸다.

모든 $(0.x_1x_2\cdots,\ 0.x_1{}'x_2{}'\cdots)\in(0,\ 1)\times(0,\ 1)$에 대하여 $f((0.x_1x_2\cdots,\ 0.x_1{}'x_2{}'\cdots)) = 0.x_1x_1{}'x_2x_2{}'x_3x_3{}'\cdots$로 정의하면 f는 단사함수이다.

따라서 따름정리 5.2.5에 의하여 $cc\le c$이다.

(ii) $cc \ge c$

모든 $x\in\mathbb{R}$에 대하여 $f(x) = (x,\ 0)$으로 정의된 함수 $f:\mathbb{R}\to\ \mathbb{R}\times\mathbb{R}$은 단사함수이므로 $cc\ge c$이 된다.

(i), (ii) 그리고 따름정리 5.2.4에 의하여 $cc = c$가 성립한다. ■

정리 5.3.8

기수 $x,\ y,\ z$에 대하여 $x\le y$이면 $xz\le yz$가 성립한다.

증명의 스케치

기수의 공리 C-1과 따름정리 5.2.5를 이용하여 $g:A\times C\to B\times C$ 단사함수가 존재함을 보이면 된다.

증명 기수의 공리 C-1에 의하면 기수 x, y, z에 대하여 $\mathrm{Card}\,A = x$, $\mathrm{Card}\,B = y$, $\mathrm{Card}\,C = z$인 집합 A, B, C가 존재한다.
가정에서 $\mathrm{Card}\,A \le \mathrm{Card}\,B$이므로 따름정리 5.2.5를 적용하면
$f : A \to B$ 단사함수가 존재한다.
함수 $g : A \times C \to B \times C$를 $g(a,\ c) = (f(a),\ c)$로 정의하면

$$\begin{aligned} g((a_1,\ c_1)) = g((a_2,\ c_2)) \\ &\Rightarrow (f(a_1),\ c_1) = (f(a_2),\ c_2) \\ &\Rightarrow f(a_1) = f(a_2),\ c_1 = c_2 \end{aligned}$$

f가 단사이므로 $a_1 = a_2$이다.
그러므로 $(a_1,\ c_1) = (a_2,\ c_2)$이다. 즉 g는 단사함수이다.
따라서 $\mathrm{Card}\,(A \times C) \le \mathrm{Card}\,(B \times C)$이다.
즉 $xz \le yz$가 성립한다. ■

예제 5 임의의 유한기수 $n(\neq 0)$에 대하여 $n\aleph_0 = \aleph_0$임을 보여라.

풀이 **수학적 귀납법**

(i) $n = 1$일 때 예제 4 (1)에 의하여 $1\aleph_0 = \aleph_0$ 성립한다.

(ii) $n = k$일 때 성립한다고 가정하자.
즉 $k\aleph_0 = \aleph_0$이다.
$(k+1)\aleph_0 = k\aleph_0 + 1\aleph_0 = \aleph_0 + \aleph_0 = \aleph_0$.
따라서 $n = k+1$일 때도 성립한다.

(i), (ii)에 의하여 모든 $n \in \mathbb{N}$에 대하여 $n\aleph_0 = \aleph_0$가 성립한다. ■

기수의 거듭제곱에 대하여 알아보자. 유한기수에서 $3^4 = 3 \cdot 3 \cdot 3 \cdot 3$, 유한기수 n에 대하여 $n^m = n \cdot n \cdot \ \cdots \ \cdot n$($m$개의 인수의 곱)인 경우를 알고 있는데, 여기서 n^m의 거듭제곱을 $A = \{a_1,\ a_2,\ \cdots,\ a_m\}$, $B = \{b_1,\ b_2,\ \cdots,\ b_n\}$인 집합에서 A에서 B로의 함수의 개수는 n^m로 생각할 수도 있을 것이다.

유한기수에서의 이 개념을 초한기수의 거듭제곱의 경우로 넓혀보자.

정의 5.3.9

기수 $x(\neq 0)$, y에 대하여 $\mathrm{Card}\,X = x$, $\mathrm{Card}\,Y = y$일 때

$$y^x = \mathrm{Card}\,Y^X = \mathrm{Card}\,(\{f \mid f : X \to Y,\ \text{함수}\})$$

로 정의하고 $\mathrm{Card}\,Y^X$를 y의 x **거듭제곱**이라 한다.

정의 5.3.9에서 기수가 각각 x, y인 집합 X, Y와 대등인 X', Y'를 택하여 기수의 거듭제곱을 정의하여도 된다.

정리 5.3.10

집합 A, B, X, Y에 대하여 $A \sim X$이고 $B \sim Y$이면 $B^A \sim Y^X$이다.

증명의 스케치

$B^A \sim Y^X$임을 보이기 위해 $\phi : B^A \to Y^X$라는 전단사함수의 존재성을 보이면 된다.

증명 먼저 $A \sim X$이고 $B \sim Y$라 가정하면 정의 4.2.1에 의하여 $g : A \to X$, $h : B \to Y$ 전단사함수가 존재한다.

모든 $f \in B^A = \{f \mid f : A \to B\}$에 대하여 $\phi : B^A \to Y^X$를 $\phi(f) = h \circ f \circ g^{-1}$로 정의된 함수라 하자.

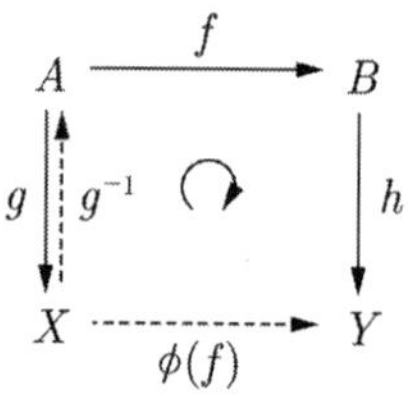

(i) 먼저 ϕ가 단사임을 보이자.

$\phi(f_1) = \phi(f_2)$라고 하자. ϕ의 정의에 의하여

$$
\begin{aligned}
h \circ f_1 \circ g^{-1} &= h \circ f_2 \circ g^{-1} \\
&\Rightarrow h^{-1} \circ (h \circ f_1 \circ g^{-1}) = h^{-1} \circ (h \circ f_2 \circ g^{-1}) \\
&\Rightarrow (h^{-1} \circ h) \circ (f_1 \circ g^{-1}) = (h^{-1} \circ h) \circ (f_2 \circ g^{-1}) \\
&\Rightarrow I_B \circ (f_1 \circ g^{-1}) = I_B \circ (f_2 \circ g^{-1}) \\
&\Rightarrow f_1 \circ g^{-1} = f_2 \circ g^{-1} \\
&\Rightarrow (f_1 \circ g^{-1}) \circ g = (f_2 \circ g^{-1}) \circ g \\
&\Rightarrow f_1 \circ (g^{-1} \circ g) = f_2 \circ (g^{-1} \circ g) \\
&\Rightarrow f_1 \circ I_A = f_2 \circ I_A \\
&\Rightarrow f_1 = f_2.
\end{aligned}
$$

따라서 ϕ는 단사이다.

(ii) 임의의 $f \in Y^X$에 대하여

$$\phi(h^{-1} \circ f \circ g) = h \circ (h^{-1} \circ f \circ g) \circ g^{-1} = f$$

인 $(h^{-1} \circ f \circ g) \in B^A$에 존재함으로 ϕ는 전사함수이다.

(i), (ii)에 의하여 ϕ는 전단사함수이고 정의 4.2.1에 의하여 $B^A \sim Y^X$가 된다. ■

정리 5.3.11

집합 X에 대한 $\text{Card}\mathscr{P}(X) = 2^{\text{Card}X}$이다.

증명의 스케치

$Y = \{0, 1\}$이라 하고 임의의 함수 $f \in Y^X$에서 X의 각 부분집합 $D = \{x \mid f(x) = 1\}$에 대한 특성함수 $\chi_D : X \to Y$는 f와 같다.

따라서 $F : \mathscr{P}(X) \to Y^X$가 전단사함수의 존재성을 보이면 된다.

증명 $Y=\{0,\ 1\}$이라 하고 임의의 함수 $f\in Y^X$에 대하여 $D=\{x\mid f(x)=1\}(\subseteq X)$라 하면 $f=\chi_D$,

여기서
$$\begin{array}{rl} \chi_D : X & \to Y \\ \Downarrow & \\ x & \leadsto \chi_D(x) = \begin{cases} 1, & x\in D \\ 0, & x\notin D \end{cases} \end{array}$$
이다.

$F:\ \mathscr{P}(X)\to Y^X$를 정의하자.
$$\begin{array}{rl} \Downarrow & \\ D & \leadsto F(D)=f(=\chi_D) \end{array}$$

(i) 먼저 F가 단사임을 보이자.
임의의 $D,\ D'\in\mathscr{P}(X)$에 대하여 $D\neq D'$라 하자. 그러면 D'에는 속하고 D에는 속하지 않는 $x(\in X)$가 존재한다. x는 $\chi_{D'}(x)=1$이지만 $\chi_D(x)=0$이다. 따라서 $\chi_D\neq\chi_{D'}$이다. 그러므로 F는 단사이다.(물론 D에는 속하고 D'에는 속하지 않는 경우도 같은 방법으로 증명하면 된다.)

(ii) 임의의 $f\in Y^X$에 대하여 $x\in D$이면 $f(x)=1$, $x\notin D$이면 $f(x)=0$이므로 $\chi_D=f$이다. 따라서 Y^X의 모든 원소는 $\mathscr{P}(X)$의 모든 원소에 대해 F의 상이 되므로 F는 전사이다.

(i), (ii)에 의하여 F는 전단사함수이고 정의 4.2.1에 의하여 $\mathscr{P}(X)\sim Y^X$이다. 따라서 $\mathrm{Card}\mathscr{P}(X)=\mathrm{Card}\ Y^X=2^{\mathrm{Card}X}$이다. ■

예제 6 $A=\{1,\ 2,\ 3\}$일 때 $\mathrm{Card}\mathscr{P}(A)$, $2^{\mathrm{Card}A}$를 구하여 비교하자.

풀이 독자에게 남긴다. ■

기수의 거듭제곱에 관한 여러 성질들을 알아보자.

정리 5.3.12

임의의 기수 a에 대하여 다음이 성립한다.

(1) $a^0 = 1$ (2) $0^a = 0(a \neq 0)$ (3) $a^1 = a$ (4) $1^a = 1$

증명 (1) 기수의 공리 C-1과 C-2에 의하여 임의의 기수 a에 대하여 $\text{Card}\,A = a$인 집합 A가 존재하고 $\text{Card}\,\phi = 0$이다. 정의 5.3.9에 의하여 $A^{\phi} = \{f \mid f : \phi \to A\} = \{\phi\}$이다.

그러므로 $\text{Card}\,A^{\phi} = \text{Card}\,\{\phi\} = 1$이다.

즉 $a^0 = 1$이다.

(2) 같은 방법으로 기수 a에 대한 $\text{Card}\,A = a$인 집합 A가 존재하고 $a \neq 0$이므로 $A \neq \phi$이다. 그런데 $\phi^A = \{f \mid f : A \to \phi\} = \phi$

그러므로 $\text{Card}\,\phi^A = \text{Card}\,\phi = 0$이다. 즉 $a \neq 0$일 때 $0^a = 0$이다.

(3) $a = 0$일 때는 (2)에 의하여 성립한다.

$a \neq 0$일 경우 기수 a에 대한 $\text{Card}\,A = a$인 집합 A가 존재하고 $\text{Card}\,\{1\} = 1$이다. 이제 $\psi : A^{\{1\}} \to A$를 $\psi(f) = f(1)$로 정의하면 ψ는 전단사이다. 그러므로 $A^{\{1\}} \sim A$이 된다.

따라서 $\text{Card}\,A^{\{1\}} = \text{Card}\,A$이다. 즉 $a^1 = a$이다.

(4) $a = 0$인 경우는 ①에 의하여 성립한다.

$a \neq 0$인 경우 ϕ이 아닌 A가 존재하여 $\text{Card}\,A = a$. 그리고 $\text{Card}\,\{1\} = 1$. 그런데 $\{1\}^A = \{f \mid f : A \to \{1\}\}$의 원소는 하나뿐이다. 즉 A의 모든 원소가 1로 대응되는 상수함수이다. 즉 $\{1\}^A = \{A \times \{1\}\}$이다. 따라서 $\text{Card}\,\{1\}^A = \text{Card}\,\{A \times \{1\}\} = 1$이 된다. 따라서 $1^a = 1$이다. ■

정리 5.3.13

임의의 기수 x, y, z에 대하여 다음이 성립한다.

(1) $z^x z^y = z^{x+y}$ (2) $(z^y)^x = z^{yx}$ (3) $(xy)^z = x^z y^z$

증명의 스케치

(1) 임의의 기수 x, y, z에 대한 Card $X=x$, Card $Y=y$, Card $Z=z$, $X\cap Y=\phi$라고 하면 Card $(X\cup Y)=x+y$, $z^x z^y=z^{x+y}$를 보이기 위해 $Z^X\times Z^Y\sim Z^{X\cup Y}$임을 보이면 된다.

(2) 같은 방법으로 $Z^{Y\times X}\sim(Z^Y)^X$임을 보이면 된다.

(3) $(X\times Y)^Z\sim X^Z\times Y^Z$임을 보이면 된다.

증명은 〈증명의 스케치〉에서 언급된 대등, 즉 전단사함수를 어떻게 정의하느냐가 증명의 열쇠가 되겠다.

증명 (1) 주어진 기수 x, y, z에 대하여 Card $X=x$, Card $Y=y$, Card $Z=z$, $X\cap Y=\phi$인 X, Y, Z가 존재한다.

$\phi: Z^X\times Z^Y\to Z^{X\cup Y}$를 $\phi(f, g)=f\cup g$로 정의하면 ϕ는 잘 정의된 함수이다.(정리 3.3.5에 의하여 함수가 됨을 알 수 있다. 독자에게 남긴다.)

(i) 단사

임의의 (f_1, g_1), $(f_2, g_2)\in Z^X\times Z^Y$에 대하여

$$\begin{aligned}
&\phi(f_1, g_1)=\phi(f_2, g_2)\\
&\Rightarrow f_1\cup g_1=f_2\cup g_2\\
&\Rightarrow {}^\forall x\in X,\ f_1(x)=(f_1\cup g_1)(x)=(f_2\cup g_2)(x)=f_2(x)\\
&\quad\ {}^\forall y\in Y,\ g_1(y)=(f_1\cup g_1)(y)=(f_2\cup g_2)(y)=g_2(y)\\
&\Rightarrow f_1=f_2,\ g_1=g_2.
\end{aligned}$$

그러므로 $(f_1, g_1)=(f_2, g_2)$, 즉 ϕ는 단사이다.

(ii) 전사

임의의 $h\in Z^{X\cup Y}$에 대하여 $f=h|_X$, $g=h|_Y$ 제한사상으로

놓자. 그러면 $\phi(f, g) = f \bigcup g = h|_X \bigcup h|_Y = h|_{X \cup Y} = h$

즉 ϕ는 전사함수이다.

그러므로 (i), (ii)에 의하여 ϕ는 전단사함수이다. 즉 $\phi : Z^X \times Z^Y \sim Z^{X \cup Y}$가 된다. 따라서 $\mathrm{Card}\, Z^X \times Z^Y = \mathrm{Card}\, Z^{X \cup Y}$ 즉 $z^x z^y = z^{x+y}$가 성립한다.

(2) 기수 x, y, z에 대하여 $\mathrm{Card}\, X = x$, $\mathrm{Card}\, Y = y$, $\mathrm{Card}\, Z = z$인 X, Y, Z에 존재한다. $\phi : (Z^Y)^X \to Z^{Y \times X}$, $\phi(f) : Y \times X \to Z$를 $\phi(f)(b, a) = f(a)(b)$로 정의하면 $\phi(f)$는 $Y \times X$에서 Z로의 함수가 된다. 즉 $\phi(f) \in Z^{Y \times X}$이다. 또 ϕ도 잘 정의된 함수가 된다.(독자에게 남긴다.) 이제 ϕ가 전단사함수가 됨을 보이자.

(i) ϕ는 단사

왜냐하면 임의의 f, $g \in (Z^Y)^X$에 대하여

$$\begin{aligned}\phi(f) = \phi(g) &\Rightarrow \phi(f)(b, a) = \phi(g)(b, a),\ ^\forall (b, a) \in Y \times X \\ &\Rightarrow f(a)(b) = g(a)(b),\ ^\forall a \in X,\ ^\forall b \in Y \\ &\Rightarrow f(a) = g(a),\ ^\forall a \in X \\ &\Rightarrow f = g\end{aligned}$$

따라서 ϕ는 단사이다.

(ii) ϕ는 전사

왜냐하면 임의의 $h \in Z^{Y \times X}$에 대하여 $f : X \to Z^Y$, $f(a) : Y \to Z$, $f(a)(b) = h(b, a)$로 정의하면 f는 잘 정의된 함수이고 $f \in (Z^Y)^X$이다.(독자에게 남긴다.) 그런데 모든 $(b, a) \in Y \times X$에 대하여 $\phi(f)(b, a) = f(a)(b) = h(b, a)$이므로 $\phi(f) = h$가 된다. 따라서 ϕ는 전사이다.

(i), (ii)에 의하여 ϕ는 전단사함수이다. 즉 $\phi : (Z^Y)^X \sim Z^{Y \times X}$가 된다. 따라서 $\mathrm{Card}\, (Z^Y)^X = \mathrm{Card}\, Z^{Y \times X}$이다. 즉 $(z^y)^x = z^{yx}$

가 성립한다.

(3) 기수 x, y, z에 대하여 $\mathrm{Card}\,X = x$, $\mathrm{Card}\,Y = y$, $\mathrm{Card}\,Z = z$ 인 X, Y, Z에 존재한다. $\phi : (X \times Y)^Z \to X^Z \times Y^Z$를 $\phi(f) = (p_X \circ f,\ p_Y \circ f)$로 정의하면 ϕ는 잘 정의된 함수이다.(독자에게 남긴다.) (여기서 $p_X : X \times Y \to X$, $p_Y : X \times Y \to Y$인 사영함수이다.)

이제 ϕ가 전단사함수임을 보이자.

(i) 임의의 $f,\ g \in (X \times Y)^Z$에 대하여

$$\begin{aligned}\phi(f) = \phi(g) &\Rightarrow (p_X \circ f,\ p_Y \circ f) = (p_X \circ g,\ p_Y \circ g)\\ &\Rightarrow p_X \circ f = p_X \circ g,\ p_Y \circ f = p_Y \circ g\\ &\Rightarrow {}^\forall s \in Z,\ f(s) = (p_X \circ f(s),\ p_Y \circ f(s))\\ &\qquad\qquad\qquad = (p_X \circ g(s),\ p_Y \circ g(s))\\ &\qquad\qquad\qquad = g(s)\\ &\Rightarrow f = g.\end{aligned}$$

따라서 ϕ는 단사이다.

(ii) ${}^\forall(h_1,\ h_2) \in X^Z \times Y^Z$에 대하여 $h : Z \to X \times Y$, $h(s) = (h_1(s),\ h_2(s))$, $s \in Z$로 정의하면 $h \in (X \times Y)^Z$이고 $\phi(h) = (p_X \circ h,\ p_Y \circ h) = (h_1,\ h_2)$이므로 ϕ는 전사이다.

(i), (ii)에 의하여 ϕ는 전단사함수가 된다. 즉 $\phi : (X \times Y)^Z \sim X^Z \times Y^Z$이다.

따라서 $\mathrm{Card}\,(X \times Y)^Z = \mathrm{Card}\,(X^Z \times Y^Z)$, 즉 $(xy)^Z = x^Z y^Z$가 성립된다. ■

예제 7 $2^{\aleph_0} = c$임을 보여라.

풀이 이것을 두 단계, 즉 먼저 $c \le 2^{\aleph_0}$을, 그 다음 $2^{\aleph_0} \le c$를 보임으로써 증명한다. 함수 $f : \mathbb{R} \to \mathscr{P}(\mathbb{Q})$를

$$(^\forall a \in \mathbb{R}),\ f(a) = \{x \in \mathbb{Q} \mid x < a\}$$

로 정의하면 이 함수는 단사이다. 왜냐하면 지금 서로 다른 두 실수 a, b에 대하여 $a < b$라고 하면 적당한 유리수 r가 존재함으로서 $a < r < b$이다. 그러면 $r \in f(b)$이지만 $r \notin f(a)$, 즉

$$a \neq b \Rightarrow f(a) \neq f(b)$$

이다. 그러므로 f는 단사함수가 되어 따름정리 5.2.5에 의하여 Card $\mathbb{R} \leq \text{Card}(\mathscr{P}(\mathbb{Q}))$이다. 즉 $c \leq 2^{\aleph_0}$이다. $\cdots$ (i)

다음에는 $2^{\aleph_0} \leq c$를 증명하기 위하여 함수 $\phi : \{0,\ 1\}^{\mathbb{N}} \to \mathbb{R}$에 대하여

$$^\forall f \in \{0,\ 1\}^{\mathbb{N}},\ \phi(f) = 0.f(1)f(2)f(3)\cdots$$

로 정의된 함수이면 $\phi(f)$는 0과 1로 이루어진 소수이다. 지금 $\{0,\ 1\}^{\mathbb{N}}$의 원소 f, g에 대해 $f \neq g$이면 $\phi(f) \neq \phi(g)$이다. 왜냐하면 $\phi(f)$와 $\phi(g)$로 정의된 소수는 다르기 때문이다. 그러므로

$\phi : \{0,\ 1\}^{\mathbb{N}} \to \mathbb{R}$는 단사이다. 따라서 $2^{\aleph_0} \leq c$. $\cdots$ (ii)

(i), (ii)에 의하여 $c = 2^{\aleph_0}$이다. ■

예제 8 임의의 유한기수 $2 \leq n$에 대하여 $n^{\aleph_0} = c = \aleph_0^{\aleph_0}$임을 보여라.

풀이 $2 \leq n \leq \aleph_0 \leq 2^{\aleph_0}$이므로 $2^{\aleph_0} \leq n^{\aleph_0} \leq \aleph_0^{\aleph_0} \leq (2^{\aleph_0})^{\aleph_0}$이다.

그런데 $2^{\aleph_0} = c$이므로 $(2^{\aleph_0})^{\aleph_0} = 2^{\aleph_0 \aleph_0} = 2^{\aleph_0} = c$이다.

따라서 $2^{\aleph_0} = n^{\aleph_0} = \aleph_0^{\aleph_0} = c$이다. ■

예제 9 $\aleph_0 < c$임을 보여라.

풀이 정리 5.2.8에 의하여 $\text{Card}(\mathbb{N}) < \text{Card}(\mathscr{P}(\mathbb{N}))$이다.

즉 $\aleph_0 < \mathrm{Card}(\mathscr{P}(\mathbb{N}))$이다. 또 $\mathrm{Card}(\mathscr{P}(\mathbb{N})) = 2^{\mathrm{Card}\mathbb{N}}$이므로 $\mathrm{Card}(\mathscr{P}(\mathbb{N})) = 2^{\aleph_0} = c$이다. 즉 $\aleph_0 < c$가 된다. ■

예제 10 $c^c = 2^c$임을 보여라.

풀이 예제 7에 의하여 $2^{\aleph_0} = c$이므로 $c^c = 2^{\aleph_0 c} = 2^c$가 된다. ■

예제 11 기수의 지수법칙을 이용하여 $cc = c$임을 보여라.

풀이 정리 5.3.4, 정리 5.3.13, 예제 7을 이용하면 다음을 구할 수 있다.

$$cc = 2^{\aleph_0} 2^{\aleph_0} = 2^{\aleph_0 + \aleph_0} = 2^{\aleph_0} = c$$

따라서 $cc = c$ ■

연습문제 5.3

1. 유한기수 n에 대하여 $n + \aleph_0 = \aleph_0$과 $n + c = c$임을 보여라.

2. 정리 5.3.6의 (1), (2)를 증명하여라.

3. $\aleph_0 + \aleph_0 + \aleph_0 + \cdots + \aleph_0 + \cdots$를 구하여라.

4. 임의의 기수 x, y, z에 대하여 $x \le y$이면 다음이 성립함을 증명하여라.

(1) $x + z \le y + z$

(2) $xz \le yz$(정리 5.3.8 참고)

(3) 이 문제에서 부등호가 $<$이면 (1), (2)는 성립하지 않는다. 반례를 하나씩 만들어 보아라.

5. 임의의 기수 x, y에 대하여 다음을 보여라.

(1) $xy = 0$이면 $x = 0$ 또는 $y = 0$

(2) $xy = 1$이면 $x = 1$ 그리고 $y = 1$

6. 임의의 자연수 n에 대하여 $\mathrm{Card}(\mathbb{R}^n) = c$임을 보여라.

7. 정리 5.3.13 (1), (2), (3) 증명과정에서 나온 함수 ϕ들이 함수가 됨을 보여라. 예를 들면 (1) 증명에서 $\phi : Z^X \times Z^Y \to Z^{X \cup Y}$를 $\phi(f, g) = f \bigcup g$로 정의하였는데 ϕ가 잘 정의되었음을 보여라. (2), (3)을 보여라.

8. 임의의 기수 x에 대하여 $x < 2^x$임을 보여라.

9. 임의의 유한기수 $1 \leq n$에 대하여 $c^{\aleph_0} = c = c^n$임을 보여라.

10. 복소수의 집합의 기수는 c임을 보여라.

5.4 연속체가설 문제와 역사적 흐름

마지막으로 연속체가설과 그것의 일반화에 관하여 알아보자. 무한집합은 어느 것이나 가부번집합을 포함한다. 그러므로 $\aleph_0$는 초한기수 중 가장 작은 기수이다. 1880년경 칸토어에 의하여 소위 **연속체문제**(continuum problem)로 알려진 중요한 의문이 제기된 바 있었다. 다름 아니라 두 초한기수 $\aleph_0$, $2^{\aleph_0}(=c)$ 사이에 엄밀한 뜻에서 또 하나의 기수가 존재하겠는가에 대한 의문이었다. 이것을 집합으로 다시 말하면 다음과 같다.

집합 $\mathbb{R}$의 비가부번 무한부분집합으로서 그 기수가 $\mathbb{R}$의 기수보다 작은 것이 존재하겠는가?

칸토어를 위시하여 많은 수학자들이 이 문제를 풀려고 많은 노력을 기울였으나 모두 무위로 끝나고 말았다. 고전 수학의 어디서나 그 같은 집합이 전혀 발견되지 않았을 뿐만 아니라 발견할 수 있는 방법조차 있어 보이지 않았으므로, 칸토어와 그 밖의 다른 수학자들은 연속체문제에 대한 답은 부정적일 것이라고 예측하였다. 이 예측은 **연속체가설**(continuum hythesis)로 알려져 있다.

연속체가설

두 초한기수 $\aleph_0$, $c(=2^{\aleph_0})$에 대하여 $\aleph_0 < x < c$를 만족시키는 기수 x는 존재하지 않는다.

연속체문제와 밀접한 관련이 있는 의문을 흔히 **일반연속체문제**(generalized continuum problem)라고 한다. 즉 두 초한기수 a와 2^a 사이에 엄밀한 뜻에서 또 하나의 기수가 존재하겠는가에 대한 의문이다. 이러한 의문에 대한 답도 역시 찾을 수 없었다. 그 같은 기수가 존재하지 않을 것이라는 예측을 **일반연속체가설**(generalized continuum hypothesis)이라고 부른다.

일반연속체가설

임의의 초한기수 a에 대하여 $a < x < 2^a$를 만족시키는 기수 x는 존재하지 않는다.

일찍이 1900년 독일의 위대한 수학자 힐베르트(David Hilbert, 1862~1943)는 파리에서 개최된 국제수학자대회에서 23개의 중요한 미해결 문제의 목록을 제기하였다. 그 중 첫 번째 것이 연속체문제였지만 20세기의 탁월한 논리학자 괴델(Kurt Gödel, 1906~1978)이 1938년에 증명할 때까지 아무런 진전을 보지 못하였다.

괴델은 다음과 같은 관점에서 증명을 하였다. 즉 현행 집합론의 공리계에 일반연속체가설을 덧붙임으로써 유도된 임의의 모순은(일반연속체가설 없는) 처음 공리계만으로 유도된 모순으로 형식화할 수 있다. 다시 말하면 일반연속체가설은 집합론의 공리와 상대적으로 모순이 아니다.

마침내 1963년 스탠포드 대학교(Stanford University)의 젊은 수학자 코헨(Paul J. Cohen 1934~)에 의하여 뜻깊은 진전을 보기에 이르렀다. 그는 현행 집합론 공리계의 기초 위에서는 일반연속체가설의 증명이 불가능하다고 주장하였다. 그러므로 일반연속체가설의 위치는 마치 유클리드 기하학에서의 평행선공리(제5공준)와 유사하다. 따라서 일반연속체가설과 유클리드 기하학에서의 평행선공리를 받아들이건 또는 그들을 부정하건 수학의 이론상 하등의 모순이 야기되지 않는다.

06. 순서수

우리는 순서의 정확한 의미를 알지 못하고 일상생활에서 활용해 왔다.

집합에서 원소의 차례(서열)를 통한 순서 구조를 도입하기 위한 순서관계, 순서집합 등은 앞으로 수학적 사고를 만들어 가는데 매우 중요하다.

이 장에서는 이런 의미를 일반화하여 명확하게 순서수 개념을 정의하고 여러 성질들을 알아본다.

06

6.1 순서 개념

5장에서는 자연수가 집합의 크기(농도)를 나타내기 위해 사용되어지는 것에 대하여 알아왔다. 이 장에서는 또 다른 자연수의 사용에 대하여 알아보기로 하자. 예를 들어 "2열 세 번째 학생의 이름은 무엇인가?" 여기서 세 번째는 열에서의 위치(순서, 차례)를 나타내고 있는데 이것은 무엇을 의미하는가? 우리는 순서의 정확한 의미를 알지 못하고 일상생활에서 활용해 왔다.

집합에서 원소의 차례(서열)를 통한 순서 구조를 도입하기 위한 순서관계, 순서집합 등은 앞으로 수학적 사고를 만들어 가는데 매우 중요하다.

이 장에서는 이런 의미를 일반화하여 명확하게 순서수 개념을 정의하고 여러 성질들을 알아본다.

집합 X에서 멱집합 $\mathscr{P}(X)$ 포함관계 대한 관계적 측면에서 몇 가지 공통적인 성질들을 알아보자.

첫째로 모든 $A \in \mathscr{P}(X)$에서 A 자신은 A에 포함된다.
둘째로 A, $B \in \mathscr{P}(X)$에서 A가 B에 포함되고 B가 A에 포함되면 두 집합 A와 B는 같다.
셋째로 A, B, $C \in \mathscr{P}(X)$에서 A가 B에 포함되고 B가 C에 포함되면 A는 C에 포함된다. 위에서 보듯이 멱집합에 포함관계를 주면 세 가지 성질이 만족하는 것을 보았다. 이 공통적인 성질들을 일반화해 본다.

정의 6.1.1

집합 A 위의 관계 $\leq$에 대하여(즉 관계집합$(A, \leq)$)

(i) 반사율(reflerive law)

$$^{\forall}x \in A,\ x \leq x$$

(ii) 반대칭률(anti-symmetric law)

$$x \leq y,\ y \leq x \Rightarrow x = y$$

(iii) 추이율(transitive law)

$$x \leq y,\ y \leq z \Rightarrow x \leq z$$

을 만족할 때 $\leq$를 **반순서(관계)**(partial order(relation)) 또는 **부분순서(관계)**라고 한다. 이때 집합 A와 그 위의 반순서 $\leq$를 함께 **반순서집합**(partially ordered set)이라 하고 $(A,\ \leq)$로 표기한다.

예제 1 다음 집합이 반순서집합임을 보여라.

(1) $(\mathscr{P}(X),\ \subseteq)$($\subseteq$는 집합 X 위에 포함관계)

(2) $(\mathbb{Z},\ \leqq)$($\leqq$는 정수 $\mathbb{Z}$ 위에 대소관계)

풀이 독자에게 남긴다. ■

정의 6.1.2

반순서집합 $(A,\ \leq)$에서 A의 원소 $a,\ b$가 $a \leq b$ 또는 $b \leq a$일 때 a와 b는 **비교가능**(comparable)이라고 하고 그렇지 않으면 **비교불가능**(non-comparable)이라고 한다.

예제 2 예제 1 (1) $(\mathscr{P}(X),\ \subseteq)$은 반순서집합이지만 모든 원소가 비교가능한 것은 아니다.

정의 6.1.3

반순서집합 $(A,\ \leq)$에서 A 안의 모든 두 원소가 비교가능하면 $\leq$를 A 위의 **전순서(관계)**(total order(relation)) 또는 **선형순서관계**(linearly order relation)라 하고 $(A,\ \leq)$를 **전순서집합**(totally ordered set) 또는 **선형순서집합**(linearly order set)이라고 한다.

예제 3 실수 집합 $\mathbb{R}$ 위에서의 대소관계 '$\leq$'는 전순서임을 보여라.

풀이 (i) $^{\forall}a \in \mathbb{R}$, $a \leq a$, 즉 반사율을 만족한다.

(ii) $^{\forall}a, b \in \mathbb{R}$, $a \leq b$이고 $b \leq a \Rightarrow a = b$, 즉 반대칭률을 만족한다.

(iii) $^{\forall}a, b, c \in \mathbb{R}$, $a \leq b$, $b \leq c \Rightarrow a \leq c$, 즉 추이율을 만족한다.

따라서 $(\mathbb{R}, \leq)$ 반순서집합이다. 또한 $^{\forall}a, b \in \mathbb{R}$, $a \leq b$ 또는 $b \leq a$이므로, 즉 실수 안의 모든 원소에 대하여 비교가능하므로 $(\mathbb{R}, \leq)$ 전순서집합이다. ■

전순서는 정의에 따라 반순서이지만 반순서이더라도 전순서가 아닌 경우가 있다.

예제 4 평면 $\mathbb{R}^2 = \mathbb{R} \times \mathbb{R}$ 상에 다음과 같은 관계를 주면 반순서는 되지만 전순서는 안된다. 그 이유를 설명하여라.

$$(x_1, y_1) \leq '(x_2, y_2) \Leftrightarrow x_1 \leq x_2 \text{ 그리고 } y_1 \leq y_2$$

($\leq$는 실수에서 대소관계)

풀이 $\leq '$는 반순서관계가 된다.(증명은 독자에게 남긴다.)

즉 $(\mathbb{R}^2, \leq ')$ 반순서집합이지만 $\leq '$는 $\mathbb{R}^2$ 안의 모든 원소에 대하여 비교가능한 것은 아니다. 예를 들면 $(2, 3)$, $(3, 2)$에 대하여 $(2, 3) \leq '(3, 2)$, $(3, 2) \leq '(2, 3)$이 성립하지 않는다.

즉 $\leq '$는 전순서가 아니다. ■

반순서집합 $(A, \leq)$의 반순서부분집합 B에 대한 관계를 A 위의 반순서 $\leq$를 이어 받은 것으로 볼 때 $\leq (\subseteq A \times A)$과 $B \times B$의 교집합의 관계, 즉 $\leq \cap (B \times B)$를 $\leq_B$로 나타냄으로써 $(A, \leq)$의 반순서부분집합을 얻게 된다. 이 반순서부분집합 $(B, \leq_B)$로 표기한다.

정의 6.1.4

$(A, \le)$의 반순서부분집합 $(B, \le_B)$에서 $\le_B$가 B 위의 전순서(관계)이면 집합 $(B, \le_B)$를 **전순서부분집합**(totally ordered set) 또는 **사슬**(chain)이라고 한다.

예제 5 $A = \{a, b, c, d\}$의 반순서집합 $(\mathscr{P}(A), \subseteq)$의 반순서부분집합으로서 사슬인 것과 사슬이 안되는 예를 하나씩 만들어 보아라.

풀이 $B = \{\{a\}, \{a, b\}, \{a, b, c\}, \{a, b, c, d\}\} \subseteq \mathscr{P}(A)$에 대하여 $\subseteq_B$는 전순서이므로 $(B, \subseteq_B)$는 사슬이다.

$C = \{\{a\}, \{a, b\}, \{a, c\}, \{a, b, c\}\} \subseteq \mathscr{P}(A)$에 대하여 $\{a, b\}$와 $\{a, c\}$는 포함관계가 성립하지 않는다. 즉 비교불가능하므로 $\subseteq_C$는 전순서가 아니다.

하세도표라는 그림으로 표현하면 이해하기가 쉽다.

$\{a, b, c, d\}$
$\uparrow$
$\{a, b, c\}$
$\uparrow$
$\{a, b\}$
$\uparrow$
$\{a\}$
(사슬)

$\{a, b, c\}$
$\nearrow \qquad \nwarrow$
$\{a, b\}$ 비교불가능 $\{a, c\}$
$\nwarrow \qquad \nearrow$
$\{a\}$
(사슬이 아님)

(여기서 $A \to B$ 의미는 $A \subseteq B$이다)

정의 6.1.5

$(A, \le)$를 반순서집합이라 하자.

(1) A의 부분집합 B에 대하여 다음을 만족할 때 **상계**(upper bound)라 한다. 모든 $b \in B$에 대하여 적당한 $a \in A$가 존재하여 $b \le a$가 성립할 때 a를 B의 상계라고 한다.

(2) B의 상계 a_0가 B의 **최소상계**(least upper bound) 또는 **상한**(supremum)이라 함은 B의 모든 상계 a에 대하여 $a_0 \le a$일 때를 말한다. B의 최소상

계를 $\sup B$로 표기한다.

(3) $a \in A$에 대하여 a를 제외한 모든 $x \in A$에 대하여 $a \leq x$가 성립하지 않는 경우 그 a를 A의 **극대원소**(maximal element)라 한다. 즉 모든 $x \in A$에 대하여 $a \in A$가 존재함으로서 $a \leq x \Rightarrow a = x$이면 a를 A의 극대원소라 한다.

(4) A의 부분집합 B에 대하여 다음을 만족할 때 **하계**(lower bound)라 한다. 모든 $b \in B$에 대하여 적당한 $c \in B$가 존재하여 $b \geq c$가 성립할 때 c를 B의 하계라고 한다.

(5) B의 하계 c_0가 B의 **최대하계**(greatest lower bound) 또는 **하한**(infimun)이라 함은 B의 모든 하계 c에 대하여 $c \leq c_0$일 때를 말한다. B의 최대하계를 $\inf B$로 표기한다.

(6) $c \in A$에 대하여 c를 제외한 모든 $x \in A$에 대하여 $x \leq c$가 성립하지 않는 경우 그 c를 A의 **극소원소**(minimal element)라 한다. 즉 모든 $x \in A$에 대하여 $c \in A$가 존재함으로써 $x \leq c \Rightarrow c = x$이면 c를 A의 극소원소라 한다.

(7) $a \in A$가 임의의 $x \in A$에 대해서도 $x \leq a$일 경우 a를 A의 **최대원소**(greatest element)라 하고 A의 최대원소를 $\max A$로 표기한다.

(8) $b \in A$가 임의의 $x \in A$에 대해서도 $x \geq b$일 경우 b를 A의 **최소원소**(least element)라 하고 A의 최소원소를 $\min A$로 표기한다.

예제 6 집합 $A = \{a, b, c\}$에 대한 반순서집합 $(\mathscr{P}(A), \subseteq)$의 반순서부분집합이 $B = \{\{a, b\}, \{a, c\}\}$일 때 B의 상계, 하계, 최소상계, 최대하계 극대원소와 극소원소를 구하여라.

풀이 상계 : $\{a, b, c\}$, 하계 : $\{a\}$, 최소상계 : $\{a, b, c\}$,
최대하계 : $\{a\}$, 극대원소 : $\{a, b, c\}$, 극소원소 : ϕ. ■

$A\{a, b, c\}$와 모든 부분집합 사이의 포함관계를 화살표로 나타낸 하세도표를 그려보면 다음과 같다.

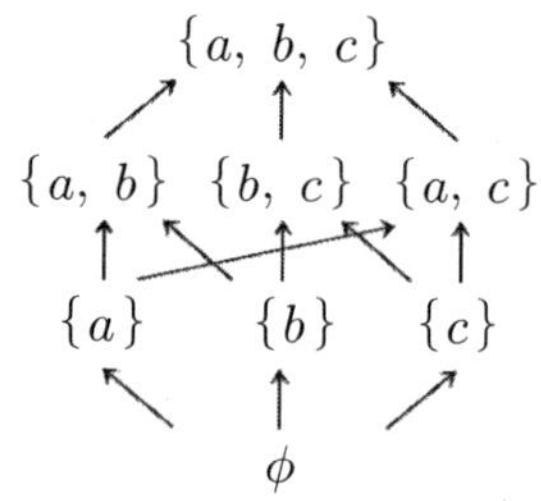

예제 7 집합 $A=\{a,\ b,\ c,\ d,\ e,\ f,\ g\}$에서 아래 그림과 같이 순서를 정할 때 $x,\ y\in A$에 대하여 다음과 같은 순서, 즉 $x \le y \Leftrightarrow x=y$ 또는 $x \rightarrow y$로 정의하자. $B=\{c,\ d,\ e\}$일 때 상계, 하계, 최소상계, 최대하계에 대해서 알아보자.

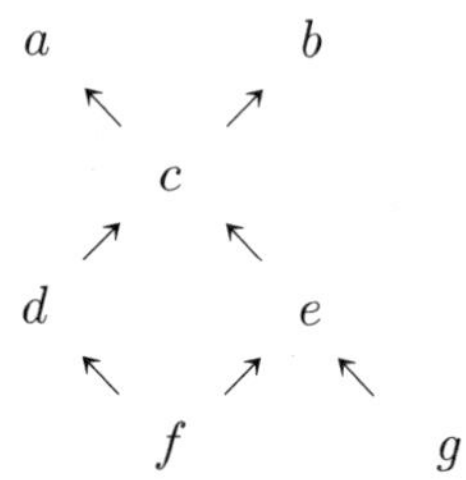

풀이 $\{a,\ b,\ c\}$는 B의 상계이며 f는 B의 하계이다. 원소 $g \not\le d$이므로 g는 B의 하계가 아니다. 또한 $c=\sup B$는 B에 속하지만 $f=\inf B$는 B에는 속하지 않는다.

예제 8 $A=\{a,\ b,\ c,\ d,\ e\}$에서 아래 그림과 같이 순서를 정할 때, 즉 $x,\ y\in A$에 대하여 $x \le y \Leftrightarrow x=y$ 또는 화살표 방향으로 x에서 y로 갈 수 있다고 반순서를 정의하자. (추이관계 포함) 이때 극소원소, 극대원소, 최대원소, 최소원소를 구하라.

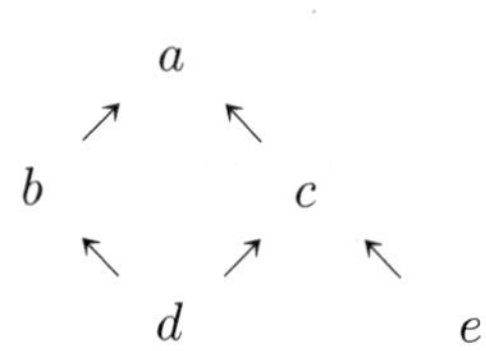

풀이 위와 같이 정의된 반순서집합 $(A, \leq)$에서 d, e는 극소원소이며 a는 극대원소이다. 한편 a는 A의 최대원소이고 A의 최소원소는 없다. ■

예제 9 $F=\{f \mid f : \mathbb{R} \to \mathbb{R}\}$에 대하여
$R=\{(f, g) \in F \times F \mid {}^{\forall}x \in \mathbb{R},\ f(x) \leq g(x)\}$라 할 때 (F, R)은 반순서집합임을 보여라.

풀이 (i) ${}^{\forall}f \in F$, 모든 $x \in \mathbb{R}$에 대해서 $f(x) \leq f(x)$이므로 $(f, f) \in R$
R은 반사적이다.

(ii) ${}^{\forall}f, g \in F$ 대하여, $(f, g), (g, f) \in R$

$\Rightarrow f(x) \leq g(x)$ 그리고 $g(x) \leq f(x)$, ${}^{\forall}x \in \mathbb{R}$

$\Rightarrow f(x) = g(x)$, ${}^{\forall}x \in \mathbb{R}$

$\Rightarrow f = g$

즉 R은 반대칭적이다.

(iii) ${}^{\forall}f, g, h \in F$에 대하여 $(f, g), (g, h) \in R$

$\Rightarrow f(x) \leq g(x)$ 그리고 $g(x) \leq h(x)$, ${}^{\forall}x \in \mathbb{R}$

$\Rightarrow f(x) = h(x)$, ${}^{\forall}x \in \mathbb{R}$

$\Rightarrow (f, h) \in R$

즉 R은 추이적이다.

(i), (ii), (iii)에 의하여 R은 반순서이다. (전순서는 아니다.)

연습문제 6.1

1. 전순서집합 $(\mathbb{R},\ \leqq)$의 부분집합 $B=\{x \mid x\in\mathbb{R},\ x>0,\ 2<x^2<3\}$가 주어졌을 때 B의 상계, 하계, 최소상계, 최대하계, 극대원소와 극소원소 그리고 최대원소, 최소원소를 구하여라.

2. 집합 $\mathbb{R}^2$ 위의 관계 $\leq^*$를 $((a_1,\ a_2)\leq^*(b_1,\ b_2) \Leftrightarrow a_1 \leq b_1$이고 $a_2 \leq b_2)$ 정의하면 $(\mathbb{R}^2,\ \leq^*)$는 반순서집합임을 보여라.

3. 연습문제 2의 반순서집합 $(\mathbb{R}^2,\ \leq^*)$에 있어서 임의의 음수가 아닌 실수 n에 대하여 반순서집합 $(\mathbb{R}^2,\ \leq^*)$의 부분집합 $A=\{(x,\ nx) \mid x\in\mathbb{R}\}$은 하나의 사슬임을 보여라.

4. $(\mathbb{R},\ \leqq)$에서 부분집합 $A=\left\{\dfrac{n-1}{n+1} \mid n\in\mathbb{N}\right\}$일 때 상계, 하계, 최소상계, 최대하계, 극대원소, 극소원소, 최대원소, 최소원소가 존재하는지 조사하여라.

5. $X=\{a,\ b,\ c\}$에 대한 반순서집합 $(\mathscr{P}(X),\ \subseteq)$의 반순서부분집합 $A=\{\{b,\ c\},\ \{a,\ c\}\}$가 주어졌을 때, A의 상계, 하계, 최소상계, 최대하계, $\mathscr{P}(X)$의 극대원소와 극소원소를 구하여라.

6. $X=\{a,\ b,\ c,\ d,\ e,\ f,\ g\}$이고 X의 부분집합 $A=\{d,\ e,\ f\}$일 때 아래 그림과 같이 관계를 주었을 때,
즉 $x,\ y\in X$에 대하여

$$x \leq y \Leftrightarrow x=y \text{ 또는 } x \rightarrow y(\text{추이관계 포함})$$

으로 반순서관계를 정의하자.

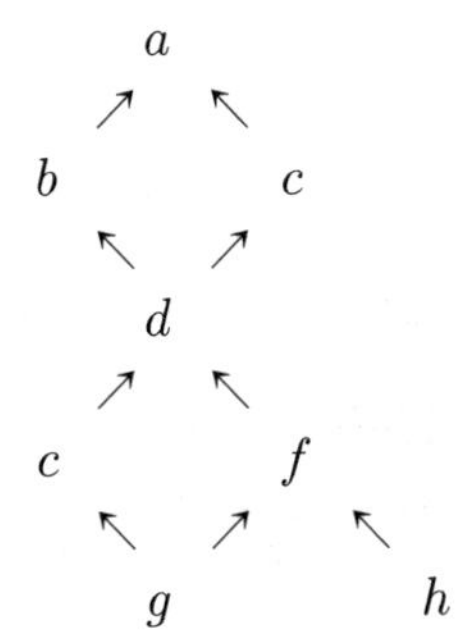

이때 다음을 구하여라.

(1) X의 극대원소

(2) X의 극소원소

(3) X의 최대원소

(4) X의 최소원소

(5) A의 상계

(6) A의 하계

(7) A의 최대하계

(8) A의 최소상계

6.2 정렬집합

"1열 3번째 학생의 이름은 무엇인가?" 여기서 '…번째'라는 개념을 무한의 경우까지 확장하기 위해서 "1열로 배열한다."라는 작업을 확장시켜서 생각해야 한다. 그러기 위해서는 '1열로 배열된' 집합 $X=\{a_1, a_2, \cdots, a_n, \cdots\}$의 성질에 관해 살펴볼 필요가 있다.

이 집합 X의 원소의 열 $a_1, a_2, \cdots, a_n, \cdots$에서 x가 y보다 앞서 있다. 즉 왼쪽에 있다는 것을 기호로 $x \le y$로 나타내어 전순서집합을 이루고, 또한 이 열을 어디서 자르더라도 항상 선두가 있는 부분집합이 된다고 하자. 이것을 좀 더 형식화시켜서 말한다면 다음과 같은 정렬성이라는 성질을 갖는다. 공집합이 아닌 임의의 A에는 다음과 같은 성질을 갖는 원소 a가 존재한다.

「a 이외의 A의 모든 원소 x에 대하여 $a \le x$」이 $a(\in A)$가 A의 선두에 오는 원소, 즉 최소원소이다. 이 성질을 좀 더 형식화하여 정의해 보자.

정의 6.2.1

전순서집합 $(X, \le)$에서 X의 공집합이 아닌 임의의 부분집합 A에 극소원소가 존재할 때 $(X, \le)$를 **정렬집합**(well-ordered set)이라 한다. 즉 모든 $x \in A$에 대해서 $a \le x$를 만족하는 원소 $a(\in A)$가 존재함을 의미하며 a는 A의 최소원소이다. 또 정렬집합 $(X, \le)$에서의 관계 $\le$를 X 위의 **정렬순서(관계)**(well-ordered (relation))라고 한다. 그리고 정렬순서가 존재하는 집합 X를 **정렬이 가능하다**(can be well-ordered)라고 한다.

예제 1 다음 집합들 중 정렬집합을 구하여라.

(1) $(\mathbb{N}, \leqq)$ (2) $(Q, \leqq)$ (3) $(\{\cdots, -1, 0, 1, 2, \cdots\}, \leqq)$

풀이 ①이 정렬집합이고 ②, ③는 정렬집합이 아니다.

예제 2 유리수의 집합 $\mathbb{Q}$는 정렬이 가능함을 보여라.

풀이 $\mathbb{Q} \sim \mathbb{N}$이므로 전단사함수 $f : \mathbb{Q} \sim \mathbb{N}$가 존재한다.
이제 $\mathbb{Q}$ 위의 순서 $\leq'$를 모든 $p, q \in \mathbb{Q}$에 대하여 $p \leq' q \Leftrightarrow f(p) \leq f(q)$라고 정의하면 $\leq'$는 $\mathbb{Q}$ 위의 정렬순서가 된다. 왜냐하면

(i) $^\forall p \in \mathbb{Q}$에 대해서 $f(p) \leq f(p) \Rightarrow p \leq' p$

(ii) $p \leq' q,\ q \leq' p \Rightarrow f(p) \leq f(q),\ f(q) = f(p)$
$\Rightarrow f(p) = f(q) \Rightarrow p = q$

(iii) $p \leq' q,\ q \leq' r \Rightarrow f(p) \leq f(q),\ f(q) \leq f(r)$
$\Rightarrow f(p) \leq f(r) \Rightarrow p \leq' r$

즉 $\leq'$는 반순서가 된다.

(iv) $^\forall p, q \in \mathbb{Q}$에 대하여 $f(p), f(q) \in \mathbb{N}$ 따라서 $f(p) \leq f(q)$ 또는 $f(q) \leq f(p)$가 된다. 그러므로 $p \leq' q$ 또는 $q \leq' p$가 된다. 즉 $\leq'$는 전순서가 된다.

이제 마지막으로 $\leq'$가 정렬순서가 됨을 보이면 된다.
$(\mathbb{Q}, \leq')$의 임의의 부분집합 $S(\neq \phi)$에 대하여 $f(S)$는 정렬집합 $(\mathbb{N}, \leq)$의 공집합이 아닌 부분집합이므로 최소원소 m이 존재한다.
이때 $m' = f^{-1}(m)$이라 할 때 모든 $x \in S$에서 $m \leq f(x)$, 즉 $f(m') \leq f(x)$이므로 $m' \leq' x$이다. 그러므로 m'은 S의 최소원소이다. 즉 $\leq'$는 정렬순서이다.
따라서 $(\mathbb{Q}, \leq')$는 정렬집합, 즉 $\mathbb{Q}$에 정렬순서 $\leq'$가 존재하므로 $\mathbb{Q}$는 정렬가능하다. ■

공집합도 정렬집합이라고 약속한다. 또한 정렬집합의 모든 부분집합은 정렬집합이다.

정리 6.2.2

정렬집합 $(X, \le)$의 임의의 공집합이 아닌 부분집합 A는 이어받은 순서 $\le$(여기서 $\le_A$로 표기)에 따른 정렬집합이다. 즉 $(A, \le_A)$는 정렬집합이 된다.

물론 이어받은 순서 $\le_B$는 전순서이다.

증명의 스케치

A의 임의의 공집합이 아닌 부분집합 S에 대하여 $\le_A$에 따른 S의 최소원소가 존재하는지를 밝히면 된다.

증명 A의 임의의 공집합이 아닌 부분집합 S에 대하여 S는 정렬집합 $(X, \le)$의 공집합이 아닌 부분집합이므로 정의 6.2.1에 의하여 $\le$에 따른 S의 최소원소 m가 존재한다. 즉 $m \in S$이고 모든 $x \in S$에 대해서 $m \le x$이다. 그러면 임의의 $x \in S$에 대하여 $x, m \in A$이고 $m \le x$이므로 $m \le_A x$이다. 따라서 m은 $\le_A$에 따른 S의 최소원소이다. 즉 정렬순서 $\le_A$에 대하여 S의 최소원소가 존재한다. 즉 $(A, \le_A)$는 정렬집합이다. ■

정리 6.2.3

공집합이 아닌 임의의 집합 X는 정렬가능하다.

증명 여기서 증명은 생략하고 정리 7.2.7에서 다룬다. ■

정의 6.2.4

전순서집합 $(A, \le)$의 임의의 부분집합 S에 대하여 $a \in A$, $s \in S$ 그리고 $a \le s \Rightarrow a \in S$일 때 부분집합 S는 A의 **절편**(segment)라고 한다. 만일 $S \subsetneq A$일 경우에는 S를 A의 **진절편**(proper segment)라 한다.

예제 3 정렬집합 $(A, \le)$에 대하여 ϕ과 A는 A의 절편임을 보여라.

풀이 $x \in A,\ y \in \phi,\ x \le y \Rightarrow x \in \phi$을 만족하면 되는데 $y \in \phi \equiv c$(모순)이므로 이 명제는 항상 참이다. 즉 ϕ은 A의 절편이다.

또한, 단순화법칙에 의하여 $y \in A,\ x \in A,\ x \le y \Rightarrow x \in A$이므로 A는 A의 절편이다. ■

예제 4 정렬집합 $(A,\ \le)$에 대하여 $A_a = \{x \in A \mid x < a\}$일 때 A_a는 A의 절편임을 보여라.

풀이 $x \in A,\ y \in A_a,\ x \le y \Rightarrow x \le y,\ y < a \Rightarrow x < a \Rightarrow x \in A_a$.

즉 $x \in A,\ y \in A_a,\ x \le y \Rightarrow x \in A_a$가 된다. 따라서 A_a는 A의 절편이다. ■

정리 6.2.5

정렬집합 $(A,\ \le)$에 대하여

(1) A 절편들의 합집합은 A의 절편이다.

(2) A 절편들의 교집합은 A의 절편이다.

(3) B가 A의 절편일 때 B의 임의의 절편 S는 A의 절편이다.

(4) A의 임의의 절편 $S(S \ne A)$에 대하여 $\exists\, m \in A$ s.t. $S = A_m$한다. 여기서 $A_m = \{a \in A \mid a < m\}$이다.

증명의 스케치

(1) A의 절편들의 족을 $\mathscr{S}$라 할 때, 절편들의 합을 $\bigcup_{S \in \mathscr{S}} S$ 놓고, $x \in A$, $y \in \bigcup_{S \in \mathscr{S}} S$, $x \le y$일 때 $x \in \bigcup_{S \in \mathscr{S}} S$가 되는지를 보이면 된다.

(2) 같은 방법

(3) B가 A의 절편일 때 B의 임의의 절편 S에 대하여 $y \in S,\ x \in A,\ x \le y$일 때 $x \in S$가 됨을 보이면 된다.

(4) $S \subsetneq A$이므로 $A - S$는 ϕ이 아닌 A의 부분집합이다. $(A,\ \le)$가 정렬집합이므로 $A - S$의 최소원소 m이 존재하므로 $S = A_m$임을 보이면 된다.

증명 (1) A 절편들의 족을 $\mathscr{S}$ 그리고 $y \in \bigcup_{S \in \mathscr{S}} S$라고 놓고 $x \in A$, $x \leq y$라 하자. 그러면 y는 A의 절편 S_0에 속하므로 $x \in S_0$이다. 그러므로 $x \in \bigcup_{S \in \mathscr{S}} S$가 된다. 즉 $x \in A$, $y \in \bigcup_{S \in \mathscr{S}} S$, $x \leq y \Rightarrow x \in \bigcup_{S \in \mathscr{S}} S$이다.

따라서 절편들의 합집합 $\bigcup_{S \in \mathscr{S}} S$는 A의 절편이 된다.

(2) 독자에게 남긴다.

(3) A의 절편 B의 임의의 절편을 S라 하고, $x \in A$, $y \in S$, $x \leq y$라 하자. $y \in B$이므로 $x \in B$이다. 따라서 $y \in S$, $x \in B$, $x \leq y$이고 가정에서 S는 B의 절편이므로 $x \in S$가 된다.

즉 $x \in A$, $y \in B$, $x \leq y \Rightarrow x \in S$이다.

따라서 S는 A의 절편이다.

(4) $S \subsetneq A$이므로 $A - S$는 ϕ이 아닌 A의 부분집합이다.

따라서 $(A, \leq)$이 정렬집합이므로 $A - S$의 최소원 m이 존재한다.

우리는 $S = A_m$ 임을 보이라.

(i) $(\subseteq)$ $y \in S \Rightarrow y \in A_m$ 인지를 보이면 된다.

(귀류법) $y \notin A_m$라 하자. 그러면 $y \in S$, $m \leq y$ 그리고 S는 절편이므로 $m \in S \Rightarrow m \notin A - S$ 그러나 m은 $A - S$의 최소원소이므로 $m \in A - S$이어야 한다. 모순이다.

따라서 $y \in S \Rightarrow y \in A_m$이 된다. 즉 $S \subseteq A_m$이다.

(ii) $(\supseteq)$ $y \in A_m \Rightarrow y \in S$임을 보이자.

$y \in A_m \Rightarrow y < m \Rightarrow y \notin A - S$(왜냐하면 m은 $A - S$의 최소원소인데 $y < m$이므로)

$\Rightarrow y \in S$

따라서 $A_m \subseteq S$이다.

(i), (ii)에 의하여 $A_m = S$가 된다. ■

예제 5 $(A, \leq)$가 정렬집합일 때, 각 $x \in A$에 대해서 $A_x \cup \{x\}$는 A의 절편임을 보여라.

풀이 $a \in A$, $y \in A_x \cup \{x\}$, $a \leq y$라 할 때

(1) $y \in A_x$인 경우 $a \in A_x$이므로 $a \in A_x \cup \{x\}$이다.

(2) $y \in \{x\}$인 경우 $y = x$인데

(i) $a < y$인 경우에는 $a \in A_y = A_x$이므로 $a \in A_x \cup \{x\}$

(ii) $a = y$인 경우에는 $a = x$이므로 $a \in A_x \cup \{x\}$

즉 $a \in A$, $y \in A_x \cup \{x\}$, $a \leq y \Rightarrow a \in A_x \cup \{x\}$이므로 $A_x \cup \{x\}$는 A의 절편이 된다. ■

정리 6.2.6

정렬집합 $(A, \leq)$에 대하여 절편들의 족을 $\mathscr{S}(\neq \phi)$라 하자. $\mathscr{S}$가 다음 두 조건을

(i) $\mathscr{S}$에서의 임의개의 합은 $\mathscr{S}$에 속한다.

(ii) $A_x \in \mathscr{S} \Rightarrow A_x \cup \{x\} \in \mathscr{S}$

을 만족하면 A의 각 절편들은 $\mathscr{S}$에 속한다.

증명의 스케치

결론을 부정하여 모순을 찾아보면 된다.
즉 $\exists x \in A$ s.t. $A_x \notin \mathscr{S}$, A_x는 A의 절편이라 하고 모순을 찾고나서 $A \in \mathscr{S}$임을 보이면 된다.

증명 적당한 원소 $x \in A$가 존재하여 $\mathscr{S}$에 속하지 않는 A의 절편 A_x가 존재한다고 가정하자.

그러면 $(A, \leq)$가 정렬집합이므로 A의 부분집합

$B = \{x \in A \mid A_x \notin \mathscr{S}\}$, $B \neq \phi$은 최소원소 a가 존재한다.

즉 $a \in B$이므로 $A_a \notin \mathscr{S}$이다. 여기서 $y \in A$이고 $y < a$이면 $y \notin B$이므로 $A_y \in \mathscr{S}$가 된다. 따라서 가정 (i)에 의하여 $\bigcup_{y<a} A_y \in \mathscr{S}$이다.

정리 6.2.5 (4)에 의하여 $\exists b \in A$ s.t. $\bigcup_{y<a} A_y = A_b$ 그러므로 $b < a$ 이다.

가정 (ii)과 정리 6.2.5를 적용하면 다음을 얻을 수 있다. 적당한 $c \in A$에 대하여 $A_b \cup \{b\} = A_c \in \mathscr{S}$이다. 그러므로 $b < c < a$가 된다. 따라서 $b \in A_c \subseteq \bigcup_{y<a} A_y = A_b$이다. 즉 $b \in A_b$가 성립한다. 이것은 $b \notin A_b$라는 것에 모순이다.

그러므로 모든 $x \in A$에 대하여 $A_x \in \mathscr{S}$이다.

마지막으로 $A \in \mathscr{S}$임을 증명하자. 그런데 가정 (i)에 의하여 $\bigcup_{x \in A} A_x \in \mathscr{S}$이다. 여기서 $\bigcup_{x \in A} A_x \in A$라면 $A \in \mathscr{S}$가 되어 증명은 끝난다. 그러나 $\bigcup_{x \in A} A_x \neq A$일 경우를 생각해 보자. 만일 $\bigcup_{x \in A} A_x \neq A$라고 가정하면 $\exists d \in A$ s.t. $\bigcup_{x \in A} A_x = A_d$. 이 경우 가정 (ii)에 의하여 $A_d \cup \{d\} \in \mathscr{S}$이다. 여기서 모든 $x \in A$에 대하여 $x \leq d$이므로 $A = A_d \cup \{d\}$이다. 그런데 $A_d \cup \{d\} \in \mathscr{S}$이므로 $A \in \mathscr{S}$가 된다.

따라서 정리 6.2.5 (1)에 의하여 결론이 증명된다. ■

이 초한귀납법의 원리를 적용하여 명제함수 $p(x)$가 참임을 보일 때 아래 소개할 초한귀납법을 사용하면 편리하게 증명할 수 있다.

정리 6.2.7 초한귀납법 원리

정렬집합 $(A, \leq)$에서 명제함수 $p(x)$에 대하여 "임의의 $x \in A$에 대하여 $y < x$인 모든 y에 대하여 $p(y)$가 참이면 $p(x)$도 참이다."라고 가정하면, 모든 $x \in A$에 대하여 $p(x)$는 참이 된다.

증명의 스케치

두 가지 방법으로 증명해보자, 첫째로, 귀류법을 사용하여 증명하자. $p(x)$가 거짓인 $x \in A$가 존재한다고 가정하고 모순을 찾아보면 된다. 또한 둘째로, 정리 6.2.6를 이용하여 증명할 수도 있다.

증명 **Method Ⅰ**

$p(x)$가 거짓인 $x \in A$가 존재한다고 가정하자.

그리고 $B = \{x \in A \mid p(x)$는 거짓$\}$라 놓으면 B는 A의 부분집합으로서 $B \neq \phi$이다. 따라서 $x_0 \in B$가 존재하므로 $p(x_0)$는 거짓이다.

지금 최소원소 $y \in A$이고 $y < x_0$라면 $y \notin B$이므로 $p(y)$는 참이다.

이때 모든 $y < x_0$에 관한 $p(y)$가 참이므로 가정에 따라 $p(x_0)$도 참이 된다. 이것은 $p(x_0)$가 거짓이라는데 모순이다.

따라서 모든 $x \in A$에 대하여 $p(x)$는 참이다. ■

정리 6.2.6을 이용하여 증명할 수도 있다.

Method Ⅱ

정렬집합 $(A, \leq)$에서의 명제함수 $p(x)$에 대하여 모든 $x \in A$에 대하여 "모든 $y < x$에 대하여 $p(y)$가 참이면 $p(x)$는 참이다."라고 가정하자. A의 부분집합족 $\mathscr{P}$를 다음과 같이 정의하자.

$B \in \mathscr{P} \Leftrightarrow$ 모든 $x \in B$, $\mathscr{P}(x)$는 참이다. 그러면 $\phi \in \mathscr{P}$이다.

(1) $\mathscr{P}$의 임의의 부분집합 $\mathscr{P}'$에 대하여 $\bigcup_{B \in \mathscr{P}'} B \in \mathscr{P}$인가?

$\mathscr{P}' = \phi$인 경우, $\bigcup_{B \in \mathscr{P}'} B = \phi$이고, $\phi \in \mathscr{P}$이므로 $\bigcup_{B \in \mathscr{P}'} B \in \mathscr{P}$

$\mathscr{P}' \neq \phi$인 경우, 모든 $x \in \bigcup_{B \in \mathscr{P}'} B$, 적당한 $B_0 \in \mathscr{P}'$에 대하여 $x \in B_0$이다. 그런데 $\mathscr{P}' \subseteq \mathscr{P}$이므로 $B_0 \in \mathscr{P}$이고 $p(x)$는 참이다. 즉 모든 $x \in \bigcup_{B \in \mathscr{P}'} B$에 대하여 $p(x)$는 참이다. 따라서 $\bigcup_{B \in \mathscr{P}'} B \in \mathscr{P}$이다.

(2) $A_x \in \mathscr{P} \Rightarrow {}^{\forall} y \in A_x$, $p(y)$는 참

$\Rightarrow {}^{\forall} y < x$, $p(y)$는 참

$\Rightarrow p(x)$는 참

$\Rightarrow {}^{\forall} y \in A_x \cup \{x\}$, $p(y)$는 참

그러므로 $A_x \cup \{x\} \in \mathscr{P}$이다.

부분집합족 $\mathscr{P}$가 정리 6.2.6의 (1), (2)를 만족하므로 A의 각 절편은 $\mathscr{P}$에 속한다. A 그 자신도 A의 절편이므로 $A \in \mathscr{P}$이다. 따라서 모든 $x \in A$에 대하여 $p(x)$는 참이 된다. ■

정의 6.2.8

두 정렬집합 $(A, \leq)$, $(B, \leq^*)$에 있어서 함수 $f : A \to B$로 하여금 $a_1 \leq a_2$인 $a_1, a_2 \in A$에 대하여 $(B, \leq^*)$에서는 $f(a_1) \leq^* f(a_2)$이면 f는 **증가**(increasing)한다라고 하고, 특히 $a_1 < a_2$인 $a_1, a_2 \in A$에 대하여 $f(a_1) <^* f(a_2)$이면 f는 **엄밀하게 증가한다**(strictly increasing)고 한다.

정리 6.2.9

두 정렬집합 $(A, \leq)$과 $(B, \leq^*)$에 대하여 만일

(i) 함수 $f : A \to B$가 존재함으로서 증가한다.

(ii) $f(A)$는 B의 절편

(iii) $g : A \to B$가 엄밀하게 증가한다.

을 만족하면 모든 $x \in A$에 대하여 $f(x) \leq^* g(x)$가 된다.

증명의 스케치

앞 정리 6.2.7을 이용하여 증명하면 된다.

증명 정리 6.2.7(초한귀납법)을 이용하기 위해 각 $x \in A$에 관한 명제함수 "$f(x) \leq^* g(x)$"을 $p(x)$라 놓자. 여기서 $p(x)$가 정리 6.2.7의 가정을 만족하는지를 보고자 적당한 $a \in A$가 존재함으로서 $x < a$인 모든 x에 대하여 $p(x)$가 참이지만 $p(a)$는 거짓, 즉 $x < a$인 모든 x에 대하여 $f(x) \leq^* g(x)$이고 $g(a) <^* f(a)$이라고 가정하자. 또한 가정에서 g는 엄밀한 증가이고 f는 증가이므로 모든 $x < a$인 모든 x와 $a \leq y$인 모든 y에 대하여 $f(x) \leq^* g(x) <^* g(a) <^* f(a) \leq f(y)$

이다.
따라서 $g(a) <^* f(a)$이고 $g(a) \not\in f(A)$.
이것은 $f(A)$가 B의 절편이라는 가정에 모순이다.
따라서 모든 $x \in A$에 대하여 $y < x$인 모든 y에 대하여
$f(y) \leq^* g(y)$이면 $f(x) \leq^* g(x)$.
즉 정리 6.2.7에 의하여 모든 $x \in A$에 대하여 $f(x) \leq^* g(x)$가 된다. ■

연습문제 6.2

1. 정리 6.2.5의 (2)번을 증명하여라.

2. 임의의 집합 X에 대하여 멱집합 $\mathscr{P}(X)$에서 포함관계에 의한 비교가능한 최대의 정렬집합족 $(A, \subseteq)$를 구하여라.

3. 전순서집합 $(X, \leq)$에서 $X = A \cup B$(여기서 A, B는 X의 부분집합)으로서 $(A, \leq_A)$, $(B, \leq_B)$가 정렬집합이라 할 때 $(X, \leq)$가 정렬집합임을 보여라.

4. 반순서집합 $(X, \leq)$에 대한 X의 부분집합 $A(A \neq \phi)$가 하계를 지닐 때 $a \in A$가 존재함으로서 모든 $x \in A$에 대하여 $a \leq x$이면 $(X, \leq)$는 정렬집합임을 보여라.

6.3 순서수의 공리

정의 6.3.1

임의의 두 정렬집합 $(A,\ \leq)$과 $(B,\ \leq^*)$에 대해서 전단사함수 $f : A \to B$가 존재하여 임의의 $a_1,\ a_2 \in A$에 대하여

$$a_1 \leq a_2 \Leftrightarrow f(a_1) \leq^* f(a_2)$$

이면 f를 **순서동형함수**(order isomorphism)이라 하고, $(A,\ \leq)$과 $(B,\ \leq^*)$는 **순서동형**(order isomorphic)이라 하며 $(A,\ \leq) \simeq (B,\ \leq^*)$(또는 $A \simeq B$)로 표기한다.

예제 1 자연수 $\mathbb{N}$과 짝수들의 집합 $\mathbb{N}_0$에 대하여 $(\mathbb{N},\ \leqq)$과 $(\mathbb{N}_0,\ \leqq)$이 순서동형, 즉 $\mathbb{N} \simeq \mathbb{N}_0$임을 보여라.

풀이 $(\mathbb{N},\ \leqq)$과 $(\mathbb{N}_0,\ \leqq)$ 정렬집합이고 $\mathbb{N}$과 $\mathbb{N}_0$ 사이에 대응 $n \to 2n$에 의하여 함수 $f : \mathbb{N} \to \mathbb{N}_0$로 정의하면 f는 전단사함수이고 $^\forall a_1,\ a_2 \in \mathbb{N}$에 대해서 $a_1 \leqq a_2 \Leftrightarrow 2a_1 \leqq 2a_2 \Leftrightarrow f(a_1) \leqq f(a_2)$가 성립하므로 $(\mathbb{N},\ \leqq)$과 $(\mathbb{N}_0,\ \leqq)$는 순서동형이다. ■

정렬집합족 $\mathscr{P}$ 위의 순서동형관계 '$\simeq$'은 반사율, 대칭률, 추이율을 만족하므로 동치관계가 된다. 왜냐하면,

(i) 반사율

모든 $(A,\ \leq) \in \mathscr{P}$에 대하여 항등함수 $I_A : A \to A$가 존재하여 $a_1 \leq a_2 \Leftrightarrow I_A(a_1) \leq I_A(a_2)$이므로 반사율을 만족한다.

(ii) 대칭률

$(A,\ \leq) \simeq (B,\ \leq')$라 하자.

즉 $\exists f : A \rightarrow B$: 전단사함수 s.t. $a_1, a_2 \in A$에서 $a_1 \leq a_2 \Leftrightarrow f(a_1) \leq f(a_2)$가 된다.

f가 전단사함수이므로 전단사함수 $f^{-1} : B - A$가 존재한다.

$b_1, b_2 \in B$에 대하여 적당한 $a_1, a_2 \in A$가 존재하여 $b_1 = f(a_1)$, $b_2 = f(a_2)$이다. $b_1 \leq ' b_2 \Leftrightarrow f(a_1) \leq ' f(a_2) \Leftrightarrow a_1 \leq a_2$이다. 즉 $f^{-1}(b_1) \leq f^{-1}(b_2)$이다.

따라서 $(B, \leq ') \simeq (A, \leq)$이다. 즉 대칭률을 만족한다.

(iii) 추이율

$(A, \leq) \simeq (B, \leq ')$, $(B, \leq ') \simeq (C, \leq '')$라고 하자.

즉 $f : A \rightarrow B$, 전단사함수, $g : B \rightarrow C$, 전단사함수가 존재한다.

따라서 $g \circ f : A \rightarrow C$도 전단사함수이다.

또한 임의의 $a_1, a_2 \in A$에 대하여

$a_1 \leq a_2 \Leftrightarrow f(a_1) \leq ' f(a_2) \Leftrightarrow g(f(a_1)) \leq '' g(f(a_2))$이다.

따라서 $(A, \leq) \simeq (C, \leq '')$이 성립한다.

즉 추이율을 만족한다.

(i), (ii), (iii)에 의하여 순서동형관계 '$\simeq$'는 동치관계이다.

따라서 동치관계에 의한 모든 정렬집합들은 서로소인 동치류로 분할된다.

모든 정렬집합의 순서동형관계에 의해 생성된 동치류의 성질을 **순서수**(ordinal numbers)라 한다. 순서수란 순서동형인 모든 집합이 공통적으로 갖는 성질을 의미한다. 이 새로운 개념, 순서수에 대한 공통적인 성질에 대한 공리에 대하여 알아본다.

순서수의 공리(axiom of ordinal number)

O-1 각 정렬집합 $(A, \leq)$에 대하여 $\mathrm{ord}(A, \leq)$로 표기된 하나의 순서수가 정해지고, 각 순서수 α에 대하여 $\mathrm{ord}(A, \leq) = \alpha$인 하나의 정렬집합이 존재한다.

O-2 정렬집합 $(A, \leq)$, $(B, \leq^*)$에 대하여 $\mathrm{ord}(A, \leq) = \mathrm{ord}(B, \leq^*) \Leftrightarrow$

$(A,\ \leq) \simeq (B,\ \leq^*)$이다.

O-3 $A=\phi \Leftrightarrow \mathrm{ord}(A,\ \leq)=0$

O-4 정렬집합 $(A,\ \leq)$에 대하여 적당한 $k \in \mathbb{N}$가 존재함으로서

$A \sim \{1,\ 2,\ \cdots\ k\}$이면 $\mathrm{ord}(A,\ \leq)=k$이다.

집합의 기수는 자연수 1부터 시작하여 크기를 말하였지만 순서수는 0에서부터 시작하는 것으로 약속한다. 그리고 자연수 집합 $\mathbb{N}$에서 대소관계 $\leqq$(자연적순서라고 함.)에 따른 순서수는 그리스어 ω("오메가"라 읽는다.)로 표기한다. 즉 $\omega=\mathrm{ord}(\mathbb{N},\ \leqq)$이다.

우리는 기수의 공리에서 보았듯이 주어진 집합 A에 대하여 Card X는 유일하게 존재하지만 ord A는 동일한 집합 A에서도 정렬(배열)에 따라 다를 수 있다.

예제 2 자연수 $\mathbb{N}$에서 $(\mathbb{N},\ \leqq)=\{1,\ 2,\ 3,\ \cdots\}$과 동일한 집합이지만 정렬(배열)이 다른 $(\mathbb{N},\ \leqq')=\{1,\ 3,\ 5,\ \cdots,\ 2,\ 4,\ 6,\ \cdots\}$의 순서수는 다음을 보여라. 즉 $(\mathbb{N},\ \leqq) \not\simeq (\mathbb{N},\ \leqq')$이다.

증명 **(귀류법)** $(\mathbb{N},\ \leqq) \simeq (\mathbb{N},\ \leqq')$라고 가정하자.

즉 $f:\{1,\ 2,\ 3,\ \cdots\} \to \{1,\ 3,\ 5,\ \cdots,\ 2,\ 4,\ 6,\ \cdots\}$ 전단사함수가 존재한다.

그러면 f는 전사이므로 $\exists\, m \in \{1,\ 2,\ 3,\ \cdots\}$ s.t $f(m)=2$.

이제 $B=\{x \in \mathbb{N} \mid x<m\}$이라 하면 B는 유한집합이고 f가 순서동형사상이므로 $f(B)$의 모든 원소 y에 대하여 $y<'2$이다.

즉 $f(B) \subseteq \{1,\ 3,\ 5,\ \cdots\}$이다.

그런데 $f(B)$는 유한집합이고 $\{1,\ 3,\ 5,\ \cdots\}$는 무한집합이므로 $\exists\, n \in \{1,\ 3,\ 5,\ \cdots\}-f(B)$이다. f는 전사이므로 이 n에 대하여 $\exists\, p \in \mathbb{N}$ s.t. $f(p)=n$이 된다. 그러면 $m<p$인데 $n<'2$이므로 즉 $f(p)<'f(m)$이 되서 f가 순서동형사상이라는 것에 모순.

따라서 $(\mathbb{N},\ \leqq) \not\simeq (\mathbb{N},\ \leqq')$이다. ■

연습문제 6.3

1. 정수의 집합 $(\mathbb{Z}, \leqq)$과 자연수의 집합 $(\mathbb{N}, \leqq)$는 순서동형이 아님을 보여라.

2. 유한정렬집합 $(A, \leq)$, $(B, \leq)$에서 $A \sim B$이면 $(A, \leq) \simeq (B, \leq)$임을 증명하여라.

3. 전순서집합 $(A, \leq)$에서 A는 A의 부분집합 B, C의 합일 때 전순서 $\leq$로부터 이어 받은 순서에 따른 정렬집합이 $(B, \leq_B)$, $(C, \leq_C)$라 하자. 그러면 $(A, \leq)$는 정렬집합임을 보여라.

4. 예제 2에서 $(\mathbb{N}, \leqq') = \{1, 3, 5, \cdots, 2, 4, 6, \cdots\}$이 정렬집합이 됨을 연습문제 3을 활용하여 증명하여라.

6.4 순서수의 순서 비교

순서수의 공리 O-2에서 순서동형인 정렬집합은 모든 순서수를 갖지 않은 두 정렬집합에 대하여 그 순서수들을 비교할 수 있느냐 하는 점이다.

여기서 유한정렬집합의 순서수, 즉 0, 1, 2, ⋯를 유한순서수(finite ordinal number)라 하고 무한정렬집합의 순서수를 무한순서수(infinite ordinal number) 또는 초한순서수(transfinite ordinal number)라 한다.

정의 6.4.1

순서수 α, β와 정렬집합 $(A, \leq)$, $(B, \leq')$에 대하여 $\alpha = \mathrm{ord}(A, \leq)$, $\beta = \mathrm{ord}(B, \leq')$일 때 $(A, \leq)$가 $(B, \leq')$의 하나의 절편과 동형이면 순서수 α가 β보다 작다 또는 같다(α is less than or equal to β)라고 하고 기호로 $\alpha \leqslant \beta$ 또는 $\beta \geqslant \alpha$로 표기한다. 특히 $\alpha \leqslant \beta$이고 $\alpha \neq \beta$일 때 $\alpha < \beta$ 또는 $\beta > \alpha$로 나타낸다.

위 정의 6.4.1은 정렬집합의 선택과는 무관하고 '$\leqslant$' 관계는 반순서(관계)가 인가? 또 전순서관계인가?

정리 6.4.2

정렬집합 $(A, \leq)$에서 B는 A의 절편일 때 A에서 B로의 순서동형함수는 오직 A 위의 항등함수 I_A만 존재할 뿐이다.

증명의 스케치

귀류법을 사용하여 증명해보자.
A의 적당한 절편 A_a에 대해서 순서동형함수 $f : A \to A_a$가 존재한다고 가정하여 모순을 찾아보면 된다.

증명 **(귀류법)** A의 적당한 절편 A_a에 대해서 순서동형함수 $f: A \to A_a$가 존재한다고 가정하자. 그러면 $f(a) < a$이므로 $B = \{x \in A \mid f(x) < x\} \neq \phi$이다. 여기서 B의 최소원소를 b라고 하면 $f(b) < b$이다. f가 순서동형함수이므로 정의 6.3.1에 의하여 $f(f(b)) < f(b)$가 성립한다.

그런데 이것은 b가 B의 최소원소이라는데 모순이다. 그러므로 정렬집합에서는 그 어떤 진절편으로는 순서동형함수가 존재하지 않음을 알 수 있다. 따라서 A에서 A 자신 위로의 순서동형사상은 항등함수 $I_A: A \to A$가 유일함을 보이면 된다.

그러므로 정리 6.2.8을 반복하여 적용하면 $^\forall x \in A$에 대하여 $I_A(x) \leq g(x) \leq I_A(x)$가 된다. 즉 $^\forall x \in A$, $I_A(x) = g(x)$가 된다.

따라서 A에서 A 자신 위로의 순서동형사상은 $I_A: A \to A$로 유일하다. ■

정리 6.4.3

임의의 순서수 α, β에 대하여 $\alpha \leqslant \beta$ 또는 $\alpha \geqslant \beta$이다.

증명의 스케치

순서수의 공리 O-1에 의하여 순서수 α, β에 대하여 $\mathrm{ord}(A, \leq) = \alpha$, $\mathrm{ord}(B, \leq^*) = \beta$인 정렬집합 $(A, \leq)$, $(B, \leq^*)$가 존재함으로 우리는 A는 B의 절편과 순서동형이거나 또는 B가 A의 절편과 순서동형인 것을 보이면 된다.

증명 순서수의 공리 O-1에 의하여 순서수 α, β에 대하여 $\mathrm{ord}(A, \leq) = \alpha$, $\mathrm{ord}(B, \leq^*) = \beta$인 정렬집합을 $(A, \leq)$, $(B, \leq^*)$라 놓자.

A의 원소 a에 대하여 B의 원소 b가 존재함으로서 A의 절편 A_a와

B의 절편 B_b가 순서동형이면 a는 허용가능하다고 한다.

그러면 정리 6.4.2에 의하여 A의 모든 허용가능한 원소 a에 대하여 B이 원소 b가 유일하게 존재함으로서 $A_a \simeq A_b$이다. 여기서 A의 모든 허용가능한 원소들의 집합을 M이라 하고 $A_a \simeq A_b$이면 $f(a)=b$로서 잘 정의된 함수 $f: M \to B$가 존재한다. 정리 6.4.2에 의하여 f는 단사이다. 또한 f는 엄밀한 증가이고 $f(M)=N$은 B의 절편이 된다. 왜냐하면 $y \in B$, $x \in f(M)$, $y < z$라 할 때 ($y = z$인 경우는 $y \in f(M)$이므로 제외한다.) $\exists m \in M$ s.t. $f(m)=z$이다.

따라서 A_m에서 B_z로의 순서동형함수가 존재한다. 즉 $\exists g: A_m \simeq B_z$. $y < x$이므로 $y \in B_z$이다. 따라서 $g(h)=y$인 $n \in A_m$이 존재한다. 이제 $h: A_n \to B_y$를 $x \in A_n \subseteq A_m$에 대하여 $h(x)=g(x)$라고 정의하면 h는 순서동형함수가 된다. 따라서 $A_n \simeq B_y$. 그러므로 $n \in M$이고 $f(n)=y$이다. 즉 $y=f(n) \in f(M)$ 따라서 $f(M)$은 B의 절편이 된다.

이제 A는 B의 절편과 순서동형이 아니고 B도 A의 절편과 순서동형이 아니라면 $A-M$과 $B-N$은 모두 공집합이 아니다. 여기서 $A-M$과 $B-N$의 최소원소를 각각 p, q라 하면 $A_p = M \simeq N = B_q$이다. 따라서 p는 허용가능하다. 즉 $p \in M$인데 이것은 $p \notin M$에 모순이다.

■

정리 6.4.4

임의의 순서수 α, β에 대하여 $\alpha \leqslant \beta$이고 $\beta \leqslant \alpha$이면 $\alpha = \beta$이다.

증명 순서수의 공리 O-1에 의하여 정렬집합 $(A, \le)$, $(B, \le^*)$에 대하여 $\mathrm{ord}(A, \le) = \alpha$, $\mathrm{ord}(B, \le^*) = \beta$라 놓자. 그러면 가정 $\alpha \leqslant \beta$, $\beta \leqslant \alpha$에 의하여 두 순서동형사상 $\exists f: A \to D$, $g: B \to C$ s.t. $A \simeq D$, $B \simeq C$이다. 여기서 C는 A의 절편, D는 B의 절편이다. 그

러므로 임의의 $x \in A$에 대하여 $h(x) = g(f(x))$로 정의된 함수 $f : A \to C(\subset A)$는 A에서 C의 절편, E로의 순서동형사상이다. 정리 6.2.5에 의하여 $E = A$이다. 그러므로 $C = A$과 $g : B \to C$에 의하여 $\alpha = \beta$이다. ■

정리 6.4.5

정렬집합 $(A, \leq)$, $(B, \leq^*)$에 대하여 A가 B의 진절편과 순서동형이 되기 위한 필요충분조건은 $\mathrm{ord}(A, \leq) < \mathrm{ord}(B, \leq^*)$이다.

증명 ($\Rightarrow$) B_0는 B의 절편에 대한 $f : A \simeq B_0$일 때 만일 $\mathrm{ord}\, B \leqslant \mathrm{ord}\, A$라고 가정하면 정의 6.4.1에 의하여 A의 절편 A_0에 대해 순서동형 $g : B \simeq A_0$가 존재한다.

그러면 $f(A_0)$는 B_0의 절편이므로 B의 진절편인데 $B \simeq A_0 \simeq f(A_0)$가 된다. 이것은 정리 6.4.2에 의하여 모순이다.

따라서 $\mathrm{ord}(A, \leq) < \mathrm{ord}(B, \leq^*)$이다.

($\Leftarrow$) $\mathrm{ord}(A, \leq) < \mathrm{ord}(B, \leq^*)$라고 하자. 정의에 의하여 B의 절편 B_0에 대하여 $f : A \simeq B_0$가 존재한다. 이때 $B_0 = B$라 놓으면 $A \simeq B$이므로 $\mathrm{ord}(A, \leq) = \mathrm{ord}(B, \leq^*)$이 되어 모순이 된다.

즉 $B_0 \subsetneq B$. 따라서 B_0는 B의 진절편이다. ■

정리 6.4.6

임의의 두 순서수 α, β에 대해서는 반드시 다음 중 하나만 만족한다.

(1) $\alpha < \beta$ (2) $\alpha = \beta$ (3) $\alpha > \beta$

증명 독자에게 남긴다.

예제 1 초한순서수 중 가장 작은 것은 $\omega=\mathrm{ord}(\mathbb{N},\ \leqq)$임을 보여라.(순서관계 $\leqq$는 보통 대소순서를 말한다.)

풀이 정렬집합 $(A,\ \leqq_A)$, $(B,\ \leqq_B)$에 대하여 $(A,\ B$: 무한집합)
$a=\mathrm{Card}\,A$, $b=\mathrm{Card}\,B$, $\alpha=\mathrm{ord}\,(A,\ \leqq_A)$ 그리고 $\beta=\mathrm{ord}\,(B,\ \leqq_B)$라고 할 때 $\beta\preccurlyeq\alpha\ \Rightarrow\ \exists f\ :B\simeq A_0$, A_0는 A의 절편.
즉 $f\ :B\sim A_0$, A_0는 A의 부분집합 $\Rightarrow$ $\mathrm{Card}\,B\leqq\mathrm{Card}\,A$, 즉 $b\leqq a$이다.
따라서 $\beta\preccurlyeq\alpha\Rightarrow b\leqq a$ 이에 대한 대우를 취하면 $a<b\Rightarrow\alpha\prec\beta$가 된다. 이에 따라 가장 작은 초한순서수를 가질만한 집합은 $\mathbb{N}$임을 알 수 있다. 만약 $\mathrm{ord}(\mathbb{N},\ \leqq')\prec\mathrm{ord}(\mathbb{N},\ \leqq)$(여기서 $\leqq$는 보통 대소순서, $\leqq'$는 $\mathbb{N}$ 상의 임의의 순서)라고 가정하면 $(\mathbb{N},\ \leqq')$는 $(\mathbb{N},\ \leqq)$의 진절편과 순서동형인데 $(\mathbb{N},\ \leqq)$의 모든 진절편은 유한집합이므로 그것은 불가능하다.
따라서 $\mathrm{ord}(\mathbb{N},\ \leqq)\preccurlyeq\mathrm{ord}(\mathbb{N},\ \leqq')$
그러므로 $\omega=\mathrm{ord}(\mathbb{N},\ \leqq)$는 가장 작은 초한순서수이다. ■

연습문제 6.4

1. $\mathrm{ord}\{1,\ 2,\ 3\ \cdots\} < \mathrm{ord}\{1,\ 3,\ 5,\ \cdots,\ 2,\ 4,\ 6,\ \cdots\}$임을 보여라.

2. 임의의 자연수 k에 대하여 $\mathrm{ord}\{k,\ k+1,\ k+2,\ \cdots,\ 0,\ 1,\ 2,\ \cdots,\ k-1\} > \omega$ 임을 보여라.

3. 정리 6.4.3 증명과정에서 나온 $f : M \to B$가 단사임을 보여라

4. 정리 6.4.3에서 f가 엄밀한 증가임을 보여라.

5. 임의의 순서수 $\alpha,\ \beta,\ \gamma$에 대하여 $\alpha < \beta,\ \beta < \gamma$이면 $\alpha < \gamma$가 됨을 증명하여라.

6.5 순서수의 연산

6장에서는 자연수의 순서(차례)로 쓰이는 것에 관하여 알아보고 있다. 먼저 집합에서 원소의 차례(순서)를 통한 순서 구조를 도입하여 순서수를 정의하였다.

이 절에서는 그 순서수의 덧셈과 곱셈에 관한 연산에 대하여 알아보자. 순서수의 덧셈을 정의하기 위하여 먼저 서로소인 두 정렬집합 $(A, \leq_A)$과 $(B, \leq_B)$에 대해서 $A \cup B$ 위에 전순서관계를 다음과 같이 정의한다.

정의 6.5.1

서로소인 두 정렬집합 $(A, \leq_A)$과 $(B, \leq_B)$에 대해서 합집합 $A \cup B$ 위에 전순서관계 $\leq^*$를 다음과 같이 정의한다.

(1) 모든 $a, b \in A$(또는 $a, b \in B$)에 대해서 $a \leq_A b$(또는 $a \leq_B b$) $\Leftrightarrow a \leq^* b$

(2) $a \in A$, $b \in B$이면 $a \leq^* b$

위 정의 6.5.1은 연습문제 6.2의 (3)번에 의하여 정렬집합이 됨을 알 수 있었다. 한편 두 정렬집합 A, B가 서로소인 조건이 없을 때에는 5.3절에서 기수의 덧셈 연산을 정의할 때처럼 서로소가 되도록 적당하게 집합을 택하여 생각하자. 즉 데카르트 곱 $A \times \{0\}$과 $B \times \{1\}$로 구성하여 $A \times \{0\}$에 있어서 정렬순서 $\leq_0$를 모든 $(a, 0), (b, 0) \in A \times \{0\}$에 대하여 $a \leq_A b \Leftrightarrow (a, 0) \leq_0 (b, 0)$로 정의하고 같은 방법으로, $B \times \{1\}$에 있어서는 정렬순서 $\leq_1$를 모든 $(c, 0), (d, 0) \in B \times \{1\}$에 대하여 $c \leq_B d \Leftrightarrow (c, 0) \leq_1 (d, 0)$로 정의하자. 그러면 $A \times \{0\} \cap B \times \{1\} = \phi$이고 $(A \times \{0\}, \leq_0) \simeq (A, \leq_A)$, $(B \times \{1\}, \leq_1) \simeq (B, \leq_B)$이 된다. 따라서 $A \cap B \neq \phi$일 때는 서로소인 정렬집합 $(A \times \{0\}, \leq_0)$과 $(B \times \{1\}, \leq_1)$를 만들어 사용하면 된다. 이와 같이 해서 $\mathrm{ord}(A, \leq_A) + \mathrm{ord}(B, \leq_B)$를 합집합 $A \cup B$의 순서수 $\mathrm{ord}(A \cup B, \leq^*)$로 정의한다.

정의 6.5.2

α와 β를 순서수라 하자. α와 β의 **순서수의 합**(ordinal sum)은 순서수 $\mathrm{ord}(A \cup B, \le^*)$으로 정의하고 $\alpha + \beta$로 표기한다.

여기서 $(A, \le_A)$과 $(B, \le_B)$는 $\mathrm{ord}(A, \le_A) = \alpha$, $\mathrm{ord}(B, \le_B) = \beta$인 두 서로소인 정렬집합이다. 정의 6.5.2에서 만일 α와 β가 유한순서수이면 두 순서수의 합 $\alpha + \beta$는 음이 아닌 두 정수의 합과 일치하지만 초한순서수의 합에서는 다를 수 있다.

예제 1 두 유한순서수 2, 3의 합을 구하여라.

풀이 순서수의 공리 O-1과 O-4에 의하여 두 유한순서수 2, 3에 대하여 $2 = \mathrm{ord}\{0, 1\}$, $3 = \mathrm{ord}\{2, 3, 4\}$이 되는 정렬집합들이 존재한다. 그러므로 정의 6.5.2에 의하여 $2 + 3 = \mathrm{ord}\{0, 1, 2, 3, 4\} = 5$가 된다. 즉 $2 + 3 = 5$이다. ■

예제 2 0이 아닌 유한순서수 k에 대하여 $k + \omega = \omega$이지만 $\omega + k \ne \omega$는 성립하지 않음을 보여라.(즉 순서수의 덧셈에 관한 교환법칙이 성립하지 않는 한 예로 생각하면 된다.)

풀이 순서수의 공리 O-1과 O-4에 의하여 $k = \mathrm{ord}\{0, 1, 2, \cdots, k-1\}$, $\omega = \{k, k+1, \cdots\}$인 정렬집합 $(\{0, 1, 2, \cdots, k-1\}, \le)$과 $(\{k, k+1, \cdots\}, \le)$이 존재하므로

$$k + \omega = \mathrm{ord}\{0, 1, 2, \cdots k-1, k, k+1, \cdots\} = \omega$$

이다. 즉 $k + \omega = \omega$가 성립한다.

그러나 $\omega + k = \mathrm{ord}\{k, k+1, \cdots, 0, 1, 2, \cdots k-1\} > \omega$

왜냐하면 $f : (\{k, k+1, k+2, \cdots\}, \le) \to (\mathbb{N}, \le)$에서

$f(x) = x - k + 1$로 정의하면 f는 순서동형함수이다.

즉 $(\{k, k+1, \cdots\}, \leqq) \simeq (\mathbb{N}, \leqq)$(여기서 $\leqq$은 보통 대소순서)이다.
그러므로 $\mathrm{ord}(\{k, k+1, \cdots\}, \leqq) = \mathrm{ord}(\mathbb{N}, \leqq) = \omega$이다.
그런데 $\{k, k+1, \cdots\}$는 $\{k, k+1, k+2, \cdots, 0, 1, 2, \cdots, k-1\}$의 진절편이다. 따라서 정리 6.4.5에 의하여
$\mathrm{ord}\{k, k+1, k+2, \cdots\} < \mathrm{ord}\{k, k+1, k+2, \cdots, 0, 1, 2, \cdots, k-1\}$.
즉 $\omega < \mathrm{ord}\{k, k+1, k+2, \cdots, 0, 1, 2, \cdots, k-1\}$이다.
따라서 $\omega + k \neq \omega$가 된다. ■

정의 6.5.3

임의의 순서수 α, β, γ에 대하여 다음이 성립한다.

(1) 결합률(associative law): $(\alpha+\beta)+\gamma = \alpha+(\beta+\gamma)$

(2) $\beta < \gamma \Leftrightarrow \alpha+\beta < \alpha+\gamma$

(3) 좌측소거법(left cancellation): $\alpha+\beta = \alpha+\gamma \Rightarrow \beta = \gamma$

증명 (1) 순서수의 공리 O-1에 의하여 순서수 α, β, γ에 대하여 $\mathrm{ord}(A_1, \leq_1) = \alpha$, $\mathrm{ord}(A_2, \leq_2) = \beta$, $\mathrm{ord}(A_3, \leq_3) = \gamma$이고 쌍마다 서로소인 정렬집합 A, B, C가 존재한다. 그러면 $(A \cup B) \cap C = \phi$, $A \cap (B \cup C) = \phi$이고, $\alpha+\beta = \mathrm{ord}(A \cup B, \leq_{12})$, $\beta+\gamma = \mathrm{ord}(B \cup C, \leq_{23})$이다.

따라서

$$(\alpha+\beta)+\gamma = \mathrm{ord}((A \cup B) \cup C, \leq^*),$$
$$\alpha+(\beta+\gamma) = \mathrm{ord}(A \cup (B \cup C), \leq^{**})$$

이다.

여기서 $\leq_{12}, \leq_{23}, \leq^*, \leq^{**}$은 정의 6.5.1 밑부분에서 정의된 전순서관계를 의미한다.

그런데 $(A \cup B) \cup C = A \cup (B \cup C)$이고 $\leq^* = \leq^{**}$이다.

따라서 $((A \cup B) \cup C, \leq^*) = (A \cup (B \cup C), \leq^{**})$이므로

$(\alpha+\beta)+\gamma=\alpha+(\beta+\gamma)$가 성립된다.

(2) ($\Rightarrow$) 순서수의 공리 O-1에 의하여, 순서수 α, β, γ에 대하여 $\alpha=\mathrm{ord}(A, \le_1)$, $\beta=\mathrm{ord}(B, \le_2)$, $\gamma=\mathrm{ord}(C, \le_3)$이고 $A\cap B=\phi=A\cap C$가 존재한다.
가정에서 $\beta<\gamma$이므로 정리 6.4.5에 의하여
$\exists C_z$: C의 진절편 s.t. $y: B\simeq C_z$ 된다.
그리고 $A\cup B$와 $A\cup C$ 위에는 정의 6.5.1에서 정의한 $\le^*$가 주어졌다고 하자. 이 정렬순서에 따라 새로운 함수
$f: A\cup B\to A\cup C$을 $f(x)=\begin{cases}x, & x\in A\\ g(x), & x\in B\end{cases}$ 로 정의하면 f는 $A\cup B$에서 $A\cup C$의 진절편 $A\cup C_z$ 위로의 순서동형사상과 같다. 그러므로 정리 6.4.5에 의하여 $\alpha+\beta<\alpha+\gamma$가 성립된다.
($\Leftarrow$) 결론을 부정하자. 즉 $\beta=\gamma$이거나 $\gamma<\beta$라고 하자.
① $\beta=\gamma$이면 $\alpha+\beta=\alpha+\gamma$가 되어 모순이다.
② $\gamma<\beta$이면 위 ($\Rightarrow$)에서 $\alpha+\gamma<\alpha+\beta$ 모순.
따라서 $\beta<\gamma$가 성립한다.

(3) (귀류법) 결론을 부정하여 $\alpha+\beta=\alpha+\gamma$이고 $\beta\ne\gamma$인 순서수 α, β, γ가 존재한다고 가정하면, 정리 6.4.6에 의하여 $\beta<\gamma$(또는 $\gamma<\beta$)이 될 수 있다.
따라서 (2)에 의하여 $\alpha+\beta<\alpha+\gamma$가 되어 $\alpha+\beta=\alpha+\gamma$ 가정에 모순이 된다.
따라서 $\beta\ne\gamma$일 수는 없다. 즉 $\beta=\gamma$이다. ■

정의 6.5.4

임의의 순서수 α에 대한 순서수의 합에 대한 항등원은 0이다.
즉 $\alpha+0=0+\alpha=\alpha$이다.

증명 순서수의 공리 O-1에 의하여, 순서수 α에 대하여 $\mathrm{ord}(A, \le)=\alpha$

인 정렬집합 $(A, \le)$가 존재한다. 또 $\text{ord}(\phi, \le_\phi)=0$(사실 $\le_\phi = \phi$, 형식적인 순서관계를 보면 된다). $A \cap \phi = \phi$이므로

$$\alpha+0=\text{ord}(A\cup\phi, \le^*),\ 0+\alpha=\text{ord}(\phi\cup A, \le^{**})$$

이다. 그런데 $(A\cup\phi, \le^*)=(A, \le)=(\phi\cup A, \le^{**})$이므로

$$\alpha+0=0+\alpha=\alpha$$

가 성립한다. ■

예제 3 정리 6.5.3에서 좌측소거법은 성립함을 알 수 있었지만 우측소거법은 일반적으로 성립하지 않는다. 그 예를 하나 만들어 보아라.

풀이 $1+\omega=\omega=0+\omega$이지만 $1\neq 0$. ■

정의 6.5.5

임의의 순서수 α에 대하여 $\alpha < \alpha+1$이다.

증명 순서수 α에 대하여, $\text{ord}(A, \le)=\alpha$인 정렬집합을 $(A, \le)$라 놓고, $b \notin A$라 하자.

그러면 $\text{ord}(\{b\}, \le_1)=1$이고 $A\cap\{b\}=\phi$이므로 정의 6.5.2에 의하여 $\text{ord}(A\cup\{b\}, \le^*)=\alpha+1$이다. 그런데 $A\cup\{b\}$의 진절편 $(A\cup\{b\})_b$는 바로 A 자신이 된다.

따라서 A는 $A\cup\{b\}$의 진절편이고 순서동형이다. 정리 6.4.5에 의하여 $\text{ord}(A, \le) < \text{ord}(A\cup\{b\}, \le^*)$이다.

즉 $\alpha < \alpha+1$이다. ■

예제 4 순서수 중에는 가장 큰 순서수가 존재하지 않음을 보여라.

풀이 가장 큰 순서수 α가 존재한다고 하자. 그러면 정리 6.5.5에 의하여 $\alpha < \alpha+1$이므로 모순이다. ■

정의 5.3.5 기수의 곱을 정의할 때 데카르트 곱의 기수를 가지고 정의했듯이, 순서수의 곱에서도 곱 연산을 정의하기 위해서 데카르트 곱에 새로운 순서(관계)를 주어서 초한순서수의 곱을 정의하고자 한다.

정의 6.5.6

임의의 두 정렬집합 $(A,\ \leq)$와 $(B,\ \leq)$에 대하여 $A\times B$ 위의 **사전식순서관계** (lexicographic relation) $\leq{}^*$를 다음과 같이 정의한다.

(1) $a<x$이면 임의의 $b,\ y\in B$에 대하여 $(a,\ b)\leq{}^*(x,\ y)$

(2) $a=x$이고 $b\leq{}'y$이면 $(a,\ b)\leq{}^*(x,\ y)$

정리 6.5.7

정렬집합 $(A,\ \leq)$, $(B,\ \leq{}')$에 대하여 사전식순서관계를 갖는 집합 $(A\times B,\ \leq{}^*)$는 정렬집합이다.

증명의 스케치

먼저 $(A\times B,\ \leq{}^*)$가 전순서집합임을 보이고 S를 $A\times B$의 임의의 공집합이 아닌 부분집합이라 할 때 S가 최소원소를 갖는다는 것을 보이면 된다.

증명 먼저 $(A\times B,\ \leq{}^*)$가 전순서집합이 됨을 보이자. $(A\times B,\ \leq{}^*)$는 반순서집합이므로 임의의 $(a,\ b)$, $(x,\ y)\in A\times B$에 대하여
$a,\ x\in A$에서 $(A,\ \leq)$의 정렬성에 의하여 $a<x$(또는 $a>x$)이면 정의 6.5.6에 의하여 $(a,\ b)\leq{}^*(x,\ y)$(또는 $(a,\ b)\geq(x,\ y)$)이고, 만약 $a=x$이면 $b,\ y\in B$를 정렬집합 $(B,\ \leq{}')$ 위에서 정렬성에 의한 원소 비교를 하면

(i) $b=y\Rightarrow(a,\ b)=(x,\ y)$

(ii) $b\leq{}'y\Rightarrow(a,\ b)\leq{}^*(x,\ y)$

(iii) $b'\geq y\Rightarrow(a,\ b)^*\geq(x,\ y)$가 되어서 $(A\times B,\ \leq{}^*)$는 전

순서집합이 된다.

마지막으로 전순서집합 $(A \times B,\ \leq *)$이 정렬집합임을 보이자.
S를 $A \times B$의 임의의 공집합이 아닌 부분집합이라 하자.
S가 최소원소를 갖는다는 걸 보이면 증명은 끝난다.
여기서 $p_A(S) = \{x \in A \mid \exists y \in B \text{ s.t. } (x,\ y) \in S\}$는 정렬집합 $(A,\ \leq)$의 공집합이 아닌 부분집합이고 $(A,\ \leq)$가 정렬집합이므로 $p_A(S)$는 최소원소 a가 존재한다.
다음으로 $p_B(S) = \{y \in B \mid (a,\ y) \in S\}$를 고려하면
$p_B(S)(\neq \phi) \subseteq S$이고 $(B,\ \leq')$는 정렬집합이므로 $p_B(S)$는 최소원소 $b(\in p_B(S))$가 존재한다. 따라서 $(a,\ b)$는 S에 속하는 최소원소가 된다.
그러므로 $(A \times B,\ \leq^*)$는 정렬집합이다. ■

정리 6.5.8

정렬집합들 $(A_1,\ \leq_1)$, $(A_2,\ \leq_2)$, $(B_1,\ \leq_1')$, $(B_2,\ \leq_2')$에서 만일 $(A_1,\ \leq_1) \simeq (A_2,\ \leq_2)$이고 $(B_1,\ \leq_1') \simeq (B_2,\ \leq_2')$이면 $(A_1 \times B_1,\ \leq_1^*) \simeq (A_2 \times B_2,\ \leq_2^*)$이다. (여기서 $\leq_1^*$, $\leq_2^*$는 사전식순서이다.)

증명의 스케치

$f : A_1 \simeq A_2,\ g : B_1 \simeq B_2$일 때 이 두 함수 $f,\ g$를 순서동형사상 이용하여 $f \times g : A_1 \times B_1 \rightarrow A_2 \times B_2$ 전단사함수의 존재성을 보이고 $(x_1,\ y_1) \leq_1^* (x_2,\ y_2)$라고 하면 $f \times g(x_1,\ y_1)$, $f \times g(x_2,\ y_2)$가 사전식순서 관계 $\leq^*$가 됨을 보이면 된다.

증명 $f : A_1 \rightarrow A_2,\ g : B_1 \rightarrow B_2$ 각각 순서동형사상이라 하자.
임의의 $(x,\ y) \in A_1 \times B_1$에 대하여 $f \times g\ :\ A_1 \times B_1 \rightarrow A_2 \times B_2$를

$(f\times g)(x,\ y)=(f(x),\ g(y))$로 정의하자. 그러면 $f\times g$는 전단사이다. 이제 $(x_1,\ y_1)\le_1^*(x_2,\ y_2)$라 하면

(i) $x_1<_1 x_2$인 경우, $f(x_1)<_2 f(x_2)$이므로

$(f(x_1),\ g(y_1))\le_2^*(f(x_2),\ g(y_2))$.

즉 $f\times g(x_1,\ y_1)\le_2^* f\times g(x_2,\ y_2)$이다.

(ii) $x_1=x_2$인 경우, $y_1\le_1' y_2$이다. 따라서

$f(x_1)=f(x_2),\ \ g(y_1)\le_2' g(y_2)$.

그러므로 $(f(x_1),\ g(y_1))\le_2^*(f(x_2),\ g(y_2))$이다.

즉 $f\times g(x_1,\ y_1)\le_2^* f\times g(x_2,\ y_2)$이다.

따라서 $f\times g$는 순서동형사상이다. ■

정리 6.5.7, 정리 6.5.8을 사용하여 두 순서수 사이에 곱을 정의할 수 있다.

정리 6.5.9

α와 β를 순서수라 하자. α와 β의 **순서수의 곱**(ordinal product)은 $\mathrm{ord}(A\times B,\ \le^*)$으로 정의하고 $\beta\alpha$로 표기한다. 즉 $\beta\alpha=\mathrm{ord}(A\times B,\ \le^*)$이다.
(여기서 $(A,\ \le)$, $(B,\ \le')$은 $\alpha=\mathrm{ord}(A,\ \le)$, $\beta=\mathrm{ord}(B,\ \le')$인 정렬집합이고 $(A\times B,\ \le^*)$는 사전식순서(관계)를 갖는 정렬집합이다.)

순서수의 곱이 정의에서 $\beta\alpha$로 표기된 것을 유의해야 한다.

순서수의 합에서 교환법칙이 성립하지 않았는데, 곱에서도 교환법칙이 성립하지 않을 수 있다(예제 5 참조).

예제 5 순서수 2, 4에 대하여 순서수의 곱 $4\cdot 2$를 구하여라.

풀이 순서수의 공리 O-1과 O-4에 의하여

$$2=\mathrm{ord}(\{1,\ 2\},\ \le),\ \ 4=\mathrm{ord}(\{1,\ 2,\ 3,\ 4\},\ \le')$$

인 정렬집합

$$(\{1, 2\}, \le), (\{1, 2, 3, 4\}, \le ')$$

이 존재한다. 정의 6.5.9에 의하여

$$\begin{aligned} 4 \cdot 2 &= \text{ord}(\{1, 2\} \times \{1, 2, 3, 4\}, \le^*) \\ &= \text{ord}(\{(1, 1), (1, 2), (1, 3), (1, 4), (2, 1), \\ &\quad (2, 2), (2, 3), (2, 4)\}, \le^*) = 8 \end{aligned}$$

이다. 그러므로 $4 \cdot 2 = 8$이다. ■

정리 6.5.10

임의의 순서수 α에 대하여 $0\alpha = 0 = \alpha 0$, $1\alpha = \alpha = \alpha 1$이다.

증명 순서수의 공리 O-1에 의하여 순서수 α에 대하여
$\alpha = \text{ord}(A, \le)$인 정렬집합 $(A, \le)$이 존재한다.
$b \notin A$라 하자. $\text{ord}(\phi, \le_\phi) = 0$, $\text{ord}(\{b\}, \le_1) = 1$이다.

$$0\alpha = \text{ord}(A \times \phi, \le_1^*) = \text{ord}(\phi, \le_1^*),$$

$$\alpha 0 = \text{ord}(\phi \times A, \le_2^*) = \text{ord}(\phi, \le_2^*) = 0.$$

즉 $0\alpha = 0 = \alpha 0$이 성립한다.
그리고

$$f : (A, \le) \to (A \times \{b\}, \le_3^*)\text{를 } f(x) = (x, b),$$

$$g : (A, \le) \to (\{b\} \times A, \le_4^*)\text{를 } g(x) = (b, x)$$

로 정의된 함수이면 f, g는 둘 다 순서동형사상이다.
따라서

$$1\alpha = \text{ord}(A \times \{b\}, \le_3^*) = \text{ord}(A, \le) = \alpha$$

$$\alpha 1 = \text{ord}(\{b\} \times A, \le_4^*) = \text{ord}(A, \le) = \alpha$$

가 된다. 즉 $1\alpha = \alpha = \alpha 1$이 성립한다. ■

정리 6.5.11

임의의 순서수 α, β에 대하여

$$\alpha\beta = 0 \Leftrightarrow \alpha = 0 \text{ 또는 } \beta = 0\text{이다.}$$

증명 독자에게 남긴다.($A \times B = \phi \Leftrightarrow A = \phi$ 또는 $B = \phi$)

정리 6.5.12

임의의 순서수 α, β, γ에 대하여 다음 법칙이 성립한다.

(1) 곱의 결합법칙: $(\gamma\beta)\alpha = \gamma(\beta\alpha)$

(2) 좌측 분배법칙: $\gamma(\alpha + \beta) = \gamma\alpha + \gamma\beta$

증명의 스케치

(1) $f : (A\times(B\times C),\ \leq^*_3) \to ((A\times B)\times C,\ \leq^*_4)$로의 함수를 정의하여 순서동형사상임을 보이면 된다.

증명 (1) 순서수의 공리 O-1에 의하여 순서수 α, β, γ는
$\mathrm{ord}(A,\ \leq) = \alpha$, $\mathrm{ord}(B,\ \leq') = \beta$, $\mathrm{ord}(C,\ \leq'') = \gamma$인
정렬집합 A, B, C가 존재한다.
정의 6.5.9에 의하여
$\gamma\beta = \mathrm{ord}(B\times C,\ \leq^*_1)$, $\beta\alpha = \mathrm{ord}(A\times B,\ \leq^*_2)$,
$(\gamma\beta)\alpha = \mathrm{ord}(A\times(B\times C),\ \leq^*_3)$, $\gamma(\beta\alpha) = \mathrm{ord}((A\times B)\times C,\ \leq^*_4)$
이다.(여기서 $\leq^*_1$, $\leq^*_2$, $\leq^*_3$, $\leq^*_4$는 각각의 사전식순서이다.)
함수 $f : (A\times(B\times C),\ \leq^*_3) \to ((A\times B)\times C,\ \leq^*_4)$를
$f(x,\ (y,\ z)) = ((x,\ y),\ z)$로 정의하면 f는 전단사이다.(독자에

게 남긴다.)

$(x,\ (y,\ z)),\ (x',\ (y',\ z')) \in A \times (B \times C)$에 대하여

$x_1 = (x,\ (y,\ z)),\ x_2 = (x',\ (y',\ z'))$라 놓고 $x_1 \le_3^* x_2$라 하자.

즉 $(x,\ (y,\ z)) \le_3^* (x',\ (y',\ z'))$라고 하자. 그러면 다음 세 가지

(i) $x < x'$ (ii) $x = x',\ y < y'$ (iii) $x = x',\ y = y',\ z \le'' z'$인

경우를 고려해봐야 한다.

(i) $x < x'$인 경우, $(x,\ y) <_2^* (x',\ y')$이므로

$((x,\ y),\ z) <_4^* ((x',\ y'),\ z')$, 즉 $f(x_1) <_4^* f(x_2)$.

(ii) $x = x'$이고 $y <' y'$인 경우, $(x,\ y) <_2^* (x',\ y')$이다.

따라서 $((x,\ y),\ z) <_4^* ((x',\ y'),\ z')$, 즉 $f(x_1) <_4^* f(x_2)$.

(iii) $x = x',\ y = y',\ z \le'' z'$인 경우, $(x,\ y) = (x',\ y')$이고

$z \le'' z'$이므로 $((x,\ y),\ z) \le_4^* ((x',\ y'),\ z')$.

즉 $f(x_1) \le_4^* f(x_2)$.

그러므로 (i), (ii), (iii) 모든 경우에서

$x_1 \le_3^* x_2 \Rightarrow f(x_1) \le_4^* f(x_2)$이므로 f는 순서동형사상이다.

따라서 $\mathrm{ord}(A \times (B \times C),\ \le_3^*) = \mathrm{ord}((A \times B),\ \le_4^*)$.

즉 $(\gamma\beta)\alpha = \gamma(\beta\alpha)$가 성립한다.

(2) 순서수의 공리 O-1에 의하여 순서수 $\alpha,\ \beta,\ \gamma$는

$\mathrm{ord}(A,\ \le_1) = \alpha,\ \mathrm{ord}(B,\ \le_2) = \beta,\ \mathrm{ord}(C,\ \le_3) = \gamma$,

$A \cap B = \phi$인 정렬집합 $A,\ B,\ C$가 존재하고

$A \times C \cap B \times C = \phi$이므로 정의 6.5.2, 정의 6.5.9에 의하여

$$\gamma \cdot \alpha + \gamma \cdot \beta = \mathrm{ord}((A \times C) \cup (B \times C),\ \le')$$

이다. 그리고 $\alpha + \beta = \mathrm{ord}(A \cup B,\ \le'')$이므로 $\gamma(\alpha + \beta) =$ $\mathrm{ord}((A \cup B) \times C,\ \le^*)$이다.

그런데 $(A \cup B) \times C = (A \times C) \cup (B \times C)$.

$(a_1, c_1) \le^* (a_2, c_2) \Leftrightarrow (a_1, c_1) \le' (a_2, c_2)$이므로 정렬순서 $\le^*$과 $\le'$는 같다.(물론 (i) $a_1, a_2 \in A$, (ii) $a_1, a_2 \in B$, (iii) $a_1 \in A, a_2 \in B$인 경우를 따져 증명해보자.)

따라서 $((A \cup B) \times C, \le^*) = ((A \times C) \cup (B \times C), \le')$이다.

즉 $\gamma(\alpha + \beta) = \gamma\alpha + \gamma\beta$가 성립한다. ■

예제 6 순서수 2, ω에 대하여 $2\omega = \omega$임을 보여라.

풀이 순서수 2, ω에 대하여, $\omega = \mathrm{ord}(A, \le)$, $2 = \mathrm{ord}(B, \le')$인 두 정렬집합 $(A, \le) = \{1, 2, 3, \cdots\}$, $(B, \le') = \{0, 1\}$라 놓자. 한편 $A \times B$ 위에는 사전식순서 $\le^*$를 주면, 즉 $A \times B = \{(1, 0), (1, 1), (2, 0), (2, 1), \cdots, (n, 0), (n, 1), \cdots\}$이므로

$2\omega = \mathrm{ord}(A \times B, \le^*)$이다.

그런데 함수 $f : (A \times B, \le^*) \to (A, \le)$를

$f(j, k) = \begin{cases} 2j - 1, & k = 0 \\ 2j, & k = 1 \end{cases}$ 로 정의하면 f는 순서동형사상이다.

따라서 $2\omega = \omega$이다. ■

예제 7 예제 6을 임의의 유한순서수 $k(k \ne 0)$에 대하여 확장할 수 있음을 보여라. 즉 $k\omega = \omega$임을 보여라.

풀이 순서수 k, ω에 대하여, $\omega = \mathrm{ord}(A, \le)$, $k = \mathrm{ord}(B, \le')$인 두 정렬집합 $(A, \le) = \{1, 2, 3, \cdots\}$, $(B, \le') = \{1, 2, \cdots, k\}$라 놓자.

$A \times B$ 위에는 사전식순서 $\le^*$를 부여하면 즉 $k\omega = \mathrm{ord}(A \times B), \le^*)$이다.

그런데 함수 $f : (A \times B, \le^*) \to (A, \le)$를 $f(i, j) = ik - k + j$라고 f를 정의하면 f는 순서동형사상이다.

그러므로 $k\omega = \mathrm{ord}(A \times B, \ \leq^{*}) = \mathrm{ord}(A, \ \leq) = \omega$

따라서 $k\omega = \omega$이다. ■

독자는 위의 예제 6, 예제 7에서 $2\omega \neq \omega \cdot 2$, $k\omega \neq \omega k$임을 확인해보고 넘어가길 바란다. 그림으로 그려보면

$$2\omega = \underbrace{\bullet \ \bullet}_{2} + \underbrace{\bullet \ \bullet}_{2} + \underbrace{\bullet \ \bullet}_{2} + \ \cdots = \underbrace{\bullet \ \bullet \ \bullet}_{\omega} \cdots$$

$$\omega 2 = \underbrace{\bullet \ \bullet \ \bullet \cdots}_{\omega} + \underbrace{\bullet \ \bullet \ \bullet \cdots}_{\omega} + \cdots = \underbrace{\bullet \ \bullet \ \bullet \cdots | \bullet \ \bullet \ \bullet \cdots}_{\omega + \omega}$$

로 그려볼 수 있다.

예제 8 정리 6.5.12 (2)에서 좌측분배법칙이 성립함을 알 수 있었지만 순서수의 곱셈에 관한 우측분배법칙은 반드시 성립하지는 않는다. 그 예를 하나 만들어 보아라.
즉 순서수 α, β, γ에 대하여 $(\beta + \gamma)\alpha = \beta\alpha + \gamma\alpha$가 성립하지 않는 예를 하나 만들어 보아라.

풀이 $(1+1)\omega \neq 1 \cdot \omega + 1 \cdot \omega$이다.
왜냐하면 $(1+1) \cdot \omega = 2 \cdot \omega = \omega$. $1 \cdot \omega + 1 \cdot \omega = \omega + \omega > \omega$.
따라서 $(1+1) \cdot \omega < 1 \cdot \omega + 1 \cdot \omega$이다. ■

정리 6.5.13

임의의 순서수 α, β, γ에 대하여 다음 법칙이 성립한다.

(1) $\alpha < \beta \Rightarrow \gamma\alpha < \gamma\beta$ (2) 좌측소거법 $\gamma\alpha = \gamma\beta \Rightarrow \alpha = \beta$

증명 (1) 순서수 α, β, γ에 대하여, $\alpha = \mathrm{ord}(A, \ \leq)$, $\beta = \mathrm{ord}(B, \ \leq')$, $\gamma = \mathrm{ord}(C, \ \leq'')$인 정렬집합들을 $(A, \ \leq)$, $(B, \ \leq')$, $(C, \ \leq'')$라 놓자. $\alpha < \beta$이면 $\exists p \in B$ s.t. $A \simeq B_p$이고(여기서,

$B_p = \{b \in B \mid b <' p\}$) $A \times C \simeq B_p \times C$인데 q를 C의 최소원소라 하고 $A \times C$와 $B \times C$ 위에 각각 사전식순서를 부여하면 $B \times C$로 이어받은 순서에 의하여 $A \times C \simeq B_p \times C$이다. $B_p \times C$는 $B \times C$의 진절편 $(B \times C)_{(p,\ q)} = \{(x,\ y) \in B \times C \mid (x,\ y) <'^* (p,\ q)\}$와 같다.

따라서 $\gamma\alpha < \gamma\beta$이다.

(2) **(귀류법)** 순서수 $\exists \alpha,\ \beta,\ \gamma(0 < \gamma)$ s.t. $\gamma\alpha = \gamma\beta,\ \alpha \neq \beta$라고 가정하자. 지금 $\alpha < \beta$($\beta < \alpha$인 경우도 같은 방법으로 다룰 수 있다.)라고 가정하면 (1)에 의하여 $\gamma\alpha < \gamma\beta$가 성립한다. 이것은 (2)의 가정 $\gamma\alpha = \gamma\beta$에 모순이다.

따라서 $\gamma\alpha = \gamma\beta \Rightarrow \alpha = \beta$가 성립한다. ■

예제 9 정리 6.5.13 (2)에서 순서수의 곱셈에 있어서 우측소거법은 반드시 성립하지는 않는다. 그 예를 하나 만들어보아라.

즉 순서수 $\alpha,\ \beta,\ \gamma(0 < \gamma)$에 대하여 $\alpha\gamma = \beta\gamma \Rightarrow \alpha = \beta$가 성립하지 않는 예를 하나 만들어 보아라.

풀이 $1\omega = 2\omega$ 그러나 $1 \neq 2$이다. ■

순서수의 순서 비교를 생각하면서 기수를 순서수의 관점에서 몇 가지 정리들을 더 알아보자.

정리 6.5.14

임의의 순서수 α에 대하여 $\beta < \alpha$인 모든 순서수 β의 집합은 순서수가 α인 정렬집합이다.

증명 순서수의 공리 O-1에 의하여 순서수 α에 대하여 $\mathrm{ord}(A,\ \leq) = \alpha$인 정렬집합 $(A,\ \leq)$가 존재한다.

함수 $f:(A, \leq) \to \{\beta \mid \beta$는 $\beta < \alpha$인 순서수$\}$을 $f(p) = \mathrm{ord}\, A_p$로 정의하면 $p = q$이면 $A_p = A_q$이므로 $f(p) = f(q)$이다.

A_p는 A의 진절편이므로 $f(p) = \mathrm{ord}\, A_p < \alpha$

따라서 $f(p) \in \{\beta \mid \beta$는 $\beta < \alpha$의 순서수$\}$이다. 즉 f는 잘 정의된 함수이다. 만약 $p, q \in A$에 대하여 $f(p) = f(q)$라고 하면

$\mathrm{ord}\, A_p = \mathrm{ord}\, A_q$이므로 $A_p \simeq A_q$이다. 그러므로 $p = q$이다.

따라서 f는 단사이다.

f가 전사임을 보이자.

임의의 $\beta_0 \in \{\beta \mid \beta$는 $\beta < \alpha$인 순서수$\}$에 대하여 순서수의 공리 O-1에 따라 $\mathrm{ord}(B, \leq') = \beta_0$인 정렬집합 $(\beta, \leq')$가 존재한다.

그리고 $\beta_0 < \alpha$이므로 $\exists a \in A$ s.t. $(B, \leq') \simeq A_a$된다. 그러면 $f(a) = \mathrm{ord}\, A_a = \mathrm{ord}\, B = \beta_0$, 즉 $^\forall \beta_0 \in \{\beta \mid \beta$는 $\beta < \alpha$인 순서수$\}$에 대하여 $\exists a \in A$ s.t. $f(a) = \beta_0$가 된다.

그러므로 f는 전사이다.

또한 $p, q \in A$, $p \leq q \Rightarrow A_p \subseteq A_q$, 즉 A_p는 A_q의 절편이므로 $\mathrm{ord}\, A_p \leqslant \mathrm{ord}\, A_q$, 즉 $f(p) \leqslant f(q)$.

따라서 f는 순서동형사상이다.

그러므로 $(A, \leq) \simeq \{\beta \mid \beta$는 $\beta < \alpha$인 순서수$\}$, $\mathrm{ord}\{\beta \mid \beta$는 $\beta < \alpha$인 순서수$\} = \alpha$이다.

즉 $\{\beta \mid \beta$는 $\beta < \alpha$인 순서수$\}$는 순서수가 α인 정렬집합이다. ■

위 정리 6.5.14에서 순서수 α를 집합 $\{\beta \mid \beta$는 $\beta < \alpha$인 순서수$\}$와 같이 취급하여 순서수를 다음과 같은 정렬집합으로 볼 수 있다.

$0 \Leftrightarrow \phi$, $1 \Leftrightarrow \{0\}$, $2 \Leftrightarrow \{0, 1\}$, $3 \Leftrightarrow \{0, 1, 2\}$, $\cdots$

$\omega \Leftrightarrow \{0, 1, 2, \cdots\}$, $\omega + 1 \Leftrightarrow \{0, 1, 2, \cdots, \omega\}$, $\cdots$

$\omega 2 \Leftrightarrow \{0, 1, 2, \cdots, \omega, \omega+1, \cdots\}$, $\omega 2 + 1 \Leftrightarrow \{0, 1, 2, \cdots, \omega, \omega+1, \cdots, \omega 2\}$

정리 6.5.15

순서수가 원소인 임의의 집합은 정렬집합이다.

모든 순서수의 집합을 의미하는 것은 아님에 주의해야 한다. 그 이유는 러셀의 역리와 같이 그러한 집합의 존재를 인정하면 부랄리-포르티 역리로 알려진 정리에서 모순이 일어나기 때문이다.

증명의 스케치

귀류법을 이용하여 결론을 부정한 다음 정리 6.5.14를 이용하여 모순을 찾아 증명하면 된다.

증명 결론을 부정하면 적당한 순서수의 집합 A가 존재하여 A는 정렬집합이 아니라고 하자.
즉 최소원소를 갖지 않는 A의 부분집합 A_1이 존재한다.
따라서 A_1은 감소하는 무한순서수수열 $\alpha_1 > \alpha_2 > \cdots$를 포함한다.
그런데 이 수열의 집합 $\{\beta \mid \beta < \alpha_1\}$에 포함되므로 $\{\beta \mid \beta < \alpha_1\}$은 정렬집합이 아니다.
이것은 정리 6.5.14에 모순이다.
따라서 순서수가 원소인 임의의 집합은 정렬집합이다. ■

순서수를 집합으로 볼 때 자연수의 집합 $\mathbb{N}$과 대등인 순서수가 원소인 임의의 집합을 S라 하면 다음과 같은 원소들이 존재한다.

$$\omega,\ \omega+1,\ \cdots\ \omega2,\ \omega2+1,\ \cdots,\ \omega3,\ \omega3+1,\ \cdots,\ \omega n,\ \omega n+1,\ \cdots$$

$$\cdots,\ \omega^{\omega},\ \omega^{\omega}+1,\ \cdots,\ \omega^{\omega^{\omega}},\ \omega^{\omega^{\omega}}+1,\ \cdots,\ \omega^{\omega^{\omega^{\omega}}},\ \omega^{\omega^{\omega^{\omega}}}+1,\ \cdots,\ \cdots$$

예를 들어 ω^{ω}의 순서수를 형상화해보면 정리 6.5.15에 의하면 S는 정렬집합이므로 자연수 $\mathbb{N}$과 대등한 가장 작은 순서수가 유일하게 존재한다는 것을 알 수 있다.

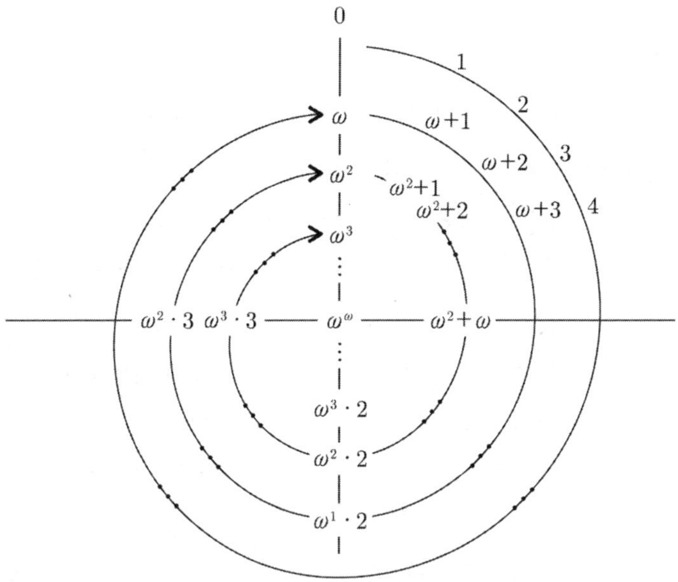

순서수 ω^ω의 형상화

정리 6.5.16

자연수 ℕ과 대등한 가장 작은 순서수를 집합 ℕ의 **초기순서수**(initial ordinal)라고 한다.

예제 10 자연수 집합 ℕ의 초기순서수는 ω와 같음을 보여라.

풀이 독자에게 남긴다. ■

정리 6.5.17

집합 A, B에 대하여, A의 초기순서수를 α, B의 초기순서를 β라 하면 $\alpha=\beta \Leftrightarrow \operatorname{card} A = \operatorname{card} B$이다.

증명 ($\Rightarrow$) 순서수의 공리 O-1에 의하여

$\exists \le_A, \le_B$: 정렬순서 s.t. $\alpha = \operatorname{ord}(A, \le_A)$, $\beta = \operatorname{ord}(B, \le_B)$.

가정에서 $\alpha=\beta$이므로 $\mathrm{ord}(A, \le_A)=\mathrm{ord}(B, \le_B)$이다.

즉 $\exists h : (A, \le_A) \simeq (B, \le_B)$.

h는 전단사이므로 $\mathrm{Card}\,A = \mathrm{Card}\,B$이다.

($\Leftarrow$) $\mathrm{Card}\,A = \mathrm{Card}\,B$라고 가정하자. 즉 $\exists f : A \sim Y$이다.

B의 초기순서수가 β이므로 $\beta=\mathrm{ord}(B, \le')$인 B 상의 정렬순서 $\le'$가 존재한다. A 상의 순서관계 $\le$를 $x_1 \le x_2 \Leftrightarrow f(x_1) \le' f(x_2)$라고 정의하면 $\le$는 A 상의 정렬순서이고 f는 $(A, \le)$와 $(Y, \le')$ 사이의 순서동형사상이다.

이제 $\mathrm{ord}(A, \le)=\alpha$임을 보이자.

A 상의 임의의 정렬순서 $\le_1$에 대하여 B 상의 순서 $\le_2$를 $y_1 \le_2 y_2 \Leftrightarrow f^{-1}(y_1) \le_1 f^{-1}(y_2)$라고 정의하면 $\le_2$는 B 상의 정렬순서이고 f는 $(A, \le_1)$와 $(B, \le_2)$ 상의 순서동형사상이다. β는 B의 초기순서수이므로 $\beta \preccurlyeq \mathrm{ord}(Y, \le_2)$이다.

즉 $\mathrm{ord}(Y, \le') \preccurlyeq \mathrm{ord}(Y, \le_2)$이다.

따라서 $\exists g : (B, \le') \simeq B_0$, B_0는 $(B, \le_2)$의 절편이다.

그러면 $f^{-1} \circ g \circ f : (A, \le) \simeq f^{-1}(B_0)$이고 $f^{-1}(B_0)$는 $(A, \le_1)$의 절편이므로 $\mathrm{ord}(A, \le) \preccurlyeq \mathrm{ord}(A, \le_1)$이다.

따라서 $\mathrm{ord}(A, \le)$는 A의 초기순서수이다.

즉 $\mathrm{ord}(A, \le)=\alpha$이다.

그런데 $(A, \le) \simeq (B, \le')$이므로

$\mathrm{ord}(A, \le)=\mathrm{ord}(B, \le')$, 즉 $\alpha=\beta$. ■

정리 6.5.18

모든 순서수의 집합은 존재하지 않는다.

증명 **(귀류법)** 결론을 부정하면 모든 순서수의 집합 S가 존재한다고 가정하자. 그러면 정리 6.5.15에 의하여 S는 정렬집합이다.

S의 순서수를 σ라 하면 σ는 S의 원소이어야 한다.
그러면 정리 6.5.14, 정리 6.4.5에 의하여

$$\sigma = \text{ord}\{\beta \in S \mid \beta < \alpha\} = \text{ord}\, S_\sigma < \text{ord}\, S = \sigma$$

이다. 즉 $\sigma < \sigma$가 되어 모순이 된다.
따라서 모든 순서수의 집합은 존재하지 않는다. ■

연습문제 6.5

1. $\{1, 3, 5, \cdots\} \cup \{\cdots, 6, 4, 2\}$의 순서수를 구하라.

2. 순서수 α, β, γ에 대하여 $\gamma\alpha < \gamma\beta$, $0 < \gamma \Rightarrow \alpha < \beta$임을 증명하여라.

3. 임의의 집합에 대한 초기순서수가 유일하게 하나 존재함을 증명하여라.

4. 정리 6.5.15 증명과정에서 나온 전순서집합 $(A, \le)$에 있어서 A의 원소의 수열 $a_1, a_2, \cdots a_n, \cdots$에 대하여 $a_1 > a_2 > a_3 > \cdots > a_n > \cdots$이면 이 수열은 엄밀하게 감소(strictly decreasing)한다고 한다.
이때 정렬집합 $(A, \le) \Leftrightarrow \nexists \{a_n\}$, A 안에 엄밀하게 감소하는 수열임을 증명하여라.

5. 집합 A, B의 초기순서수 α, β에 대하여 $\alpha < \beta \Leftrightarrow \operatorname{Card} A < \operatorname{Card} B$임을 증명하여라.

07. 선택공리 및 선택공리와 동치인 정리

07

7.1 선택공리

$\mathscr{S}$가 공집합이 아닌 집합 S_i로 된 집합족 $\{S_i\}$일 때 $\mathscr{S}$의 각 원소 S_i에서 단 하나의 원소만을 택하여 이루어진 집합 $R = \{x_i \mid x_i \in S_i\}$이 존재한다.(그림 1) 여기서 각 S_i와 R의 공통원소 x_i를 S_i의 대표원소 R을 $\mathscr{S}$의 **대표집합**(또는 **선택집합**)이라고 한다.

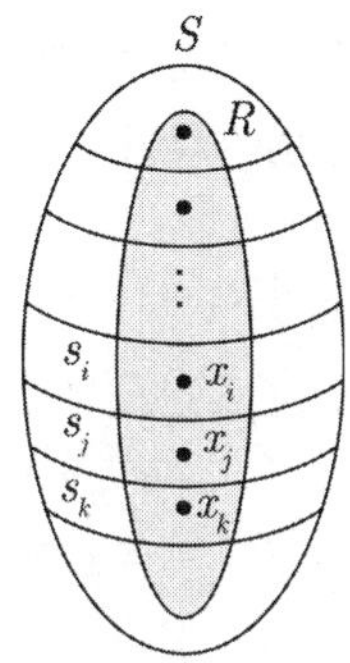

그림 1

선택공리를 함수의 개념을 써서 다음과 같이 나타낼 수도 있다.

선택공리(Axiom of choice)

$\mathscr{S}$가 공집합이 아닌 임의의 집합족에 대하여 $f : \mathscr{S} \to \bigcup_{S_i \in \mathscr{S}} S_i$, $f(S_i) \in S_i$인 함수 f가 존재한다.(그림 2)

여기서 f를 **선택함수**, $f(S_i) \in x_i : S_i$의 **대표원소**, $f(\mathscr{S}) = \{f(S_i) \mid S_i \in \mathscr{S}\}$를 $\mathscr{S}$에 대한 **대표집합**이라고 한다.

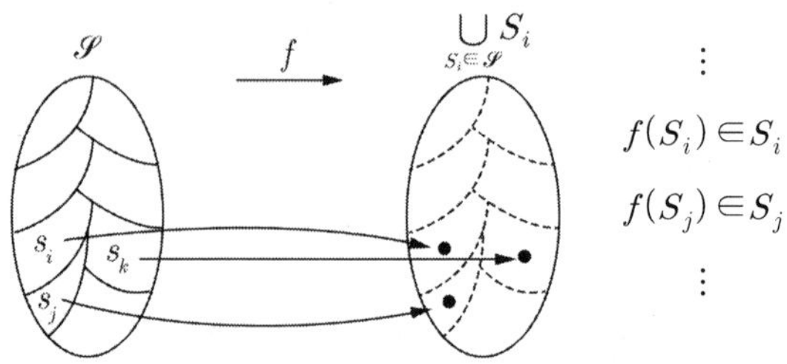

그림 2

예제 1 $X = \{1, 2, 3, 4, 5\}$의 부분집합 $A_1 = \{1, 2, 3\}$, $A_2 = \{1, 5\}$, $A_3 = \{2, 4, 5\}$, $A_4 = \{3, 4\}$에 대하여 다음 함수 $\{A_1, A_2, A_3, A_4\}$에서 X로의 선택함수인지 아닌지를 설명하시오.

$$f_1 = \{(A_1, 1), (A_2, 1), (A_3, 4), (A_4, 4)\}$$
$$f_2 = \{(A_1, 1), (A_2, 2), (A_3, 3), (A_4, 4)\}$$

풀이 $f_1(A_1) = 1 \in A_1$, $f_1(A_2) = 1 \in A_2$, $f_1(A_3) = 4 \in A_3$, $f_1(A_4) = 4 \in A_4$이므로 f_1은 선택함수이다.
$f_2(A_2) = 2 \notin A_2$이기 때문에 선택함수가 아니다. ■

연습문제 7.1

1. 예제 1에서 $f=\{(A_1,\ 2),\ (A_2,\ 1),\ (A_3,\ 4),\ (A_4,\ 3)\}$일 때 선택함수인지 아닌지를 보여라.

2. $A=\{a,\ b,\ c,\ d\}$, $B=\{x,\ y,\ z\}$, $C=\{1,\ 2,\ 3\}$일 때 $\mathscr{S}=\{A,\ B,\ C\}$에 대한 선택함수의 개수를 구하여라.

3. $\mathscr{S}$를 공집합이 아닌 집합들의 집합족이라고 하고 $A=\bigcup_{S_i\in\mathscr{S}} S_i$라 하자. 모든 함수 $g:\mathscr{S}\to\mathscr{S}$에 대하여 $g^*:\mathscr{S}\to A$가 존재하여 $g^*(B)\in g(B)$임을 증명하여라.

4. $\mathscr{P}$가 공집합이 아닌 집합 X의 한 분할일 때 집합 $R(\subseteq X)$ 중 각 $C\in\mathscr{P}$에 대한 $C\cap R$가 한 원소집합인 것이 존재한다. 이것을 증명하여라.

7.2 선택공리와 동치인 정리

다음 정리는 선택공리와 동치인 정리를 증명하는데 중요하게 사용되어진다.

정리 7.2.1

공집합이 아닌 반순서집합$(A,\ \le)$에서 A의 임의의 전순서부분집합 D에 대하여 $\sup D \in A$일 때 임의의 $a \in A$에 대해 $f(a) \ge a$로 정의된 함수 f에 대하여 $f(p) = p$인 A의 원소 p가 존재한다.

증명 A의 원소 a를 고정하고 A의 부분집합 B에 대하여

$B \in \mathscr{B} \Leftrightarrow$ (i) $a \in B$

(ii) $f(B) \subseteq B$

(iii) B의 모든 전순서 집합 E에 대하여 $\sup E \in B$

라고 $\mathscr{B}$를 정의하자. 그러면 $A \in \mathscr{B}$이므로 $\mathscr{B} \neq \phi$이다.

왜냐하면 (i) $a \in A$, (ii) $f(A) \subseteq A$ (f의 상에 의하여) (iii) 가정에서 A의 임의의 전순서집합 D에 대하여 $\sup D \in A$이다. 즉 (i), (ii), (iii)을 만족하므로 $A \in \mathscr{B}$, $\mathscr{B} \neq \phi$이다.

이제 $B_0 = \bigcap_{B \in \mathscr{B}} B$라고 하면, $B_0 \in \mathscr{B}$이고 임의의 $B \in \mathscr{B}$에 대하여 $B_0 \subseteq B$이다.

왜냐하면

(i) $^{\forall} B \in \mathscr{B}$, $a \in B$이므로 $a \in \bigcap_{B \in \mathscr{B}} B$, 즉 $a \in B_0$이다.

(ii) 모든 $B \in \mathscr{B}$, $f(B) \subseteq B$이므로

$f\left(\bigcap_{B \in \mathscr{B}} B\right) \subseteq \bigcap_{B \in \mathscr{B}} f(B) \subseteq \bigcap_{B \in \mathscr{B}} B$, 즉 $f(B_0) \subseteq B_0$이다.

(iii) B_0의 임의의 전순서부분집합 E는 모든 $B \in \mathscr{B}$에 대하여 $B_0 \subseteq B$이므로 임의의 $B \in \mathscr{B}$의 전순서부분집합이다. 따라서

모든 $B \in \mathscr{B}$에 대하여 $\sup E \in \mathscr{B}$가 된다.

그러므로 $\sup E \in \bigcap_{B \in \mathscr{B}} B$, 즉 $\sup E \in B_0$이다.

즉 (i), (ii) (iii)을 만족하므로 $B_0 \in \mathscr{B}$이고 또한 임의의 $B \in \mathscr{B}$에 대하여 $B_0 \subseteq B$이다.

그런데 $\{x \in A \mid x \geq a\} \in \mathscr{B}$이므로, 왜냐하면 $F = \{x \in A \mid x \geq a\}$라 놓자. $F \in \mathscr{B}$임을 보여보자.

(i) $a \in \{x \in A \mid x \geq a\}$, 즉 $a \in F$이다.

(ii) $y \in f(F) \Rightarrow \exists\, x \in F$ s.t. $y = f(x) \Rightarrow y = f(x) \geq x \geq a$

즉 $y \geq a \Rightarrow y \in F$이다. 그러므로 $f(F) \subseteq F$이다.

(iii) F의 임의의 전순서부분집합 E에 대하여 E는 A의 전순서부분집합이므로 $\sup E \in A$이다. E의 임의의 원소 중 하나인 e에 대하여 $e \in F$이므로 $e \geq a$이고 $e \leq \sup E$이므로 $a \leq \sup E$가 된다. 즉 $\sup E \in F$이다.

그러므로 $F = \{x \in A \mid x \geq a\} \in \mathscr{B}$이다.

즉 (i), (ii), (iii)에 의하여 $\{x \in A \mid x \geq a\} \in \mathscr{B}$이다.

$\{x \in A \mid x \geq a\} \in \mathscr{B}$이므로, $B_0 \subseteq \{x \in A \mid x \geq a\}$

따라서 모든 $x \in B_0 \Rightarrow x \geq a$이다. $\cdots (*)$

이번에는 $C = \{x \in B_0 \mid y \in B_0$이고 $y < x \Rightarrow f(y) \leq x\}$라 정의하면 $x \in C$이고 $z \in B_0 \Rightarrow z \leq x$ 또는 $z \geq f(x)$가 된다.

왜냐하면 먼저 모든 $x \in C$에 대하여

$D_x = \{z \in B_0 \mid z \leq x$ 또는 $z \geq f(x)\}$라고 정의하고 $D_x \in \mathscr{B}$임을 보이자.

(i) $C \subseteq B_0$이므로 $x \in B_0$이고 따라서 $a \leq x$(($*$)에 의하여)

그러므로 $a \in D_x$이다.

(ii) 임의의 $y \in f(D_x)$에 대하여 $\exists\, z \in D_x$ s.t. $y = f(z)$

$\Rightarrow z \leq x$ 또는 $z \geq f(x)$

$z \geq f(x)$, $z = x$, $z < x$인 경우 모두 $y \in D_x$이므로 $y \in f(D_x)$

$\Rightarrow y \in D_x$이다.

따라서 $f(D_x) \subseteq D_x$이다.

(iii) D_x의 임의의 전순서부분집합 E에 대하여 E는 B_0의 전순서부분집합이다. 따라서 $\sup E \in B_0$이다.

임의의 $y \in E$에 대하여 $y \in D_x$이므로 $y \leq x$ 또는 $y \geq f(x)$인데

$^\forall y \in E,\ y \leq x$인 경우, $\sup E \leq x$이므로 $\sup E \in D_x$이다.

또한 $\exists y \in E$ s.t. $y \geq f(x)$인 경우, $\sup E \geq y \geq f(x)$이므로 $\sup E \in D_x$이다.

그러므로 $D_x \in \mathscr{B}$가 된다.

따라서 $B_0 \subseteq D_x \subseteq B_0$이므로 $D_x = B_0$이다.

그러므로 $x \in C$이고 $z \in B_0 \Rightarrow x \in C$이고 $z \in D_x$

$$\Rightarrow z \leq x \text{ 또는 } z \leq f(x) \qquad \cdots (**)$$

이다. 이제 C가 $\mathscr{B}$의 원소임을 보일 차례이다.(즉 $C \in \mathscr{B}$)

$C = \{x \in B_0 \mid y \in B_0$이고 $y < x \Rightarrow f(y) \leq x\} \in \mathscr{B}$임을 보이자.

(i) $y \in B_0$이고 $y < a \Rightarrow a \leq y$이고 $y < a \Rightarrow c$(모순)

$$\Rightarrow f(y) \leq a.$$

즉 $y \in B_0$이고 $y < a \Rightarrow f(y) \leq a$이다.

그러므로 $a \in C$이다.

(ii) $z \in f(C) \Rightarrow \exists x \in C$ s.t. $z = f(x)$

$y \in B_0$이고 $y < f(x) \Rightarrow y \in D_x$이고 $y < f(x)$

$\Rightarrow (y \leq x$ 또는 $y \geq f(x))$이고 $y < f(x) \Rightarrow y \leq x$

$y < x$인 경우, C의 정의에 따라 $f(y) \leq x$이다. 그러므로 $f(y) \leq f(x)$이다.

$y = x$인 경우, $f(y) = f(x)$

즉 $y \in B_0$이고 $y < f(x) \Rightarrow f(y) \leq f(x)$가 성립하므로

$f(x) \in C$, 즉 $z \in C$이다. 그러므로 $z \in f(C) \Rightarrow z \in C$이다.

따라서 $f(C) \subseteq C$이다.

(iii) C의 임의의 전순서부분집합 E에 대하여 E는 B의 전순서부분집합이므로 $\sup E \in B_0$이다.

$y \in B_0$, $y < \sup E$라고 하면 임의의 $x \in E$에 대하여 $x \in C$이므로 $(**)$에 의하여 $y \le x$ 또는 $y \ge f(x)$인데 모든 $x \in E$, $y \ge f(x)$인 경우 $\forall x \in E$, $y \ge x$이므로 $y \ge \sup E$이다. 이것은 $y < \sup E$에 모순이다.

따라서 $\exists x \in E$ s.t. $y \le x$이다.

그런데 $y < x$인 경우에 있어서는 C의 정의에 의하여 $f(y) \le x$이므로 $f(y) \le \sup E$이다. 한편 $y = x = \sup E$인 경우에 있어서도 $\exists z \in E$ s.t. $y < z$이다. 그러면 C의 정의에 따라 $f(y) \le z$. 따라서 $f(y) \le \sup E$가 된다.

그러므로 $\sup E \in C$이다.

(i), (ii), (iii)에 의하여 $C \in \mathscr{B}$가 된다.

따라서 $B_0 \subseteq C$이고 C의 정의에 따라 $C \subseteq B_0$이므로 $C = B_0$이다.

따라서 $(**)$에 의해 $x, z \in B_0 \Rightarrow z \le x$ 또는 $z \ge f(x) \Rightarrow z \le x$ 또는 $z \ge x$이다. 그러므로 B_0는 A의 전순서부분집합이다.

이제 $p = \sup B_0$라고 하면 $B_0 \in \mathscr{B}$이므로 $p \in B_0$이다.

따라서 $f(p) \in f(B_0) \subseteq B_0$. 즉 $f(p) \in B_0$가 된다.

그러므로 $f(p) \le \sup B_0 = p$. 그런데 $p \le f(p)$이므로

$f(p) = p$ 그리고 $p \in B_0 \subset A$이므로 $p \in A$이다. ■

보조정리 7.2.2

집합 $X(\neq \phi)$에 대한 멱집합 $\mathscr{P}(X)$ 위에 포함관계 $\subseteq$에 의한 반순서집합 $(\mathscr{P}(X), \subseteq)$의 반순서부분집합 하나를 $\mathscr{B}$라고 할 때 $\sup \mathscr{B} = \bigcup_{B \in \mathscr{B}} B$, $\inf \mathscr{B} = \bigcup_{B \in \mathscr{B}} B$가 된다.

증명 먼저 $\sup\mathscr{B}=\bigcup_{B\in\mathscr{B}}B$를 보이자.

임의의 $B\in\mathscr{B}$에 대하여 $B\subseteq\bigcup_{B\in\mathscr{B}}B$이므로 $\bigcup_{B\in\mathscr{B}}B$는 $\mathscr{B}$의 상계이다.

지금 C를 $\mathscr{B}$의 또 다른 상계라면 $B\subseteq C$이므로 $\bigcup_{B\in\mathscr{B}}B\subseteq C$이다.

따라서 $\sup\mathscr{B}=\bigcup_{B\in\mathscr{B}}B$가 된다.

다음으로 $\inf\mathscr{B}=\bigcap_{B\in\mathscr{B}}B$임을 보이자.

임의의 $B_0\in\mathscr{B}$에 대하여 $\bigcap_{B\in\mathscr{B}}B\subseteq B_0\subseteq X$이므로 $\bigcap_{B\in\mathscr{B}}B\in\mathscr{P}(X)$ 이다.

임의의 $B_0\in\mathscr{B}$이고 $\bigcap_{B\in\mathscr{B}}B\subseteq B_0$이므로 $\bigcap_{B\in\mathscr{B}}B$는 하계이다.

만약 A가 $\mathscr{B}$의 하계이면 모든 $B_0\in\mathscr{B}$, $A\subseteq B_0$이므로 $A\subseteq\bigcap_{B\in\mathscr{B}}B$ 이 된다.

그러므로 $\bigcap_{B\in\mathscr{B}}B$는 최대하계이다. 즉 $\inf\mathscr{B}=\bigcap_{B\in\mathscr{B}}B$이다. ■

정리 7.2.3 하우스도르프의 극대원리

반순서집합 $(A,\ \le)$에 대하여 $(A,\ \le)$의 전순서부분집합족을 $\mathscr{T}$라고 할 때 $\mathscr{T}$ 위에 포함관계에 의한 반순서집합 $(\mathscr{T},\ \subseteq)$는 극대원소를 갖는다.

증명의 스케치

귀류법을 이용하여 증명하되 선택공리 정리 7.2.1과 보조정리 7.2.2를 활용하여 보이면 된다.

증명 $\mathscr{T}$에 극대 원소가 존재하지 않는다고 가정하자.

즉 임의의 $T\in\mathscr{T}$는 극대원소가 아니라고 가정하자.

그러면 $\exists\, T'\in\mathscr{T}$ s.t. $T\subsetneq T'$이다. 그러므로 $T^*=\{T'\in\mathscr{T}\mid T\subsetneq T'\}$는 ϕ이 아니다. 이제 $\{T^*\mid T\in\mathscr{T}\}$를 생각할 때 $\{T^*\mid T\in\mathscr{T}\}\neq\phi$, $\phi\notin\{T^*\mid T\in\mathscr{T}\}$이므로 선택공리에 의하여

$$\exists g : \{T^* \mid T \in \mathscr{T}\} \to \bigcup_{T \in \mathscr{T}} T^* \text{ s.t. } g(T^*) \subseteq T^*$$

이다. $f : \mathscr{T} \to \mathscr{T}$를 $f(T) = g(T^*)$로 정의하면 임의의 $T \in \mathscr{T}$에 대하여 $f(T) \in T^*$, 즉 $f(T) \subsetneq T$이다.

이제 보조정리 7.2.2의 결론을 이용하면 반순서집합 $(\mathscr{T}, \subseteq)$는 함수 f와 함께 정리 7.2.1 가정의 조건을 모두 만족한다. 그러나 이것은 정리 7.2.1에 모순이다.

그러므로 $\mathscr{T}$에는 극대원소가 존재한다. ■

선택공리와 동치인 정리 중에서 가장 많이 활용되는 정리인 조른의 보조정리에 대해 알아보자.

정리 7.2.4 조른의 보조정리

반순서집합 $(A, \leq)$에서 A의 임의의 전순서부분집합 B에 대하여 B의 상계가 존재할 때 A는 극대원소를 갖는다.

증명의 스케치

하우스도르프 극대원리를 이용하여 $\mathscr{T} = \{B \mid B$는 A의 전순서부분집합$\}$에 대하여 $(\mathscr{T}, \subseteq)$의 극대원소 B_0가 존재하고 또 가정에서 B_0의 상계 u가 존재하는데 이 u가 A의 극대원소임을 보이면 된다. 즉 $x \in A$이고 $u \leq x \Rightarrow u = x$임을 보이자.

증명 정리 7.2.3에 의하여 $\mathscr{T} = \{B \mid B$는 A의 전순서부분집합$\}$에 대하여 $(\mathscr{T}, \subseteq)$의 극대원소 B_0가 존재한다. 가정에 따라 B_0의 상계가 존재한다. 그 중 하나를 u라고 하자. 이 u가 A의 극대원소임을 보이면 된다. 즉 $x \in A$이고 $u \leq x \Rightarrow u = x$임을 보이자.

$x \in A$이고 $u \le x \Rightarrow B_0 \cup \{x\}$는 A의 전순서부분집합이고

$B_0 \subseteq B_0 \cup \{x\}$이다.

$\Rightarrow B_0 \cup \{x\} \in \mathscr{T}$이고 $B_0 \subseteq B_0 \cup \{x\}$

B_0는 $\mathscr{T}$의 극대원소이므로 $B_0 = B_0 \cup \{x\} \Rightarrow \{x\} \subseteq B_0$, 즉 $x \in B_0$이다. u는 B의 상계이므로 $x \le u \Rightarrow x = u$이다.

그러므로 u는 $(A, \le)$의 극대원소이다. ■

조른의 보조정리와 쌍대인 명제를 알아보자

정리 7.2.5

반순서집합 $(A, \le)$에서 A의 임의의 전순서부분집합 B에 대하여 B의 하계가 존재할 때 A는 극소원소를 갖는다.

증명의 스케치

조른의 보조정리 증명 방법과 같이 보이면 된다.

증명 정리 7.2.3에 의하여 $\mathscr{T} = \{B \mid B$는 A의 전순서부분집합$\}$에 대하여 $(\mathscr{T}, \subseteq)$의 극대원소 B_0가 존재한다.

가정에서 B_0의 하계 v가 존재한다.

$x \in A$이고 $x \le v \Rightarrow B_0 \cup \{x\}$는 A의 전순서부분집합이고 $B_0 \subseteq B_0 \cup \{x\} \Rightarrow B_0 \cup \{x\} \in \mathscr{T}$이고 $B_0 \subseteq B_0 \cup \{x\} \Rightarrow B_0 = B_0 \cup \{x\} \Rightarrow x \in B_0 \Rightarrow v \le x \Rightarrow v = x$이다.

즉 $x \in A$이고 $x \le v \Rightarrow x = v$가 된다.

그러므로 v는 A의 극소원소이다. ■

조른의 보조정리와 하우스도르프의 극대원리의 관련성에 대해서 알아보자.

정리 7.2.6

조른의 보조정리는 하우스도르프의 극대원리를 함의한다.

증명의 스케치

반순서집합 $(A, \le)$에서 $\mathscr{T}=\{B \mid B: A$의 전순서부분집합$\}$에 대하여 반순서집합 $(\mathscr{T}, \subseteq)$의 임의의 사슬 $\mathscr{C}$에 대하여 $\mathscr{C}$의 상계가 존재한다는 것을 밝히면 된다.

증명 $(A, \le)$ 반순서집합이고 $\mathscr{T}=\{B \mid B: A$의 전순서부분집합$\}$라고 할 때 반순서집합 $(\mathscr{T}, \subseteq)$에 조른의 보조정리를 적용하고자 한다. $\mathscr{T}$의 임의의 사슬 $\mathscr{C}$에 대하여 $\bigcup_{C \in \mathscr{C}} C$는 A의 전순서부분집합이 된다. 그러면 $\bigcup_{C \in \mathscr{C}} C \in \mathscr{T}$인데 $^\forall C_1 \in \mathscr{C}$, $C_1 \subseteq \bigcup_{C \in \mathscr{C}} C$이므로 $\bigcup_{C \in \mathscr{C}} C$는 $\mathscr{C}$의 상계이다. 즉 $\mathscr{T}$의 임의의 전순서부분집합 $\mathscr{C}$에 대하여 $\mathscr{C}$의 상계가 $\mathscr{T}$에 존재하므로 정리 7.2.4(조른의 보조정리)에 의하여 $(\mathscr{T}, \subseteq)$의 극대원소가 존재한다.
즉 반순서집합 $(A, \le)$, $\mathscr{T}=\{B \mid B$는 A의 전순서부분집합$\}$에 대하여 $(\mathscr{T}, \subseteq)$가 극대원소를 가지므로 하우스도르프 극대원리가 성립한다. ■

6장에서 잠깐 소개하였지만 정렬원리에 대해서 자세히 증명해본다.

정리 7.2.7 정렬원리

공집합이 아닌 임의의 집합 X는 정렬가능하다.

증명의 스케치

X 위에 정렬순서가 존재함을 보이면 된다.

증명 $A^*=\{(A_0, \le_0) \mid A_0 \subseteq X, \le$는 A_0 위의 정렬순서$\}$라 놓자.

임의의 한 원소집합은 정렬가능하므로 $A^* \ne \phi$이다.

$(A_1, \le_1), (A_2, \le_2) \in A^*$에 대하여 관계 $\le^*$를 다음과 같이 정의하자.

$(A_1, \le_1) \le^* (A_2, \le_2) \Leftrightarrow$ (i) $A_1 \subseteq A_2$

(ii) $x, y \in A_1, x \le_1 y \Rightarrow x \le_2 y$

(iii) $x \in A_1, y \in A_1 - A_2 \Rightarrow x \le_2 y$

로 정의하면 $\le^*$는 A^* 위의 반순서가 된다.

왜냐하면

① 반사율을 만족한다.

모든 $(A_1, \le_1) \in A^*$에 대해서

(i) $A_1 \subseteq A_1$

(ii) $x, y \in A_1, x \le_1 y \Rightarrow x \le_1 y$

(iii) $x \in A_1, y \in A_1 - A_1 \Rightarrow y \in \phi \Rightarrow c$(모순) $\Rightarrow x \le_2 y$.

② 반대칭적이다.

$(A_1, \le_1), (A_2, \le_2) \in A^*$에 대해서

$(A_1, \le_1) \le^* (A_2, \le_2)$, $(A_2, \le_2) \le^* (A_1, \le_1)$이라고 할 때 $\le^*$의 정의 (i)에 의하여 $A_1 \subseteq A_2$, $A_2 \subseteq A_1$이므로 $A_1 = A_2$이다. 이제 A_1 위의 정렬순서 $\le_1$, $\le_2$가 같은 순서임을 보이자.

임의의 $x, y \in A_1$에 대해서

$x \le_1 y \Rightarrow x \le_2 y$($\because$ $(A_1, \le_1) \le^* (A_1, \le_2)$, $\le^*$의 정의 (ii))

$x \le_2 y \Rightarrow x \le_1 y$($\because$ $(A_1, \le_2) \le^* (A_1, \le_1)$, $\le^*$의 정의 (ii))

따라서 $\le_1 \subseteq \le_2$이고 $\le_2 \subseteq \le_1$이므로 $\le_1 = \le_2$이다.

즉 $(A_1, \le_1) = (A_2, \le_2)$이다.

따라서 $(A_1, \le_1) \le^* (A_2, \le_2)$, $(A_2, \le_2) \le^* (A_1, \le_1)$

$\Rightarrow (A_1, \le_1) = (A_2, \le_2)$.

즉 $\leq^*$는 반대칭적이다.

③ $\leq^*$는 추이적이다.

$(A_1, \leq_1), (A_2, \leq_2), (A_3, \leq_3) \in A^*$에 대해서 $(A_1, \leq_1) \leq^*(A_2, \leq_2), (A_2, \leq_2) \leq^*(A_3, \leq_3)$이라고 할 때

(i) $A_1 \subseteq A_2$, $A_2 \subseteq A_3$이므로 $A_1 \subseteq A_3$이다.

(ii) $x, y \in A_1, x \leq_1 y \Rightarrow x \leq_2 y$

$(\because (A_1, \leq_1) \leq^*(A_2, \leq_2), \leq^*$의 정의 (iii))

$\Rightarrow x, y \in A_2, x \leq_2 y \ (A_1 \subseteq A_2)$

$\Rightarrow x \leq_3 y$

즉 $x, y \in A_1, x \leq_1 y \Rightarrow x \leq_3 y$이다.

(iii) $x \in A_1$, $y \in A_3 - A_1$일 때

$y \in A_2$인 경우, $x \in A_1$, $y \in A_2$이므로 $x \leq_2 y$이다.

따라서 $x \leq_3 y$이다.

$y \notin A_2$인 경우, $x \in A_2$, $y \in A_3 - A_2$이므로 $x \leq_3 y$이다.

즉 $x \in A_1$, $y \in A_3 - A_1 \Rightarrow x \leq_3 y$이다.

(i), (ii), (iii)을 만족하므로 $(A_1, \leq_1) \leq^*(A_3, \leq_3)$

따라서 $(A_1, \leq_1) \leq^*(A_2, \leq_2), (A_2, \leq_2) \leq^*(A_3, \leq_3)$
$\Rightarrow (A_1, \leq_1) \leq^*(A_3, \leq_3)$이다.

즉 $\leq^*$는 추이적이다.

①, ②, ③에 의하여 $\leq^*$는 A^* 위의 반순서가 된다.

다음으로 $(A^*, \leq^*)$의 임의의 전순서부분집합 $\mathscr{B}$가 상계를 갖는다는 것을 보이자.

$\bigcup_{A \in \mathscr{B}} A$ 위의 관계 $\leq'$를 다음과 같이 정의하자.

$x, y \in \bigcup_{A \in \mathscr{B}} A$에 대해서

$$x \leq' y \Leftrightarrow \exists (A_0, \leq_0) \in \mathscr{B} \text{ s.t. } x \leq_0 y, \quad x, y \in A_0$$

이다. 그러면

(i) $^{\forall} x \in \bigcup_{A \in \mathscr{B}} A,\ \exists A_0 \in \mathscr{B}$ s.t. $x \in A_0,\ x \leq_0 x$

그러므로 $x \leq' x$, 즉 $\leq'$는 반사적이다.

(ii) $x, y \in \bigcup_{A \in \mathscr{B}} A$에 대해서, $\exists A_x, A_y \in \mathscr{B}$ s.t. $x \in A_x,\ y \in A_y$

$\mathscr{B}$는 전순서집합이므로 $(A_x, \leq_x) \leq^* (A_y, \leq_y)$

또는 $(A_y, \leq_y) \leq^* (A_x, \leq_x)$이다.

따라서 $A_x \subseteq A_y$ 또는 $A_y \subseteq A_x$이다.

둘 중 더 큰 족을 A_0라고 하면 $x, y \in A_0$이다.

그러므로 $x \leq' y,\ y \leq' x \Rightarrow \exists (A_0, \leq_0) \in \bigcup_{A \in \mathscr{B}} A$ s.t.

$$\Rightarrow x \leq_0 y,\ y \leq_0 x$$

$$\Rightarrow x = y$$

이다. 즉 $\leq'$는 반대칭적이다.

(iii) (ii)에서와 마찬가지로

$$x, y, z \in \bigcup_{A \in \mathscr{B}} A \Rightarrow \exists A_0 \in \mathscr{B} \text{ s.t. } x, y, z \in A_0$$

따라서 $x \leq' y,\ y \leq' z \Rightarrow x \leq_0 y,\ x \leq_0 z$

$$\Rightarrow x \leq_0 z$$

$$\Rightarrow x \leq' z$$

이다. 즉 $\leq'$는 추이적이다.

(i), (ii), (iii)에 의하여 $\leq'$는 $\bigcup_{A \in \mathscr{B}} A$ 위의 반순서이다.

또한 모든 $x, y \in \bigcup_{A \in \mathscr{B}} A$에 대하여 $\exists A_0 \in \mathscr{B}$ s.t. $x, y \in A_0$

그런데 $(A_0, \leq_0)$는 정렬집합이므로 $x \leq_0 y$ 또는 $y \leq_0 x$이다.

즉 $x \leq' y$ 또는 $y \leq' x$이다.

따라서 $\leq'$는 $\bigcup_{A \in \mathscr{B}} A$ 위의 전순서가 된다.

마지막으로, $\bigcup_{A \in \mathscr{B}} A$의 공집합이 아닌 부분집합 S에 대하여

$$\exists A_0 \in \mathscr{B} \text{ s.t. } A_0 \cap S \neq \phi$$

이다. 그런데 $(A_0, \le_0)$는 정렬집합이고 $A_0 \cap S$는 A_0의 공집합이 아닌 부분집합이므로 $S \cap A_0$의 최소원소 x_0가 존재한다.(x_0는 정렬순서 $\le_0$ 상의 최소원소이다.)

이제 x_0가 S의 최소원소(순서 $\le'$ 상의 최소원소)임을 보이자.

임의의 $y \in S$에 대하여 $y \in \bigcup_{A \in \mathscr{B}} A$이므로 $\exists A_1 \in \mathscr{B}$ s.t. $y \in A_1$이 된다.

그런데 $\mathscr{B}$가 전순서부분집합이므로 $(A_0, \le_0) \le^* (A_1, \le_1)$ 또는 $(A_1, \le_1) \le^* (A_0, \le_0)$이다.

$(A_0, \le_0) \le^* (A_1, \le_1)$인 경우,

$y \in A_0$라면 $x_0 \le_0 y$ 즉 $x_0 \le' y$가 된다.

$y \notin A_0$라면 $y \in A_1 - A_0$이므로 $x_0 \le_1 y$, 즉 $x_0 \le' y$가 된다.

$(A_1, \le_1) \le^* (A_0, \le_0)$인 경우,

$A_1 \subseteq A_0$이므로 $x_0, y \in A_0$, 즉 $x_0 \le' y$가 된다.

따라서 x_0는 $\le'$에 관한 S의 최소원소이다.

정의 6.2.1에 의하여 $\le'$는 정렬순서이다. 즉 $(\bigcup_{A \in \mathscr{B}} A, \le')$는 정렬집합이다.

또한 $\forall A \in \mathscr{B}$, $A \subseteq X$이므로 $\bigcup_{A \in \mathscr{B}} A \subseteq X$이다.

따라서 $(\bigcup_{A \in \mathscr{B}} A, \le') \in (A^*, \le^*)$이다. 그리고 모든 $(A_0, \le_0) \in \mathscr{B}$에 대하여 $(A_0, \le_0) \le^* (\bigcup_{A \in \mathscr{B}} A, \le')$가 된다.

왜냐하면

(i) $A_0 \subseteq \bigcup_{A \in \mathscr{B}} A$

(ii) $x, y \in A_0$, $x \le_0 y \Rightarrow x \le' y$($\le'$의 정의)

(iii) $x \in A_0$, $y \in (\bigcup_{A \in \mathscr{B}} A) - A_0$

$\Rightarrow x \in A_0$, $\exists A_1 \in \mathscr{B}$ s.t. $y \in A_1 - A_0$

$\Rightarrow x \le_1 y$, $x, y \in A_1 \Rightarrow x \le' y$

(i), (ii), (iii)을 만족하므로 $(A_0,\ \leq_0) \leq^*(\bigcup_{A \in \mathscr{B}} A,\ \leq ')$가 성립한다.

그러므로 $(\bigcup_{A \in \mathscr{B}} A,\ \leq ')$는 $\mathscr{B}$의 상계이다.

$(A^*,\ \leq^*)$는 반순서집합이고 A^*의 모든 $\mathscr{B}$의 상계가 A^*에 존재하므로 $\exists (A_m,\ \leq_m)$: $(A^*,\ \leq^*)$의 극대원소.(뒤 Zorn's Lemma 참조)

이때 $X \neq A_m$인 경우, $A_m \subsetneq X$이므로 $X - A_m \neq \phi$이다.

즉 $x_1 \in X - A_m$ 존재한다.

그러면 $A_m \cup \{x_1\}$ 위의 순서 $\leq_m'$를

(i) $x,\ y \in A_m,\ x \leq_m y$

$\Rightarrow x \leq_m' y$

(ii) $^\forall x \in A_m,\ x \leq_m' x_1$

라고 정의할 때 $\leq_m'$는 $A_m \cup \{x_1\}$ 위의 정렬순서이므로

$(A_m \cup \{x_1\},\ \leq_m') \in (A^*,\ \leq^*)$이고

$(A_m,\ \leq_m) \lneq (A_m \cup \{x_1\},\ \leq_m')$

그러나 이것은 $(A_m,\ \leq_m)$가 $(A,\ \leq^*)$의 극대원소라는 것에 모순이다.

따라서 $X = A_m$이다.

그러므로 $(X,\ \leq_m)$는 정렬집합이다. 즉 X는 정렬가능하다. ■

정리 7.2.8

정렬원리는 선택공리를 함의한다.

증명의 스케치

정렬원리가 참이라는 가정하에 임의의 족 $\mathscr{F}(\mathscr{F} \neq \phi,\ \phi \in \mathscr{F})$에 대하여 f : $\mathscr{F} \to \bigcup_{X \in \mathscr{F}} X,\ f(A) \in A$인 선택함수 f가 존재함을 밝히면 된다.

증명 임의의 집합들이 원소인 족 $\mathscr{F}(\mathscr{F} \neq \phi,\ \phi \notin \mathscr{F})$에 대해서 정렬원리에 의하여 $\bigcup_{X \in \mathscr{F}} X$는 정렬가능하다. 즉 $\bigcup_{X \in \mathscr{F}} X$ 위의 정렬순서 $\leq$가 존재한다.
따라서 임의의 $A \in \mathscr{F}$에 대하여 $A \subseteq \bigcup_{X \in \mathscr{F}} X$이고 $A \neq \phi$이므로 A의 최소원소 $\min A$가 존재한다.
이제 함수 $f : \mathscr{F} \to \bigcup_{X \in \mathscr{F}} X$를 $f(A) = \min A$로 정의하면 모든 $A \in \mathscr{F}$, $f(A) = \min A \in A$이므로 f는 $\mathscr{F}$에서 $\bigcup_{X \in \mathscr{F}} X$로의 선택함수이다. 따라서 선택공리가 성립한다. ■

지금까지 선택공리와 관련이 있는 여러 정리들을 알아보았다.
다시 생각해보면

$$\begin{array}{ccc} \text{선택공리} & \xRightarrow{\text{정리 7.2.3}} & \text{하우스도르프의 극대원리} \\ \text{정리 7.2.8}\Big\Uparrow & & \Big\Downarrow \text{정리 7.2.4} \\ \text{정렬원리} & \xLeftarrow[\text{정리 7.2.7}]{} & \text{조른의 보조정리} \end{array}$$

선택공리는 물론 선택공리와 동치인 어느 것이나 자유롭게 활용할 수 있을 것이다.

$$\begin{array}{ccc} \text{선택공리} & \Longleftrightarrow & \text{하우스도르프의 극대원리} \\ \Big\Updownarrow & & \Big\Updownarrow \\ \text{정렬원리} & \Longleftrightarrow & \text{조른의 보조정리} \end{array}$$

연습문제 7.2

1. 전순서집합이 극대원소(극소원소)를 가지면 그 집합에서의 극대원소(극소원소)는 유일함을 보여라.

2. 정리 7.2.1을 이용하여, 공집합이 아닌 반순서집합 $(A,\ \leq)$에서 A의 임의의 전순서부분집합이 최대하계를 가질 때, 함수 $f : A \rightarrow A$가 임의의 $a \in A$에 대해 $f(a) \leq a$이면 $f(q) = q$인 $q \in A$가 존재함을 증명하여라.

3. 공집합이 아닌 집합 A, B에 대하여 A에서 B로의 단사 아니면 B에서 A로의 단사가 존재함을 증명하여라.

4. 반순서집합 $(A,\ \leq)$에서 A의 각 전순서부분집합이 상계를 가지고 $a \in A$ 일 때 A에서 $a\ \leq u$인 극대원소 u가 존재함을 보여라.

5. 반순서집합 $(A,\ \leq)$에서 A의 각 부분집합 $B(\neq \phi)$가 하계를 가질 때, 즉 $b \in B$가 존재함으로서 모든 $x \in B$에 대하여 $b\ \leq x$이면 $(A,\ \leq)$는 전순서집합이므로 정렬집합이 됨을 보여라.

부록

아스키 코드표

ASCII Code Table

Appendi

아스키 코드표 – ASCII Code Table

ASCII Table (7-bit)

(ASCII : American Standard Code for Information Interchange)

Decimal	Octal	Hex	Binary	Value
000	000	000	00000000	NUL (Null char.)
001	001	001	00000001	SOH (Start of Header)
002	002	002	00000010	STX (Start of Text)
003	003	003	00000011	ETX (End of Text)
004	004	004	00000100	EOT (End of Transmission)
005	005	005	00000101	ENQ (Enquiry)
006	006	006	00000110	ACK (Acknowledgment)
007	007	007	00000111	BEL (Bell)
008	010	008	00001000	BS (Backspace)
009	011	009	00001001	HT (Horizontal Tab)
010	012	A	00001010	LF (Line Feed)
011	013	B	00001011	VT (Vertical Tab)
012	014	C	00001100	FF (Form Feed)
013	015	D	00001101	CR (Carriage Return)
014	016	E	00001110	SO (Shift Out)
015	017	F	00001111	SI (Shift In)
016	020	010	00010000	DLE (Data Link Escape)
017	021	011	00010001	DC1 (XON) (Device Control 1)
018	022	012	00010010	CD2 (Device Control 2)
019	023	013	00010011	DC3 (XOFF) (Device Control 3)
020	024	014	00010100	DC4 (Device Control 4)
021	025	015	00010101	NAK (Negative Acknowledgement)
022	026	016	00010110	SYN (Synchronous Idle)
023	027	017	00010111	ETB (End of Trans. Block)
024	030	018	00011000	CAN (Cancel)
025	031	019	00011001	EM (End of Medium)
026	032	01A	00011010	SUB (Substitute)
027	033	01B	00011011	ESC (Escape)
028	034	01C	00011100	FS (File Separator)

Decimal	Octal	Hex	Binary	Value	
029	035	01D	00011101	GS	(Group Separator)
030	036	01E	00011110	RS	(Request to Send) (Record Separator)
031	037	01F	00011111	US	(Unit Separator)
032	040	020	00100000	SP	(Space)
033	041	021	00100001	!	(exclamation mark)
034	042	022	00100010	"	(double quote)
035	043	023	00100011	#	(number sign)
036	044	024	00100100	$	(dollar sign)
037	045	025	00100101	%	(percent)
038	046	026	00100110	&	(ampersand)
039	047	027	00100111	'	(single quote)
040	050	028	00101000	(	(left/opening parenthesis)
041	051	029	00101001	)	(right/closing parenthesis)
042	052	02A	00101010	*	(asterisk)
043	053	02B	00101011	+	(plus)
044	054	02C	00101100	,	(comma)
045	055	02D	00101101	-	(minus or dash)
046	056	02E	00101110	.	(dot)
047	057	02F	00101111	/	(forward slash)
048	060	030	00110000	0	
049	061	031	00110001	1	
050	062	032	00110010	2	
051	063	033	00110011	3	
052	064	034	00110100	4	
053	065	035	00110101	5	
054	066	036	00110110	6	
055	067	037	00110111	7	
056	070	038	00111000	8	
057	071	039	00111001	9	
058	072	03A	00111010	:	(colon)
059	073	03B	00111011	;	(semi-colon)
060	074	03C	00111100	<	(less than)
061	075	03D	00111101	=	(equal sign)

Decimal	Octal	Hex	Binary	Value	
062	076	03E	00111110	>	(qreater than)
063	077	03F	00111111	?	(question mark)
064	100	040	01000000	@	(AT symbol)
065	101	041	01000001	A	
066	102	042	01000010	B	
067	103	043	01000011	C	
068	104	044	01000100	D	
069	105	045	01000101	E	
070	106	046	01000110	F	
071	107	047	01000111	G	
072	110	048	01001000	H	
073	111	049	01001001	I	
074	112	04A	01001010	J	
075	113	04B	01001011	K	
076	114	04C	01001100	L	
077	115	04D	01001101	M	
078	116	04E	01001110	N	
079	117	04F	01001111	O	
080	120	050	01000000	P	
081	121	051	01000001	Q	
082	122	052	01000010	R	
083	123	053	01000011	S	
084	124	054	01000100	T	
085	125	055	01000101	U	
086	126	056	01000110	V	
087	127	057	01000111	W	
088	130	058	01001000	X	
089	131	059	01001001	Y	
090	132	05A	01001010	Z	
091	133	05B	01001011	[	(left/opening bracket)
092	134	05C	01001100	\	(back slash)
093	135	05D	01001101	]	(right/closing bracket)
094	136	05E	01001110	^	(caret/circumflex)

Decimal	Octal	Hex	Binary	Value	
095	137	05F	01001111	_	(underscore)
096	140	060	01100000	`	
097	141	061	01100001	a	
098	142	062	01100010	b	
099	143	063	01100011	c	
100	144	064	01100100	d	
101	145	065	01100101	e	
102	146	066	01100110	f	
103	147	067	01100111	g	
104	150	068	01101000	h	
105	151	069	01101001	i	
106	152	06A	01101010	j	
107	153	06B	01101011	k	
108	154	06C	01101100	l	
109	155	06D	01101101	m	
110	156	06E	01101110	n	
111	157	06F	01101111	o	
112	160	070	01110000	p	
113	161	071	01110001	q	
114	162	072	01110010	t	
115	163	073	01110011	d	
116	164	074	01110100	y	
117	165	075	01110101	u	
118	166	076	01110110	v	
119	167	077	01110111	w	
120	170	078	01111000	x	
121	171	079	01111001	y	
122	172	07A	01111010	z	
123	173	07B	01111011	{	(left/opening brace)
124	174	07C	01111100	|	(vertical bar)
125	175	07D	01111101	}	(right/closing brace)
126	176	07E	01111110	~	(tilde)
127	177	07F	01111111	DEL	(delete)

참고 문헌

- 김용운 · 김용국, **집합론과 수학: 현대수학의 철학적 배경**, 우성문화사, 1989
- 박진홍, **전산수학 및 전산이론을 위한 이산수학 및 응용**, 경문사, 2001
- 이식, **집합론**, 경문사, 2007
- 이장우, **현대집합론의 원리**, 경문사, 1998
- 전대식, **집합론**, 광림사, 1992
- 한상언, **집합론**, 경문사, 2016
- You-Feng Lin, Shwu-Yeng T. Lin, **집합론**, 개정증보판, 경문사, 2011
- You-Feng Lin, Shwu-Yeng T. Lin, *Set Theory: An Intuitive Approach*, Kyung Moon Sa, 1999
- S. Lipachutz, *Schaum's Outline of Set Theory and Related Topics*, McGraw-Hill Education, 1998
- Charles C. Pinter, *A Book of Set Theory*, Kyung Moon Sa, 2014
- Charles C. Pinter, **Set Theory 집합론 해설**, 경문사, 2006

찾아보기

기타

현대 수학의 기초

• 집합 이론을 중심으로

지은이 이 식
펴낸이 조경희
펴낸곳 경문사
펴낸날 2019년 11월 13일
등 록 1979년 11월 9일 제1979-000023호
주 소 04057, 서울특별시 마포구 와우산로 174
전 화 (02)332-2004 팩스 (02)336-5193
이메일 kyungmoon@kyungmoon.com
facebook facebook.com/kyungmoonsa

값 18,000원

ISBN 979-11-6073-242-9